復刻版

大学院への
代数学演習

永田 雅宜 著

ALGEBRA
GROUP THEORY
RING THEORY
FIELD THEORY

現代数学社

はじめに

大学院入試を目指す学生の参考のためとして,「大学院入試問題演習」という書物を書いてから，すでに二十余年が過ぎました．その間，毎年入試が行われていたのですから，出題されたいろいろな問題を調べて，前と同じ目的の新しいものを書いたのが本書です．

古い版と同様に，数学のうち代数の分野，細かく言えば，群論，環論，体論，についての参考書であり，実際に出題された問題の解説が主な内容です．

数年前までは，全国の大学院入試の数学の問題は，日本数学教育学会が，ほぼ全部まとめて出版されていましたが，近年，その出版がとだえましたので，最近の出題内容を，京都大学の研究員・岸本大祐氏に調べていただきました．ここに，そのことを記して，謝意を表します．

2005年12月

永 田 雅 宜

本書の利用について

(1) 各章ごとに，問題の解説をした後，練習問題を出して略解・ヒント等をつけました．しかし，初めから問題の解説を見てしまうのでなく，各問題について，いろいろ考えてから，考えたことと，書いてあることと比較検討して理解を深めることが重要です．

練習問題も，同様で，略解・ヒントは見ないで考え，考えた後で，考えたことと，書いてあることとの比較で，思考力向上に役立ててください．

(2) 第1章～第7章は，群論関係の問題，第8章～第15章は体論関係の問題，第16章～第24章（最後）は環論関係の問題を扱うようにしましたので，特定の分野に重点を置いて勉強される場合は，この区分を参考にしてください．

(3) 問題の後に大学名（略称）が，ほぼ全部に付記してあります．それは，その問題がその大学で出題されたことを示すためのものです．もちろん，似た問題が，他大学で出題されることはありますが，大学名記載で，出題傾向について，多少なりとも情報が与えられればと思って記入したのです．

目　次

第 1 章

群の位数と指数

この章では，群の位数あるいは部分群の指数に関連の深い問題を考えよう．

問題 1.1　G が群，H が真部分群であって，G のすべての真部分群が H に含まれるならば，G は素数べきを位数にもつ巡回群であることを証明せよ．　(広島大)

解説　当然，Hに属しないGの元aをとり，aで生成された巡回群$\langle a\rangle$を考えるべきであることに気づくであろう．仮定により $G=\langle a\rangle$．aの位数mが有限のときと，無限のときとに分けて考える．$m=\infty$ ならば $\langle a^2\rangle,\langle a^3\rangle$ どちらも真部分群で $\langle a^2\rangle\langle a^3\rangle=G$ となるから，H の存在に反する．mが有限で，二つの素なる素因数p,qをもてば，$\langle a^p\rangle,\langle a^q\rangle$ ともに真部分群で，Hの存在に反することになって，証明が完成する．

問題 1.2　群 G とその部分群 H,K について，つぎのことを証明せよ．

(i)　Gの元 g_1,g_2 について

$$g_1\sim g_2 \Leftrightarrow g^{-1}Hg_2\cap K\neq\phi$$

とすれば，$\sim$ は同値関係である．

(ii)　G が有限群で，H,K のどちらか一方は正規部分群であるものとすれば，(i)の同値類の数は

$$\sharp(G)\cdot\sharp(H\cap K)/\sharp(H)\cdot\sharp(K)$$

ここで $\sharp(\ )$ は元の数を示す．　(立教)

解説　これも素直な問題である．ϕ の意味の断り書きはないが，このような使い方なら

空集合のことだと理解する必要がある．$g \sim g$ は $g^{-1}Hg \ni 1$ により；$g_1 \sim g_2 \Rightarrow g_2 \sim g_1$ は $(g_1^{-1}Hg_2)^{-1} = g_2^{-1}Hg_1$ によってすぐわかる．$g_1 \sim g_2$, $g_2 \sim g_3$ とすると，$g_1^{-1}Hg_2 \cap K$, $g_2^{-1}Hg_3 \cap K$ の元を一つずつとり，h_1, h_2 とすると，$h_1h_2 \in g_1^{-1}Hg_3 \cap K$ となり，$g_1 \sim g_3$.

(ii) については，H と K とは対称的だから，H が正規部分群であると仮定してよい．すると $g_1^{-1}Hg_2 \cap K = Hg_1^{-1}g_2 \cap K$. $\{g \in G \mid Hg \cap K \neq \phi\} = HK$ であるから，$C_g = \{h \in G \mid h \sim g\} = \{h \in G \mid g^{-1}h \in HK\}$．そこで $\sharp(C_g) = \sharp(HK)$．ゆえに同値類の数は $[G:HK]$ に等しく，これは

$$\frac{\sharp(G)}{\sharp(HK)} = \sharp(G)/[\sharp(H)\sharp(K)/\sharp(H \cap K)]$$

に等しいから (ii) が得られる．

群の問題は多様であるが，上の(ii)のように，部分群の指数を利用して個数を数える問題も時々ある．そのような例をつけ加えると：

問題 1.3 (1)　H, K が有限群 G の部分群であるとき，次のことを証明せよ．

（イ）H, K に関する二つの両側剰余類 HxK, HyK は，共通元をもてば一致する．

（ロ）指数 $(K: K \cap H^x)$ が l であれば，両側剰余類 HxK は l 個の左剰余類 (modulo H) の和集合である．ただし，$H^x = x^{-1}Hx$ であり，左剰余類は Hu $(u \in G)$ である．

(2)　有限群 G の Sylow p 部分群 P, および，p 部分群 Q をとる．P の G における正規化群を N とし，G の N, Q による両側剰余類への分解 $G = \bigcup NxQ$ を利用して，つぎのことを証明せよ．

（イ）$(G:N) \equiv m \pmod{p}$．ただし m は P の共役で Q を含むものの個数とする．

（ロ）特に Q が Sylow p 部分群であれば，

$$\exists x \in G, \quad Q = P^x$$

（熊本大）

解説　内容的には，群論の本には，ほぼ共通にのっている ((2) の(イ)のない本もある)．まず言葉についてのコメントをしておこう．Hを法とする左剰余類が Hu であるのか uH であるのかは，文献によって異なる．$v \in Hu$ であるとき，(例えば有理整数のなす加法群 $\mathbf{Z}$ とその部分加群 $n\mathbf{Z}$ とを考えたときに対比すれば)，H を法とする v の剰余が u であるといえる．そこで，剰余が左側にある uH を左剰余類，Hu を右剰余類とよぶのが普通であるが，それとは反対に，uH はHが右にあるからこれは右剰余類である(Hu が左剰余類)とする人々もいるわけである．(この出題者は後者らしい．) Hu を H 左剰余類とよぶ人が

出てきたが，多分，この混乱を救うために考えたのであろう．（H が左という感じが出るから.）余談はこれくらいにして，(2)の(イ)の解を考えよう．$P^x=P^y \Leftrightarrow xy^{-1}\in N \Leftrightarrow x\in Ny$. そこで P の共役の個数が指数 $(G:N)$ に等しいことがわかる．ところで，$Q\subseteq P^z \Leftrightarrow \forall y\in NxQ,\ Q\subseteq P^y$ である．そこで，$Q\nsubseteq P^z$ であるような z について，NzQ に含まれる Nw の形の剰余類の数が p の倍数であることを示せばよい．これには (1) の(ロ)が利用でき，そのような剰余類の数は指数 $(Q:Q\cap N^z)$ に等しい．これが p の倍数でない $\Leftrightarrow Q\subseteq N^z$. このことから，$Q\subseteq P^z$ がいえればよい．P が N の正規部分群だから，P^z は N^z の正規部分群．ゆえに QP^z は N^z の部分群であり，その位数は $\#(P)\times(Q:Q\cap P^z)$ であり，したがって p のべきである．そこで $\#(P)$ の最大性により，$(Q:Q\cap P^z)=1$，すなわち，$Q\subseteq P^z$. [Sylow の定理によれば，P^z が N^z の正規な Sylow 部分群であることから $Q\subseteq P^z$ が出るが，Sylow の定理の証明にこの問題の内容に近いことを使うのが普通であるので，この問題の解に Sylow の定理の結果を利用するのはよくない.]

次の問題は，剰余類の置換による群の表現を利用する，いわば常識的問題であるので解は省略する．

問題 1.4　G が群，H が指数有限の部分群であれば，H は指数有限の正規部分群を含む．

（お茶の水女子大）

次の問題も，剰余類の置換に関連する．

問題 1.5　S が有限群 G の Sylow 2-部分群で，$S\neq\{1\}$，M が S の極大部分群で，$x\in S-M$, $x^2=1$, さらに，x は M のどの元とも共役ではないものとする．このとき，つぎのことを示せ．

(i)　M の左剰余類の集合 $\Omega=\{Mg\,|\,g\in G\}$ への G の右からの作用において，x は Ω 上に固定点をもたない．

(ii)　G は指数 2 の部分群をもつ．　（筑波大）

解説　(i) は易しい．すなわち，Mh が固定点 $\Leftrightarrow Mhx=Mh \Leftrightarrow hxh^{-1}\in M$. これは仮定に反する．この易しい(i)があるのは，(ii)を考えるのに M を法とする剰余類による置換表現 ψ を考えよというヒントであろう．$[G:S]=m$ とおくと，ψ は $2m$ 次の置換群であり，m は奇数である．$\psi(x)$ は(i)により，互換 m 個の積であるから，$\psi(x)$ は奇置換である．そこで，$2m$ 次の交代群 A をとれば，$\psi(G)\cap A$ は $\psi(G)$ の指数 2 の部分群である．ゆえに

$\psi^{-1}(\psi(G)\cap A))$ がGの指数2の部分群になる．mが奇数だから $\psi(x)$ が奇置換というのは，一寸気づきにくい気がするので，講義ではあまり出てはこないが，多少標準的手法である Verlagerung の真似による証明を，あわせて紹介しておく．S を法とする剰余類全体 Sa_1, $\cdots$, Sa_m を考える．$g\in G$ に対して，$\bar{g}$ で $g\in Sa_i$ となるような a_i を表すことにする．すると $a_i g\,\overline{a_i g}^{-1}\in S$ であるから，つぎに定めるφはGから $\bar{S}=S/M$ への写像である．「φが上への準同型」をいえばよい．

$$\varphi(g)=(\prod_{i=1} a_i g\,\overline{a_i g}^{-1})M$$

$\bar{S}=S/M$ は可換群だから，上での積の順序は変えても結果は変らない．同じ理由で，$g, h\in G$ ならば，$\varphi(gh)=\varphi(g)\varphi(h)$ がわかり，φはGから $\bar{S}$ の中への準同型である．代表元のとり方は指定しなかったので，都合のよいように選ぼう．$Sa_i x=Sa_i$ のなり立つものが $i=1,\cdots,\alpha$ までで，$i>\alpha$ については $Sa_{\alpha+1}x=Sa_{\alpha+2}$, $\cdots$, 一般に $Sa_{\alpha+2i-1}x=Sa_{\alpha+2i}$ ($x^2=1$ による) としてよい．すると，$a_{\alpha+2i-1}x=a_{\alpha+2i}$ であるとしてよい．mは奇数ゆえ，α も奇数である．このように代表元をとったとき，$\varphi(x)$ がどうなるかを見よう．$i\leq\alpha$ については $\overline{a_i x}=a_i$ ゆえ，$a_i x\,\overline{a_i x}^{-1}M=a_i x a_i^{-1}M\neq M$ （xの共役は決してMに属しないから）．$\bar{S}$ の位数は2であるから $a_i x\,\overline{a_i x}^{-1}M=xM$.

$\overline{a_{\alpha+2j-1}x}=a_{\alpha+2j}$, $\overline{a_{\alpha+2j}x}=a_{\alpha+2j-1}$ であるから，

$$\begin{aligned}&a_{\alpha+2j-1}x\,\overline{a_{\alpha+2j-1}x}^{-1}\,a_{\alpha+2j}x\,\overline{a_{\alpha+2j}x}M\\&=a_{\alpha+2j-1}x\,a_{\alpha+2j}{}^{-1}\,a_{\alpha+2j}x\,a_{\alpha+2j-1}{}^{-1}M\\&=M\quad(x^2=1\ \text{ゆえ}).\end{aligned}$$

$$\text{ゆえに}\ \varphi(x)=(xM)^{\alpha}=xM$$

(α が奇数だから)．ゆえにφは上への準同型である．

上の証明で，「φは代表系 $a_1, \cdots, a_m$ のとり方には関係しない」ということの証明は不要であるのでしなかったが，証明しようと思えば，少し計算すればわかる．

蛇足 Verlagerung というのは，Sが群Gの部分群であるとき，G から $\bar{S}=S/[S, S]$ への準同型を，上と同様な方法で定義したものである．それを使って証明されている定理のうち，一番有名なものは，「有限群Gが(非可換)単純群ならば，その位数は12で割りきれるか，または，最小素因数の3乗で割りきれる」という定理であろう．

問題1.4, 1.5に関連した，つぎの問題を考えよう．

問題 1.6 p が有限群Gの位数の最小素因数で，Hが指数pの部分群であれば，HはG

の正規部分群である.　(神戸大・東工大)

解説　Hを法とする剰余類の置換によるGの表現φを考える. $\varphi(G)$ はp次対称群 S_p の部分群であるから，その位数は $p!$ の約数. またそれはGの位数の約数でもあり，p がその最小素因数であるから，$\varphi(G)$ の位数はp. φの核は $\cap_{g\in G}g^{-1}Hg$ であり，H に含まれるから，その指数がpであることは，Hがφの核であることを示している.

次の問題は，正規部分群を法とする自然準同型の利用である.

問題 1.7　G が有限群，H が G の位数 m の部分群，N が G の指数 n の正規部分群であって，m と n が互いに素であれば，N は H を含む. これを証明せよ.　(東工大)

解説　自然な準同型写像 $\phi: G\to G/N$ を考えると $\phi(H)=H/(H\cap N)$ で，これは位数 n の群 G/N の部分群. ゆえにその位数は n の約数である. 他方，H の準同型像であるから，位数は m の約数である. m, n が互いの素だから $\phi(H)$ の位数は1，すなわち，$H\cap N=H$ で，$H\subseteq N$.

次の問題は，一見上と似ているが，同じ方法は使えない.

問題 1.8　有限群 G の二つの部分群 H, K について，指数 $h=[G:H]$ と $k=[G:K]$ が互いに素であれば，$G=HK$ であることを示せ.　(熊本大・東京理大)

解説　$a\in K$ による H の剰余類 Ha の形のものの数は $[K:K\cap H]$ であり，これは

$$[G:K\cap H]\div[G:K]=[G:H][H:K\cap H]\div[G:K]$$

h, k が互いに素だから，この数は h の倍数. したがって，Ha の形の剰余類は少なくとも h 個あり，それで G 全体になる.

似た，少し易しい問題を考えよう.

問題 1.9　N は有限群 G の正規部分群で，その位数 n と指数 $[G:N]=m$ とが互いにであれば，$N=\{x\mid x\in G, x^n=1\}=\{y^m\mid y\in G\}$ を示せ.　(津田塾大)

解説　G/N における Nx の位数を考えれば，最初の等号がわかる. $x\in N$ ならば，その位数 d は n の約数で，m, n が互いに素ゆえ，$1=am+bn$ となる整数 a, b があるので，$x=x^{am+bn}=x^{am}$ から，第二の等号がわかる.

もう一つ，別タイプの問題を考えよう．

問題 1.9　群 G の元 a, b が，ともに有限位数であれば，ab も有限位数であるか，正しければ証明し，正しくなければ反例をあげよ．　　（お茶の水大）

解説　位数無限の元 x と位数 2 の元 a で，関係 $axa^{-1}=x^{-1}$ であるものを考えると，$a^{-1}=a$ で，$axax=x^{-1}x=1$ となり，$a, b=ax$ はともに位数 2 で，$ab=x$ の位数は無限です．これは一つの反例です．

〔練習問題〕

各章ごとに，読者諸君の腕だめし用ということで，練習問題をつけるが，それには略解またはヒントをつけるだけにする．なるべく略解やヒントを見ないで，ゆっくり時間をかけて考えるようにおすすめする．

練習 1.1　G が群で，H, K がその部分群であるとき，$HK=\{hk \mid h \in H, k \in K\}$ が部分群であるための必要十分条件は $HK=KH$ であることを証明せよ．

練習 1.2　G が群で，H がその部分群であり，$[G, H]$ が $\{g^{-1}h^{-1}gh \mid g \in G, h \in H\}$ で生成された部分群を表すとき，$H[G, H]$ は H を含む正規部分群のうち最小のものであることを示せ．　　（東工大・千葉大）

練習 1.3　G が有限群で H がその真部分群であれば，$G \neq \bigcup_{g \in G} gHg^{-1}$ であることを示せ．　　（東工大）

練習 1.4　ちょうど 3 個の部分群をもつ有限群をすべて求めよ．　　（九大）

練習 1.5　有限群 G が，ちょうど二つの真部分群をもつならば，G はつぎのいずれかの群と同型であることを証明せよ．

(1)　位数 p^3 の巡回群．ただし，p は素数

(2)　位数 pq の巡回群．ただし，p, q は互いに異なる素数．　　（金沢大）

練習 1.6　群 G と，その部分群 H とについての命題「H を法とする左剰余類の代表系と，右剰余類の代表系とを，同一のものでとることができる」

について，次の (1), (2) に答えよ．

(1)　Gが有限群のとき上の命題を証明せよ．

(2)　Gが無限群のとき，上の命題は正しいかどうか．
正しければ証明し，正しくないならば反例をあげよ．　(神戸大)

練習 1.7　Gが有限群で，SがGの部分集合であって，Gの位数の半分より多くの元をSが含むならば，$G=SS$であることを示せ．

また，このことを利用して，有限体の任意の元は，二つの平方元の和として表すことができることを証明せよ．　(お茶の水女子大)

練習 1.8　Gが有限群で，S, TがGの空でない部分集合であるとき，

$$G=ST \qquad \text{または} \qquad |G|\geq|S|+|T|$$

のいずれかが成りたつことを示せ．ただし$|\ \ |$は元の数を表す．　(お茶の水女子大)

練習 1.9　Gが群で，A, BがGの指数有限の部分群であって，

$$G=\bigcup_{i=1}^{m}Ag_i=\bigcup_{j=1}^{n}Bb_j$$
$$(\text{ただし，}\ m=[G:A],\ n=[G:B])$$

であるとき，

$$\{(i, j)\mid Ag_i\cap Bb_j\neq\text{空}\}$$

の元数は$[G:A\cap B]$であることを示せ．　(阪市大)

練習 1.10　Hが有限群Gの正規部分群で，PがHのシローp群であり，$N_G(P)$がPのGにおける正規化群であれば，$G=N_G(P)H$であることを証明せよ．　(阪教育大)

練習 1.11　A, B, Cが群Gの部分群であるとき，つぎのことは正しいか．正しければ証明し，正しくないならば反例をあげよ．

(1)　$AB=\{ab\mid a\in A, b\in B\}$は$G$の部分群である．

(2)　$A(B\cap C)=AB\cap AC$

(3)　$A\subseteq C$ならば，等式$A(B\cap C)=AB\cap C$がなりたつ．　(東京理大)

［略解，ヒント等］

1.1　$H^{-1}=H,\ K^{-1}=K$ ゆえ，HKが群 $\Rightarrow HK=(HK)^{-1}=K^{-1}H^{-1}=KH$.

逆：$KH=HK$ ならば，$x, y\in HK$ について，$x=h_1k_1, y=h_2k_2\ (\exists h_j\in H, \exists k_i\in K)$ゆえ，$xy^{-1}=h_1k_1k_2^{-1}h_2^{-1}\in HKH=HHK=HK$.

1.2　まず，$H[G, H]=[G, H]H$. ゆえに，前問により，$H[G, H]$はGの部分群．

$g\in G,\ h\in H \Rightarrow g^{-1}hg\in[G, H]H=H[G, H]$ ゆえ，$H[G, H]$ は正規部分群．最小性は易しい．

1.3 （H の共役の数）＝（H の正規化群の指数）

$$\leq[G:H]=(H\text{を法とする剰余類の数}).$$

他方，$\forall g\in G,\ H\cap g^{-1}Hg\ni 1$ ゆえに

$$(\cup_{g\in G}g^{-1}Hg\text{ の元数})<[G:H]\times(H\text{ の位数})=(G\text{ の位数})$$

1.4 ［ヒント］ 考える群をGとするとき，$\{1\}$ および G 自身も G の部分群であることに注意．したがって，問題は真部分群がちょうど一つの群といっても同じである．

答は「位数が素数の平方の巡回群」である．

［略解］ G の元 $a\ (\neq 1)$ をとり，$\langle a\rangle$ を考える．$\langle a\rangle=G$ なら，a の位数を考えて，位数が素数の平方であることがわかかる．$\langle a\rangle\neq G$ ならば，G の元 b で $\langle a\rangle$ に属さないものをとれば，$\langle a\rangle$ が唯一の真部分群ゆえ，$\langle b\rangle=G$.

1.5 前問と同様な考え方でできる．すなわち，G の元 $a\ (\neq 1)$ をとり，$\langle a\rangle$ を考える．$\langle a\rangle=G$ ならば a の位数を考えればわかる．$\langle a\rangle\neq G$ のときは，G の元 $b(\notin\langle a\rangle)$ をとる．$\langle b\rangle=G$ なら同様．$\langle b\rangle\neq G$ なら，$\langle a\rangle,\langle b\rangle$ 以外の真部分群がないのだから，$\langle a\rangle$, $\langle b\rangle$ の位数 p, q はいずれも素数．$p=q$ ならば ab が別の真部分群を生成するから，$p\neq q$ である．

1.6 (1) G を H による両側類 HaH に分けると，各両側類毎に共通な代表系がとれる：$HaH=\cup Hah_i=\cup k_iaH$ なら，左右の類の数は $|HaH|/|H|$ ゆえ，共通．ゆえに，$b_i=k_iah_i$ が共通の代表系．

(2) 無限群でも，各両側類 HpH 毎に，それに含まれる左右の剰余類の数が等しければ，上の証明が適用できて，反例にはなり得ないことに注意せよ．

HaH に含まれる左右の剰余類の数を見よう．

$Hah_1=Hah_2 \Leftrightarrow ah_1h_2^{-1}a^{-1}\in H \Leftrightarrow h_1h_2^{-1}\in a^{-1}Ha$ ゆえ HaH に含まれる右剰余類の数は $[H:\ H\cap a^{-1}Ha]$.

同様に，左剰余類の数は $[H:\ H\cap aHa^{-1}]$.

［例］ 一つの自然数 $m\ (\neq 1)$ を固定する．まず $\{2^x|x\text{ は有理数}\}$ のなす乗法群 N と，$t^{-1}2^xt=2^{xm}$ で定められる別の元 t とで生成された群Gを作る．（N はGの正規部分群）．$H=\{2^n|n=0, \pm1, \pm2, \cdots\}$ とすると，$t^{-1}Ht=\{2^{nm}|n=0, \pm1, \pm2, \cdots\}$, $tHt^{-1}=\{2^{n/m}|n=0,$

$\pm 1, \pm 2, \cdots\}$ ゆえに　$t^{-1}Ht \subsetneq H \subsetneq tHt^{-1}$.

したがって，$HtH = tH = Hb_1 \cup \cdots \cup Hb_m$

共通な代表系がとれたとして，$b_1', \cdots, b_m'$ が $Hb_1, \cdots, Hb_m$ の代表元であれば，　$tH = b_1'H = \cdots = b_m'H$ ゆえ不合理である．

1.7　(前半)　$^\forall g \in G$, $S \cap gS^{-1} \neq$空．∴ $g \in SS$.

(後半)　F が有限体で，標数が p であるとする．Fの乗法群．$F^* = F - \{0\}$ は位数 $p^n - 1$ (nは自然数)の巡回群．

(i)　$p=2 \Rightarrow F^*$ の位数は奇数 $\Rightarrow \{x^2 | x \in F^*\} = F^*$.

(ii)　$p \neq 2 \Rightarrow F^*$ の位数は偶数 $\Rightarrow \{x^2 | x \in F^*\}$ は指数2の部分群．0も平方元であるから，

$$(F\text{の平方元の数}) = (F\text{の元数}+1)/2$$

ゆえ，前半が適用できる．

1.8　前問の前半と同様である．すなわち，後の不等式が成り立たない　$\Rightarrow |G| < |S| + |T| \Rightarrow {}^\forall g \in G$, $S \cap gT^{-1} \neq$空.

1.9　$(A \cap B)c$ $(c \in G)$ をとれば，$Ac \cap Bc \ni c$ ゆえ，c を含む Ag_i, Bb_j が定まり，(i, j) が定まる．

$(A \cap B)c$ と $(A \cap B)d$ $(c, d \in G)$ が同じ (i, j) を定めれば，$Ac = Ad$, $Bc = Bd$ ゆえ $cd^{-1} \in A \cap B$.

∴　$(A \cap B)c = (A \cap B)d$.

1.10　$g \in G \Rightarrow H = g^{-1}Hg \Rightarrow g^{-1}Pg \subseteq H$.

ゆえに $g^{-1}Pg$ と P とは H の中で共役．∴ $^\exists h \in H$, $g^{-1}Pg = h^{-1}Ph$. すると $gh^{-1} \in N_G(P)$.

1.11　(1)　練習 1.1 参照．当然反例がある，

［例］　3次対称群 S_3 において，$\{A = 1, (1, 2)\}$, $B = \{1, (2, 3)\}$ とおけばよい．

(2)　正しくない．［例］3次対称群 S_3 において，$a = (1, 2, 3)$, $A = \langle a \rangle$, $b = (1, 2)$, $B = \langle b \rangle$ とする．$ab = (1, 3)$, $C = \langle ab \rangle$ とすると，$B \cap C = \{1\}$ ゆえ $A(B \cap C) = A$. しかし，$AB = S_3 = AC$.

(3)　正しい．(証明)　$A(B \cap C) \subseteq AB \cap AC = AB \cap C$ は明らか．逆に，$x \in AB \cap C$ ならば，$x \in C$, かつ，$x = ab$ $(a \in A, b \in B)$. すると：

$b = a^{-1}x \in AC = C$.　∴　$b \in B \cap C$

他方 $a \in A$ ゆえ，　$x = ab \in A(B \cap C)$.

第 2 章

群の位数による型の決定

この章では，群に，位数などの条件をつけて，型を求める問題を考えよう．そのような問題の一つの典型は，位数だけを与える場合である．

問題 2.1　(1)　位数 5×7 の有限群はアーベル群であることを示せ．
(2)　位数 $5\times 7\times 13$ の有限群はアーベル群であることを示せ．　(阪市大)

解説　(1)は Sylow の定理の応用ですぐできるので，(2)の説明をしよう．考える群を G とし，13-Sylow 群 S_{13}，7-Sylow 群 S_7，5-*Sylow* 群 S_5 をとる．

S_{13} の指数は 5×7 であるから，S_{13} の共役の数は，5×7 の約数で $\equiv 1 \pmod{13}$ から，1，すなわち，S_{13} は正規部分群である．S_5S_{13}，S_7S_{13} はアーベル群．

次の問題は，これと同様にできるので，解説は省くことにする．

問題 2.2　位数15の群は巡回群であり，位数30の群においては，3-Sylow 群，5-Sylow 群はともに正規部分群であることを示せ．　(熊本大)

基本的には，同様な手段でできるが，問い方の違うものを考えよう．

問題 2.3　位数1998の群は可解であることを示せ．　(東工大)

解説　位数1998の群を G としよう．$1998=2\times 3^3\times 37$ であるから，37-Sylow 群 S_{37} を考えよう．2×3^3 の約数で，37より大きいのは 2×3^3 だけであるから，Sylow の定理により，S_{37} は正規部分群である．したがって，G/S_{37} の可解性を言えばよい．この群 G/S_{37} の 3-

Sylow 群 S_3 は，指数2だから正規部分群であり，可解性がわかる．

次のような形の出題もある．

問題 2.4　次の命題は正しいか否か，理由をつけて答えよ．

①位数9の群は可換群である．　②位数18の群は可換群である．

③位数45の群は可換群である．　④位数63の群は，すべて互いに同型である．

⑤位数133の群は巡回群である．　（①〜③京大，④⑤東北大）

解説　①は正しい（問題2.6参照）③，⑤も正しく，上の問題と同様な考えでできる．②，④は誤り．②については，3次対称群が位数6の非可換群であることからわかる．④については，位数9の群に，巡回群と非巡回群があることからわかる．

問題 2.5　(1)　位数2275の有限群はアーベル群であることを示せ．　（東北大）

(2)　位数275の群はすべて可解群であることを示せ．　（九大）

(3)　位数867の非可換群の同型類はいくつあるか．ただし $867=3\times17\times17$．

（京大）

解説　このような問題では，Sylow の定理が役に立つことが多く，ほぼ同じ手法で解けるので，三つとも並べて紹介した．(1) では $2275=5^2\times7\times13$，(2) では $275=11\times5^2$ を利用する．(2) は (1) とはほぼ同じ方法で11–Sylow 群の正規性をいえばよいので略する．

(1)：位数2275の群 G の p-Sylow 群 S_p $(p=5,7,13)$ をとる．S_{13} の共役の数は 7×5^2 の約数で，$\equiv1 \pmod{13}$ であるから，S_{13} の共役の数は1．ゆえに S_{13} は正規部分群．ゆえに $H=S_{13}S_7$ は G の部分群であり，H において，S_7 の共役の数は13の約数で $\equiv1$ (mod 7)．ゆえに S_7 は H の正規部分群．ゆえに $H=S_{13}\times S_7$；S_{13} の元と S_7 の元とは可換．G における S_7 の共役の数をしらべよう．S_7 と S_{13} とが元毎に可換ゆえ，S_7 の共役の数は25の約数で $\equiv1 \pmod 7$ ゆえ，S_7 は G の正規部分群である．同様 S_5S_7，S_5S_{13} を考えて，S_5 も G の正規部分群であることを知り，$G=S_5\times S_7\times S_{13}$．$S_7, S_{13}$ は明らかに巡回群であり，S_5 は可換群（問題2.6参照；この型の問題では，位数が素数の平方の群は可換群という結果は証明せずに利用してもよい筈と思う．）ゆえに G 可換群である．

(3) 位数 867 の群 G の p-Sylow 群 S_p $(p=3, 17)$ をとる．(1) と同様にして，S_{17} は正規部分群である．ところが，S_{17} には二つの場合考えられる：

(i) S_{17} が巡回群のとき：S_{17} の自己同型群 A は $\mathbb{Z}/17^2\mathbb{Z}$ の乗法群と同型で，その位数は 17×16．これは位数 3 の元をもたないから，S_3 の元がひきおこす S_{17} の同型は trivial．ゆえに，この場合 $G=S_3\times S_{17}$．するとGが可換になり，不適．

(ii) S_{17} が巡回群でないとき：S_{17} は (17, 17) 型アーベル群であり，その自己同型群 A は，標数17の素体 F 上の 2 次の正則行列全体のなす群と同一視できる．A の位数は $(17^2-1)\times(17^2-17)=3^2\times17\times2^9$ であるから，A は位数 3 の元をもつ．したがって，この場合，位数 3×17^2 の非可換群が存在する．すなわち，A の位数 3 の元 σ を一つとれば，S_3 の生成元 c について，$c^{-1}xc=\sigma x\ (\forall x\in S_{17})$ と定めて位数 867 の群が得られ，逆に，位数 867 の群は σ を適当にとって，このようにして得られる群と同型であることは明白であろう．そこで，A の位数 3 の元について調べる必要のあることがわかる．F の元数は 17 ゆえ，$F-\{0\}$ は位数 16 の群である．ゆえに，F は 1 の 3 乗根は 1 以外にはもたない．
$\sigma=\begin{pmatrix}\alpha & \beta\\ \gamma & \delta\end{pmatrix}\in A$ の位数が 3 であると仮定する．$\sigma^3=1$ ゆえ，$(\det\sigma)^3=1$．ゆえに，$\det\sigma=\alpha\delta-\beta\gamma=1$．ゆえに $\sigma^{-1}=\begin{pmatrix}\delta & -\beta\\ -\gamma & \alpha\end{pmatrix}$．

$\sigma^2=\begin{pmatrix}\alpha^2+\beta\gamma & \alpha\beta+\beta\delta\\ \gamma\alpha+\beta\gamma & \beta\gamma+\delta^2\end{pmatrix}$ ゆえ，条件 $\sigma^3=1$ は：

$$\begin{cases}\alpha^2+\beta\gamma=\delta, & \beta(\alpha+\delta)=-\beta\\ \gamma(\alpha+\delta)=-\gamma, & \delta^2+\beta\gamma=\alpha\end{cases}$$

もし $\beta=0$ なら，$\alpha^2=\delta, \delta^2=\alpha$ ゆえ，$\alpha^3=1$．$\therefore\ \alpha=1$．$\therefore\ \delta=1$ となり，$\sigma^3=\begin{pmatrix}1 & 0\\ 3\gamma & 1\end{pmatrix}$．ゆえに $\gamma=0$ となり，$\alpha=1$ で仮定に反する．ゆえに $\beta\neq0$（同様 $\gamma\neq0$）．

$\therefore\ \alpha+\delta=-1$．$\therefore\ \delta=-(1+\alpha),\ \beta\gamma=-(1+\alpha+\alpha^2)\neq0$．逆に，この条件がみたされれば，$\sigma^3=1$．

さて，別の σ をとって，同型な群になるかどうかは，その新しい σ がもとの σ と共役であるかどうかで決まるから，上のような σ で，互いに共役でないものがどれだけとれるかを見ればよい．

まず，σ を $\begin{pmatrix}1 & 0\\ x & 1\end{pmatrix}$ で変換すれば，$\alpha\to\alpha+\beta x$ となるから，$\alpha=0$ のときだけを考えればよい：

$$\sigma_\beta=\begin{pmatrix}0 & \beta\\ -\beta^{-1} & -1\end{pmatrix}$$

これを，$\begin{pmatrix} a & 0 \\ 0 & b \end{pmatrix}$ で変換すると $\sigma_{a^{-1}b\beta}$ となる．$a^{-1}b$ は F の 0 でない元どれにもなり得るから，$\{\sigma_\beta | 0 \neq \beta \in F\}$ は互いに共役であり，したがって，Aの位数3の元は互いに共役であった．したがって，求める同型類の数は1である．

さて，上の (1) で，位数が素数の平方ならアーベル群ということは，証明をつけないで使っていいだろうと書いたが，受験生にとって，何は証明をつけるべきであり，何は証明をつけずに使ってよいかの判断は，ある程度むつかしいことである．（そこをうまく判断するのも受験技術のうちである．）一般的にいえば，出されている問題のレベルから見て，適宜判断せざるを得ない．少くとも，問題で証明すべき内容を特別な場合として含む定理を，証明なしで使ったのではよくないであろう．（知識に対して少々の点がもらえる可能性はあるから，白紙の答案よりは，そういう答案の方がよいだろうが．）また，特殊な専門書には書いてあるが，大学三年次まで程度の講義にはあまり出てこないような定理を，証明なしで使うのも，なるべく避けた方がよい．次の問題 2.6 の(i)は，前問で使った事実であって，群論の本なら，どれにものっているといってもよさそうなことなので，普通の問題なら，証明なしで使ってよいことなのである．しかし，それを問題として出されると，ハテサテどれだけを仮定して証明すればよいのか，と迷うことになろう．

問題 2.6　p が素数であるとき，

(i)　位数 p^2 の群は可換群であり，

(ii)　位数 p^3 の群Gの交換子群 G' はGの中心Zに含まれることを示せ．

（お茶の水女子大）

解説　前述のような理由で，(i)については，普通の群論の本に書いてある証明に近いものを書くのが良いだろう．① 位数が p のべき p^n $(n \geq 1)$ の群の中心 Z は $\{1\}$ ではないこと（問題 2.7 参照），②群 G の中心 Z について，G/Z が巡回群ならば $G=Z$，の二つの証明をして，その結論として(i)を出せばよい．(ii)は①により，G/Z の位数が p^m $(m \leq 2)$ であって，G/Z がアーベル群，ゆえに $G' \subseteq Z$ ということを答案に書くのがよいだろう．

次の問題も，上と同様な立場で答案の書き方を考えるべき問題である．

問題 2.7　素数 p のべき p^n $(n \geq 1)$ を位数にもつ群 Gについて，次のことを証明せよ．

(i)　Gの中心Zは単位元以外の元を含む．

(ii) $t \leq n$ なる任意の自然数 t について，G は位数 p^t の正規部分群をもつ．

(金沢大)

解説　(i) は共役類に分ける方法が普通である．(ii) は t についての帰納法がよい．$t=1$ のときは，Z に含まれる位数 p の元 a をとり，a で生成される巡回群を考えればよい．あとは $G/\langle a \rangle$ に帰納法の仮定を利用：$G/\langle a \rangle$ が位数 p^{t-1} の正規部分群 $\bar{H}$ をもつ．すると，$G \to G/\langle a \rangle$ で $\bar{H}$ 内にうつる G の元全体 H が位数 p^t の正規部分群というわけである．

問題 2.8　p, q は相異なる素数で，$p>q$ とする．このとき位数 pq の群の構造を決定せよ．

(北大)

解説　p, q の間に $p-1$ が q の倍数かどうかで，答が違う．

$p-1$ が q の倍数でないならば，問題2.1 などと同様に，巡回群になる．

$p-1$ が q の倍数ならば，位数 p の巡回群 $\langle a \rangle$ には位数 q の自己同型 σ があるから，新しい元 b を，$b^q=1, b^{-1}ab=\sigma(a)$ によって定まる非アーベル群があるので，この場合，答には，巡回群と非アーベル群を書かなくてはならない．

問題 2.9　G は位数12の群で，次の条件をみたしている．

(1)　G は位数 6 の部分群を含まない．

(2)　G は位数 2 の部分群を 3 個含む．

この群 G を，生成元とその関係によって記述せよ．

(東北大)

解説　3-Sylow 群 S_3 は巡回群である．S_3 が正規部分群であれば，G/S_3 が位数 4 の群になるから，G に位数 6 の部分群があることになり，(1)に反する．ゆえに，S_3 の共役は 4 個ある．異なる共役の共通元は単位元 1 だけであるから，G には位数 3 の元が $2\times4=8$ 個あり，S_3 の共役の和集合は 9 個の元からなる．残りは 3 個で，それらと単位元 1 とで 2-Sylow 群 S_2 になる．ゆえに，S_2 は正規部分群である．これは位数 4 であるから，巡回群か，(2, 2) 型のアーベル群である．巡回群であれば，位数 2 の元はただ 1 個ゆえ，それと単位元とで正規部分群 N になり，G/N に位数 3 の部分群があるので，(1)に反する．ゆえに，S_2 は (2, 2) 型のアーベル群である．生成元を a, b としよう．S_3 の位数 3 の元 c による内部自己同型により，a, b, ab が順次写されるので，

$$c^{-1}ac=b,\quad c^{-1}bc=ab$$

という作用をするとしてよい．したがって，一つの答え方は

a, b, c で生成され，関係式は $a^2=b^2=c^3=1$，$ab=ba$，$c^{-1}ac=b, c^{-1}bc=ab$

なお，「位数12の群をすべて求めよ」という出題も見られた（学習院大）．その答を書くのは，上より長くなるが，むつかしい部分は上で済んでいるので，各自試みることを奨めます．もちろん，同型なものは同じとして，異なる型をすべて挙げるのです．

群の型を求める別のタイプの問題を考えよう．

問題 2.10　共役類の個数が3であるような有限群をすべて求めよ．　（東大）

解説　$\{1\}$ は一つの共役類をなすことにまず注目しておこう．アーベル群なら位数3に限ることも明白である．共役ならば位数が同じということも大切であろう．したがって (Sylow の定理により)，位数の素因数は1つか2つである．

(i)　位数が p^n（p 素数)のとき：中心 $Z\neq\{1\}$ 中心の元は各々で一つの共役類をなすから，$G=Z$ でない限り，$Z=\{1, a\}$．$\therefore p=2$．また $G-Z$ が一つの共役類．すると G/Z は二つの共役類しかなく，したがって，G の位数4となり，アーベル群になってしまう．したがって，この場合はない．($G=Z; p=3, n=1$ を除く)

(ii)　位数が p^mq^n (p, q 素数，$p<q$) のとき：共役ならば同じ位数ということから，G の元の位数は，$1, p, q$ の三種しかなく，仮定により，同じ位数なら，互いに共役になる．(ここで，位数 p^mq^n の群は可解という大定理を使うと，少し考え易くなるだろうが，その定理は大定理すぎる.)　Sylow 群 S_p, S_q を考える．S_p の中心 Z_pの元 $c\neq1$ をとると，c の中心化群 $Z(c)$ は S_p を含むから，c の共役の数$=[G: Z(c)]=q^s$ ($s\leq n$)．同様 S_q の元 d について，d の共役の数$=p^t$ ($t\leq m$)．$1+p^t+q^s=p^mq^n$ であるから，$p^t=p^m=2, q^s=q^n=3$ のときしかない．非アーベル群だから，3次対称群と同型で，その場合，たしかに共役類の数は3である．したがって，求める群は①位数3の巡回群，②3次対称群，のいずれか(と同型）である．

〔練習問題〕

練習 2.1　位数 5593 の群は巡回群であることを証明せよ．

練習 2.2　位数 33611 の群は巡回群であることを証明せよ．ただし，$33611=19\times29\times61$ である．

練習 2.3　位数 1805 の非可換群の型を決定せよ．ただし，$1805=5\times19\times19$ である．

練習 2.4　位数 275 の群はすべて可解群であることを証明せよ．（九大）

練習 2.5　p が素数であるとき，位数 $4p$ の群は可解群であることを証明せよ．

（阪教育大）

練習 2.6　位数 4655 の群ではアーベル群に限ることを証明せよ．

練習 2.7　二つの素数 p, q が，条件 $p<q$ および $p\nmid q-1$ をみたしているとき，位数 p^2q の群の型を決定せよ．（都立大）

（注意）$a|b$ は $b\equiv0 \pmod a$ を表す．上の $\nmid$ はこの意味の $|$ の否定である．

練習 2.8　位数 12 の群の型を決定せよ．

練習 2.9　p, q は互いに異なる素数で，G は位数 pq の群であり，巡回群ではないものとする．Gの位数 p の部分群の共役部分群の数を n とするとき，つぎのことを証明せよ．

(1)　$n=1$ または q.

(2)　$n=q$ のときは，H の q 個の共役部分群の合併集合の補集合にGの単位元を加えた集合は，位数 q の部分群をなす．（東工大）

練習 2.10　群Gの位数は pq（ただし，p, q はともに素数で，$p\leq q$）であって，Gの共役類の数は 4 であるという．このようなGの型を決定せよ．

練習 2.11　p が素数で，n が自然数であって，G は位数 p^n の群であるものとする．このとき，

(1)　位数 p^{n-1} の部分群 H は G の正規部分群であることを証明せよ．

(2)　位数 p^{n-1} の部分群がただ一つしかないとき，G の構造を決定せよ．

練習 2.12　位数 p^3（p は素数）の群で，位数 p^2 の元をもたないものの型を求めよ．

[略解，ヒント等]

2.1　$5593=7\times17\times47$．p-Sylow 群を S_p で表すと，まず S_{47} は Sylow の定理によって，正規部分群であることがわかる．そこで，$H=S_7S_{47}$, $K=S_{17}S_{47}$ はいずれも部分群になる．それぞれにおいて，S_7, S_{17} に Sylowの定理を適用し，$H=S_7\times S_{47}$, $K=S_{17}\times S_{47}$

を知る．ゆえに S_{47} は中心に含まれる．このことと，S_7, S_{17} への Sylow の定理の適用で，S_7, S_{17} が正規部分群であることを知り，群は $S_7\times S_{17}\times S_{47}$ になる．(S_{17} から始めてもよいが，S_7 から出発するとつまずく．)

2.2　前問と同様にできる．この場合，S_{19}, S_{61} のどちらから始めてもよいが，S_{29} から始めるとつまずく．

［注意］　一般に，$p_1, p_2, \cdots, p_n$ が互いに異なる素数で，$p_i-1\equiv 0 \pmod{p_j}$ ということがどの p_i, p_j についてもおこらないとき，位数 $p_1p_2\cdots p_n$ の群は巡回群に限ることが知られているが，この位数の群の可解性の証明がむつかしい．可解性がわかったとして，残りの証明を試みるのもよいだろう．

2.3　19-Sylow 群 S_{19} が正規部分群であることは，前問と同様．S_{19} はアーベル群で，(i) 巡回群，(ii) (19, 19)型のアーベル群のいずれか．5-Sylow 群 S_5 の生成元 a は $x\mapsto a^{-1}xa$ により，S_{19} の自己同型をひきおこす．(i)の場合，S_{19} の自己同型群 $\mathrm{Aut}\,S_{19}$ は位数 19×18 の群であるから，位数5の元は含まない．したがって，この場合もとの群 G はアーベル群になり，条件に反する．したがって(ii)の場合である．S_{19} は標数19の素体 F の上の2次元のベクトル空間と考えられるので，$\mathrm{Aut}\,S_{19}\cong GL(2,F)$．この群の位数は $(19^2-1)\times(19^2-19)=2^4\times 3^4\times 5\times 19$．そこで $GL(2,F)$ の 5-Sylow 群 S^* を考える．S^* の生成元 σ に対応する変換を $x\mapsto a^{-1}xa$ とすれば，たしかに求める群ができる．σ^i $(i=2,3,4)$ を代りにとっても，同型な群ができる．$GL(2,F)$ 内で 5-Sylow 群は互いに共役ゆえ，他の 5-Sylow 群をとることは，生成元のとりかえに対応することであり，やはり出来る群は同型であるから，型は1つしかない．というわけで，$GL(2,F)$ の位数5の元をみつければよいことになる．

2.4　$275=5^2\times 11$ であるから，11-Sylow 群が正規部分群になる．

2.5　$p=2$ なら，位数 2^3 (素数のべき)．
$p\geq 5$ なら，p-Sylow 群 S_p が正規部分群．
$p=3$ のとき：2-Sylow 群 S_2 はもとの群 G の指数3の部分群であるから，剰余類の置換表現によって，G から3次対称群の中への準同型 φ が得られる．$\varphi(G)$ は当然可解．φ の核は S_2 に含まれるからこれも可解ゆえ，G は可解．

2.6　$4655=5\times 7^2\times 19$ を位数にもつ群 G の p-Sylow 群を S_p で表すと，練習2.1, 2.2と同様にして，S_{19} が正規部分群であることがまずわかり，つぎに，$H=S_5S_{19}$, $K=S_7S_{19}$

を考えて，S_{19} が中心に含まれることがわかり，$G=S_5\times S_7\times S_{19}$ を知る．

[注意] $p_1, p_2, \cdots, p_n$ が互いに異なる素数で，$e_1, e_2, \cdots, e_n$ が1または2であって，$p_i^{e_i}-1\equiv 0 \pmod{p_j}$ がおこらないときには，$p_1^{e_1}p_2^{e_2}\cdots p_n^{e_n}$ を位数とする群はアーベル群に限ることが知られている．この群の可解性の証明はむつかしいので，可解性はわかったものとして，残りの証明を試みよ．

2.7 $p\nmid q-1$ は，$q-1\not\equiv 0 \pmod{p}$ と同じことだから，p-Sylow 群 S_p は正規部分群．(i) S_p が巡回群のとき：$\mathrm{Aut}\,S_p$ の位数は $p(p-1)$ ゆえ，G は巡回群．(ii) S_p が (p, p) 型アーベル群のとき：$\mathrm{Aut}\,S_p$ の位数は $p(p-1)^2(p+1)$．これも q の倍数でないから，G はアーベル群．(pq, p) 型になる．

2.8 アーベル群のものは，巡回群と，(6, 2) 型の二つ．非アーベル群の場合：2-Sylow 群 S_2 を法とする剰余類による置換表現 φ を考える．φG の位数は6または3ゆえ，φ の核 N の位数は4または2．前者なら $N=S_2$，後者なら，$\{1\}\subseteq N\subseteq S_2$．

$S_2=N$ のとき：$\mathrm{Aut}\,S_2$ の位数が3の倍数であるから，S_2 は (2, 2) 型アーベル群．したがって 練習2.3と同様に，この場合，一つ型がきまる．

$S_2\neq N$ のとき：3-Sylow 群 S_3 の元と N の元とは可換．ゆえに，N は中心に含まれる．(i) S_2 が (2, 2) 型アーベル群のときには，群は（3次対称群）×(位数2の巡回群) になる．(ii) S_2 が巡回群のときは，$S_2=\langle a\rangle, S_3=\langle b\rangle$ として，$a^{-1}ba=b^{-1}$ $(a^4=1, b^3=1)$ を基本関係とする群になる．

2.9 (1) 易しい．(2) p-Sylow 群 S_p の二つの共役の共通元は1だけ．したがって，共役全部の和集合の元数$=pq-(q-1)$．

2.10 $p=q$ ならアーベル群ゆえ，$p^2=4$，この場合 (i) 巡回群，(ii) (2, 2) 型アーベル群の二つがある．$p<q$ のとき，q-Sylow 群 S_q は正規部分群．非アーベルゆえ，p-Sylow 群 S_p は正規ではない．$\langle a\rangle=S_q$ とすると，a の共役の数$=[a:Z(a)]$ (G はもとの群，$Z(a)$ は a の中心化群)．$Z(a)=G$ なら G がアーベルゆえ，$Z(a)=S_q$．ゆえに a の共役の数は p．したがって，$S_q-\{1\}$ の中に共役類が $(q-1)/p$ だけある．ゆえに，$q-1=p$ または $q-1=2p$．前者なら G の位数は6で，共役類の数は3になる．$q-1=2p$ とすると，位数 p の元は互いに共役．$\langle b\rangle=S_p$ とすると，b の共役の数$=[G:Z(b)]=q$．$\therefore\ 1+(q-1)+q=pq$．$\therefore\ 2=p$．$q=2p+1$ ゆえ，$q=5$．このとき G は $b^{-1}ab=a^{-1}, b^2=a^5=1$ を基本関係にもつ位数10の群である．

2.11　(1)　位数 p の中心元 a をとる．$a \notin H$ なら明白．$a \in H$ のときは，$G/\langle a \rangle$ を考えて，n についての帰納法．(2)　巡回群になる．上の a をとれば，H の唯一性により $a \in H$ であることを示し，帰納法を利用．

2.12　アーベル群ならば，(p, p, p) 型アーベル群である．以下非アーベル群のときを考える．

$p=2$ ならアーベル群ゆえ，$p>2$ とする．位数 p^2 の部分群 H は (p, p) 型アーベル群．H に含まれない元 a をとれば，$x \mapsto a^{-1}xa$ は H の自己同型で，位数は p. そこで，標数 p の素体 F 上の2次の一般線型群 $GL(2, F)$ を考え，練習2.3と同様の議論で，型としては一つしかなく，$GL(2, F)$ の位数 p の元をみつければよいことになる．

第 3 章

指数２と素数位数の特殊性

この章では群論の問題のうちから,「指数２」の特殊性, あるいは「位数が素数」の特殊性に関するものを考えてみよう.

問題 3.1　群 G の部分群 H についての次の条件を考える.

(＊)　すべての $x \in G$ に対して, $x^2 \in H$ となる.

以下を示せ.

(1)　G の指数２の部分群 H は(＊)をみたす.

(2)　(＊)をみたす H は G の正規部分群である.

(3)　H が(＊)をみたすとき, G/H はアーベル群である.

(4)　H が(＊)をみたし, さらに G/H が有限群であれば, H は G の有限個の指数２の部分群の共通部分として表される.　(岡山大)

解説　まず, $T=\{x^2 | x \in G\}$ で生成された部分群 N を考えると, T は内部自己同型で T 自身に写されるから, N は正規部分群であり, G/N の元は, 自乗が単位元になるので, G/N はアーベル群である.

(1)　の H については, G の元 a が H に属さないならば, $G=H \cup Ha=H \cup aH$ ゆえ, $aH=Ha$ で, H は正規部分群. ゆえに G/H は位数２の群になり, (1)は正しい.

(2)　の H は N を含み, G/N がアーベル群であるから正しく, (3)も従う.

(4)　G/N の位数が 2^m であれば, G/N は m 個の位数２の元 $a_1, \cdots, a_m$ で生成される. これら m 個から a_i を省いた集合で生成された部分群を K_i とすると, K_i $(i=1, \cdots, m)$ の共通部分は単位元だけになるから, 対応する指数２の部分群の共通部分が H になる.

二面体群と呼ばれる群は指数２の部分群をもつので, それに関する問題を考えよう.

問題 3.2　D_nは，二元σ, τで生成され，基本関係式$\sigma^n=1, \tau^2=1, \sigma\tau=\tau\sigma^{-1}$で定まる群，すなわち，二面体群とする．また，$C_n$で，位数$n$の巡回群を表す．

このとき，D_nの任意の部分群は，nの約数dに対し，D_dまたはC_dと同型であることを示せ．また，D_dと同型な部分群の個数およびC_dと同型な部分群の個数を求めよ．

（立教大）

解説　D_nの元は$\sigma^i, \tau\sigma^i$ $(i=0,1,\cdots,n-1)$で，$\tau\sigma^i$は位数2である．部分群が，D_dと同型になるのは，$\sigma^j, \tau\sigma^k$の形の元を含むときで，dに対し1個．nが偶数か奇数かによって，C_2の数は$n+1, n$になり，他のC_dは1個ずつである．その理由を詳しく見よう．$\sigma^i, \tau\sigma^j$の形の元が含まれていれば，τが属し，D_dの形になる．dは$\{i \mid \sigma^i\in$その部分群$\}$によって決まるので，dに対しD_dは1個である．

C_d $(d\neq 2)$も$\langle\sigma\rangle$の部分群だから，dに対し1個である．

次の問題では，記号D_nが少し違うが，二面体関連である．

問題 3.3　$n\geqq 3$を整数とし，正n角形を自分自身にうつす合同変換全体の作る群をD_{2n}と表す．また，C_mで，位数mの巡回群を表す．

(1)　群D_{2n}の位数は$2n$であることを証明せよ．

(2)　2つの複素行列$A=\begin{pmatrix} 0 & \sqrt{-1} \\ \sqrt{-1} & 0 \end{pmatrix}$および$B=\begin{pmatrix} 0 & 1 \\ -1 & 0 \end{pmatrix}$で生成される$GL(2, C)$の部分群を$H$とする．

（i）　Hの位数を求めよ．

（ii）　群Hと同型になるようなD_{2n}は存在するか？　（九大）

解説　(1)は各頂点を隣へ移す回転をσとし，裏返しをτとすれば，前問のD_n，すなわち，ここでのD_{2n}になるので位数$2n$がわかる．

(2)　$A^2=B^2=-E$であるから，A, Bともに位数4であるが，前問でみたように，二面体群では位数が2より大きい元は前問の記号での$\langle\sigma\rangle$に属するが，A, Bが同時にそのようになることはないので，答は「存在しない」である．

次の問題では「指数2」は表面には出ていないが，指数2に関連する．

問題 3.4　H_1, H_2, H_3は群Gの真部分群とする．

(1) $G\neq H_1\cup H_2$ であることを示せ.

(2) $G=H_1\cup H_2\cup H_3$ のとき

(i) $[G:H_i]=2\ (i=1,2,3)$ であることを示せ.

(ii) $N=H_1\cap H_2\cap H_3$ とおくと，N は G の指数 4 の正規部分群であり，G/N はアーベル群であることを示せ. (阪大)

解説 (1)は，各 H_i の位数は G の位数の半分以下であり，単位元は共有されているので，$H_1\cup H_2$ の元数は G の位数より少ないのである.

(2) (1)と同様な理由で H_i の指数がすべて 3 以上はありえない．そこで，$[G:H_1]=2$ としてよい．$a\in G$ を H_1 に属さないように選べば，$G=H_1\cup H_1a$ であるから，$(H_2\cap H_1a)\cup(H_3\cap H_1a)=H_1a$ であり，# で元数を表すことにして

$$\#(H_2\cap H_1a)+\#(H_3\cap H_1a)\geqq\#(H_1) \qquad ①$$

a としては，H_1 に属さないだけの条件であったから，$H_i\ (i=2,3)$ に対しては $a\in H_i$ であるように取り替えれば

$$\#(H_2\cap H_1a)=\#(a^{-1}H_2\cap H_1)=\#(H_2\cap H_1)$$

$$\#(H_3\cap H_1a)=\#(a^{-1}H_3\cap H_1)=\#(H_3\cap H_1)$$

①と合わせると，$\#(H_2\cap H_1)=\#(H_3\cap H_1)=\dfrac{1}{2}\#(H_1)$ でなくてはならず，

$$[H_1:H_2\cap H_1]=[H_1:H_3\cap H_1]=2 \qquad ②$$

したがって，とくに，$[G:H_2]=[G:H_3]=2$ であり，(i)が示され，H_2, H_3 も正規部分群である．そこで，$N=H_1\cap H_2\cap H_3$ を用いて，G の代わりの G/N で考えて，$N=\{1\}$ と仮定してよい．G/H_i が位数 2 であるから，$a\in G$ について，$a^2\in H_i$ ゆえ，G の各元の自乗は単位元であり，G はアーベル群.

$N=H_1\cap H_2$ であれば，$[G:N]=4$ である．そうでない場合を考えよう.

この場合 G の位数は 8 で，3 個の生成元，a, b, c としようをもつ．そして，$H_1=\langle a, b\rangle$，$H_2=\langle b, c\rangle$ としてよい.

G の元で $H_1\cup H_2$ に属さないのは ac, abc，だけであるから，この 2 元で生成された部分群を H_3 とすれば，$b\in H_3$ で，$b\in H_1\cap H_2\cap H_3$ で，右辺$=\{1\}$ に反する．ゆえに，$[G:N]=4$ の場合だけである.

次の問題も「指数 2」は書いてないが，実際は，指数 2 の問題です.

問題 3.5 G は 2 元 x, y で生成された群で，H は $z=xy$ で生成された部分群である．$x^2=y^2=1$ が成り立つとき，次の問に答えよ.

(1)　H は G の正規部分群であることを証明せよ．

(2)　H が有限群ならば，G も有限群であることを証明せよ．　　　　(神戸大)

解説　$x^{-1}=x$，$y^{-1}=y$ ゆえ，$z^{-1}=y^{-1}x^{-1}=yx$，$x^{-1}zx=xxyx=yx=z^{-1}$，$y^{-1}zy=yxyy=yx=z^{-1}$ ゆえに H は正規部分群．G/H を考えると，位数2であるから，(2)もわかる．

問題 3.6　位数が4より大きい有限群Gが，指数2の部分群Hを含み，Hが単純群であれば，Gの指数2の部分群はHしかないことを証明せよ．　　　　(お茶の水)

解説　指数2の特殊性は「指数2の部分群は正規部分群である」に代表されよう．したがって H は正規部分群．もし，他に指数2の部分群Kがあれば，Kも正規部分群であり，したがって $H\cap K$ も正規部分群．H が単純ゆえ，$H\cap K$ は H または単位元だけ．$[G:K]=2$ ゆえ，$[H:H\cap K]\leq 2$．G の位数 $\geqslant 4$ ゆえ，$H\cap K=H$．すなわち，$H=K$，というわけで，易しい問題である．

次は，位数2の特殊性に関するものである．元 a の位数が $2 \Leftrightarrow a^{-1}=a$ に着目しよう．

問題 3.7　有限群Gの二元 a, b はいずれも位数2であるものとする．$x=ab$, $H=\langle a, b\rangle$ とおく．つぎの (1)～(3) を示せ．

(1)　$[H:\langle x\rangle]=2$

(2)　$a^{-1}xa=x^{-1}$

(3)　x が奇数位数ならば，a と b とは H で共役である．　　　　(筑波大)

解説　$x^{-1}=(ab)^{-1}=b^{-1}a^{-1}=ba$ に着目すれば $a^{-1}xa=a^{-1}aba=ba=x^{-1}$ となり (2) が得られる．同様 $b^{-1}xb=bxb^{-1}=ba=x^{-1}$ であって，$\langle x\rangle$ が H の正規部分であることがわかる．ゆえに，$H/\langle x\rangle$ の元数が2，すなわち (1) が出る．(この意味で，(1), (2) の順序は一寸意地が悪いような気がする．) (3) の要求するのは $x^{-s}ax^{s}=b$ となる自然数 s の存在である．したがって，当然 $x^{-s}ax^{s}$ がどんな元になるかを計算してみるべきであろう：

$x=ab$, $x^{-1}=ba$ ゆえ，

$$x^{-s}\,a\,x^{s}=\underbrace{ba\cdots ba}_{s}\cdot a\cdot\underbrace{ab\cdots ab}_{s}=\underbrace{bab\cdots ab}_{2s-1}$$

そこで，x の位数$=(2s-1)$ となる s について，

$x^{-s}ax^{s}=b$ が得られる.

次の問題は，問題 1.5 の解の理解できた読者にはすぐわかる筈であるので，解説はつけないでおく．実力験しのつもりで考えてください．わからなかったら，問題 1.5 の解説を読むこと．

問題 3.8　G が有限群，H が G の部分群，x が G の元で位数が 2，$|G:H|\equiv 2 \pmod 4$，H のどの元も x とは G で共役ではないものとする．このとき G の指数 2 の正規部分群で x を含まないものが存在することを示せ．［ヒント　G を G/H 上の置換群として表現せよ．x はどのような置換として表現されるか．］　(北大)

念のためつけ加えると，記号 $|G:H|$ は $[G:H]$ と同じ意味である．

次の問題は，「元の位数がすべて素数」という特殊性に関する問題である．この場合着目すべき基本的な点は，「a,b がそれぞれ位数 p,q の元，p,q 互いに素，$ab=ba$ ならば，ab の位数は pq である」という一般的事実から，このような群では，異なる位数の元の非可換性が得られるということである．

問題 3.9　N が奇数，G が位数 $4N$ の群で，単位元以外の元の位数はすべて素数であるものとする．

(1)　a が位数 2 の元であれば，a を含むシロー 2-群は a の G における中心化群と一致することを示せ．

(2)　S_1, S_2 が G の異なるシロー 2-群であれば，$S_1 \cap S_2$ は単位元だけから成ることを示せ．　(金沢大)

解説　a を含む 2-Sylow 部分群 S をとると，S の位数は $4=2^2$ ゆえ，S は可換．したがって，a の中心化群 $Z(a)$ は S を含む．問題の前に述べた，位数の異なる元の非可換性により，$Z(a)-\{1\}$ の元の位数はすべて 2 であり，$Z(a)\in S$，というわけで (1) が出た．$S_1 \cap S_2 \ni b \neq 1$ とすると，S_1, S_2 ともに $Z(b)$ に一致して，$S_1 \neq S_2$ に反するから，(2) が出る．

次の問題は，指数 2 の特殊性に関するものであるが，問題3.6 よりは大分むつかしい．

問題 3.10　有限群 G に位数2の元がちょうど半分あり，残り半分 H が部分群をなしているとき，

(1)　H は奇数位数のアーベル群であることを証明せよ．

(2)　このような群 G の具体的例を，簡単な理由をつけて挙げよ．　（東北大）

解説　H は明らかに指数2の部分群であり，したがって G の正規部分群でもある．H は位数2の元をもたないから，H の位数が奇数であることは明白である．位数2の元を一つとり，それを a としよう．$Ha=G-H$ ゆえ，Ha の元は位数2である，すなわち，$h\in H \Rightarrow haha=1$．　∴ $h^{-1}=aha=a^{-1}ha$．このことは，H について，$h\to h^{-1}$ が自己同型であることを意味する．一般に，$h\to h^{-1}$ は逆同型だから，このことから H の可換性が出る筈である：$h, k\in H$ のとき，

$$a^{-1}(hk)a=(a^{-1}ha)(a^{-1}ka)=h^{-1}k^{-1}$$

他方

$$a^{-1}(hk)a=(hk)^{-1}=k^{-1}h^{-1}$$

$$\therefore\quad h^{-1}k^{-1}=k^{-1}h^{-1}\qquad \therefore\quad hk=kh.$$

以上が(1)の解である．このような群の具体例として一番簡単なのは，3次対称群 S_3 である．S_3 においては，互換が三つで丁度半分，残りが位数3の巡回群になっているのである．しかし，出題者は，この例を挙げただけでは多分満足しないであろう．（具体例を一つ挙げよという問い方だったら，この例を挙げるだけで充分．）(1)によって，構造が大体わかったのであるから，一般的に具体例を示すことを要求しているものと推察する．その要求に応じるには，次のようにすればよい．

(1)によって，そのような群 G は位数奇数の群 H を含み，$[G:H]=2$ であり，$a\in G-H$ による内部同型は，H に対して，$h\to h^{-1}$ となった．したがって，この群 G は位数 $2N$（N は H の位数）の群であり，二面体群に類似した構成法で得られる．逆に，位数 $2N$（N は奇数）の二面体群は上記の関係で定義されるから，G の例になる．（もう少し丁寧な説明をつけた方がよいかも知れぬ）

次の問題は指数2の特殊性関連とはいい難いが，指数2に関連するので，つけ加えておこう．

問題 3.11　次のことは正しいか，正しいときは証明し，正しくなければ反例をあげよ．
n 次対称群 S_n の指数2の部分群は n 次交代群 A_n に限る．　（早大）

解説 この問題は,「証明せよ」となっていないだけ,多少意地悪さを感ずるが,むつかしい問題ではない.他方,このような問い方であるから,知識は相当利用してよいだろうと思えるが,答案を書く身になれば,一寸心配になるであろう.このように,関連事項に関して,いろいろ知識のあるような問題について答案を書く場合,どこまでの範囲を既知として使ってよいか,ということで迷った場合についての,一般的アドバイスから始めよう.まず,知識はどんどん使って(ただし,使った定理などは明記しておく).一応答案を書いてしまう.あとで時間の余裕があったら,使いすぎかも知れないと思う程度の強いものから順に,証明,ないしは略証をつけて行く.

さて,問題3.11にもどろう.

関連事項で,すぐ思いつくのは,$n \geqslant 5$ のとき,A_n は単純群である,ということであろう.これを使えば,問題3.6 により,この命題は $n \geqslant 5$ のときには正しいことがわかる.$n=1$ のときは S_n が指数 2 の部分群をもたないから,正しいとみなせる.したがって,$n=2,3,4$ のときを調べれば,正しいかどうかの結論が出せる.$n=2,3$ のときは易しい.$n=4$ のときは一寸面倒であるが,正しいことがわかる.というわけで,この問題は,正しいことを証明するのが解答になる.

証明するのに,「$n \geqslant 5$ ならばは A_n 単純」を使ってしまっても減点されないとは思うが,答案を書いてから心配になって,上記単純性の証明をつけ加えようとして失敗するおそれが多分にあるので,心配性の人は,次のように証明する方が安心であろう.まず,次を証明する:

$n \geqslant 3$ ならば,S_n の交換子群 $[S_n, S_n]=A_n$.

これは,$(1,2)(2,3)(1,2)(2,3)=(1,3,2)$ により $n=3$ のときがわかり,これと,$(1,3,2)(1,3,4)=(1,2)(3,4)$ とにより,$n \geqslant 4$ のときの証明ができる.

これが出来れば,与えられた命題は,$n=2$ のとき正しいのは明白だから,$n \geqslant 3$ について考えれば,H の指数が 2 $\Rightarrow$ H は S_n の正規部分群 $\Rightarrow$ S_n/H は可換 $\Rightarrow H \supseteq [S_n, S_n] = A_n$ ということで証明される.

素数関連の問題を考えることにしよう.

問題 3.12 群 G の単位元以外の元の位数がすべて一つの素数 p であるとき,単位元と異なる元 x について,x と x^2 とは共役にならないことを示せ. (お茶の水女子大)

解説　$p\neq 2$ は明らか．$y^{-1}xy=x^2$ となる G の元 y があったとする．$y^{-i}xy^i$ を順次考えると，$2^{p-1}\equiv 1 \pmod p$ だから，$y^{-p+1}xy^{p-1}=x$，すなわち，$yxy^{-1}=x$ で，$y^{-1}xy=x^2$ と比べると，$x=x^2$ で $x=1$．$x\neq 1$ に反するのである．

次は p 群についての問題である．

問題 3.13　p が素数，G が有限 p 群，H が G の部分群のとき，次を示せ．

(1)　G の位数が p^n，H の位数が p^{n-1} ならば，H は G の正規部分群である．

(2)　G の正規鎖で，その中に H が現れるものが存在する．　　　　　　　（都立大）

問題 3.14　G が有限 p 群（p は素数），N がその自明でない正規部分群とする．このとき，G の中心 Z と N との交わりは自明ではないことを示せ．　　　　　　　（東北大）

解説　第1問(1)は問題1.6の特別の場合と考えられるが，n についての帰納法を利用する証明も簡単にできる．中心 Z の元 $z\neq 1$ をとる．それが H に属するように選ぶことができたら，$G/\langle z\rangle$ と $H/\langle z\rangle$ を考えればよい．z が H に属さない場合，$z^p\in H$ だから，$z^p\neq 1$ ならば，上の z の代わりに z^p をとればよい．$z^p=1$ ならば，G は H と z とで生成され，$z\in Z$ ゆえ，H は正規部分群，というわけである．

(2)も同様に帰納法を使えばよい．すなわち，上のように，中心 Z の元 $z\neq 1$ をとる．$z\in H$ であるように選ぶことができれば，$G/\langle z\rangle$ と $H/\langle z\rangle$ に適用すればよい．z が H に属さない場合は，H と z で生成された部分群 K を考える．帰納法を $G/\langle z\rangle$ と $K/\langle z\rangle$ に適用して，K が現れる正規鎖の存在を知る．K の中では H は正規部分群だから，K に含まれる分を変更すればよい．

第2問については，普通の「有限 p 群では中心 $Z\neq\{1\}$」のまねでできる．すなわち，各 $g\in G$ について，共役類 $\{x^{-1}gx \mid x\in G\}$ を考え，その個数を見るのが，普通の証明である．この問題については，N の元 g についての共役類（G での）を考えると，N が正規部分群だから，$g\in N$ についての共役類は N に含まれるから，共役類の元数の和が p の倍数で，Z に属さない元の共役類の元数が p の倍数，$\{1\}$ は，これだけで共役類であるから，共役類の元数が1のものが p の倍数あり，1以外が $p-1$ 以上ある．

あと，Sylow 群についての問題を2題考えよう．その一つ：

問題 3.15　G が有限群，N が G の正規部分群，P が G の p-Sylow 群であるとき，次のことを証明せよ．

(1) $N\cap P$ は N の p-Sylow 群である．

(2) $N\cap P$ の G における正規化群を H とすると，$NH=G$ である． (熊本大)

解説 (1) N の p-Sylow 群 Q をとる．Q は G に含まれる p 群だから，Q を含む G の p-Sylow 群 S がある．$N\cap S=Q$．S と P は G で共役で，S を P に写す内部自己同型は N の自己同型を引き起こすから，$N\cap P$ の位数は Q の位数と同じで，$N\cap P$ は N の p-Sylow 群である．

(2) G の任意の元 g について，$N\cap g^{-1}Pg$ を考えると，$N\cap P$ と N で共役，すなわちある $n\in N$ により，$n^{-1}(N\cap g^{-1}Pg)n=N\cap P$．ゆえに，$gn\in H$，$g\in HN=NH$ (N が正規部分群だから)．これがすべての $g\in G$ について言えるのだから，$NH\supseteq G$，したがって，$G=NH$．

問題 3.16　G が有限群で，p が G の位数を割る 1 つの素数で，G の任意の 2 元 a,b に対して $(ab)^p=a^pb^p$ が成立しているものとする．このとき，以下のことを示せ．

(1) G の p-Sylow 群 P は G の正規部分群である．

(2) G の正規部分群 N で，$G=P\times N$ (直積) となるものが存在する．

(3) $Z(G)$ を G の中心とすると，$Z(G)\neq\{e\}$ である． (阪大)

解説 与えられた条件は $T=\{a\in G\mid a^p=e\}$ (e は単位元) が部分群で，正規部分群になることを示している．帰納法を G/T に適用して(1)がわかる．(2)にも帰納法を適用して，$G/T=P'\times N'$ となる正規部分群 N' がある (P' は p-Sylow 群)．ゆえに，G の部分群 N'' で T を含み，$N''/T=N'$ となるものがある．与えられた条件により，$N=\{a^p\mid a\in N''\}$ は G の部分群で，$a\equiv b\pmod T$ ならば，$a^p=b^p$ であるから，N の位数は N' の位数と一致する．作り方から N は正規部分群であるから，$G=P\times N$．(3)は P の中心が $\{1\}$ でないことから明らか．

〔練習問題〕

練習 3.1 群 G が n 個の指数 2 の部分群 $H_1,H_2,\cdots,H_n$ をもち，$H_1\cap H_2\cap\cdots\cap H_n=\{1\}$ であれば，G は位数が 2 のべき 2^m $(m\leq n)$ のアーベル群であって，G の単位元以外の元は，すべて位数が 2 であることを証明せよ．

練習 3.2　p が奇素数であるとき，位数 $2p$ の群 G が位数 2 の正規部分群をもてば，G は巡回群である．このことを証明せよ．（東京理大）

練習 3.3　群 G（有限群とは限らない）において，G の中心 Z の指数が p^n であって，一つの部分群 H の指数が p であれば，H は G の正規部分群であることを証明せよ．ただし，p は素数であって，n は自然数であるものとする．（お茶の水女子大）

練習 3.4　位数 pq（ただし，p, q は素数）の群 G において，位数が p でない元が丁度 q 個あるという．この群 G の型を求めよ．

練習 3.5　群 G の位数は p^2q^2（ただし，p, q は素数で，$p<q$）であり，G の元の位数は，$1, p, q$ のいずれかに限られるとき，つぎのことを示せ．

(1)　G の元 a の位数が p であれば，a を含む p-Sylow 群 S は，a の G における中心化群 $Z(a)$ と一致する．

(2)　S_1, S_2 が G の互いに異なる p-Sylow 群であれば $S_1 \cap S_2 = \{1\}$ である．

(3)　G の q-Sylow 群は正規部分群である．

練習 3.6　位数 p^n（ただし，p は素数で n は自然数）の群 G が，位数 p の部分群をただ一つしかもたないという．このとき，

(1)　$p \neq 2$ ならば，G は巡回群であることを示せ．

(2)　$p=2, n=3$ のとき，そのような G で巡回群でないものの型を求めよ．

練習 3.7　p が素数であって，G が p 群であるとき，次のことを示せ．

(1)　G が有限集合 X の上の一つの置換群であれば，

$$|X| \equiv |X^G| \pmod{p}$$

ただし，$|\ \ |$ は濃度を表し，X^G は次の集合を表す．

$$\{x \in X \mid \sigma(x) = x\ (\forall \sigma \in G)\}$$

(2)　A が単位群でないアーベル群で，その任意の元の位数が p のべきであるものとする．p 群 G が A の自己同型群の部分群ならば，$|A^G| > 1$ である．（広島大）

練習 3.8　位数 2^n（ただし，n は 4 以上の自然数）の非アーベル群 G において，位数 2 の部分群がただ一つしかないならば，G は次の基本関係をもつ二元 a, b によって生成される．

$$a^{2^{n-1}}=1,\quad b^2=a^{2^{n-2}},\quad bab^{-1}=a^{-1}$$

(この群を一般四元数群とよぶ.)

[ヒント, 略解等]

3.1 各 H_i は G の正規部分群である. $K_i=G/H_i$ とおくと, $\varphi: a\to(aH_1, aH_2, \cdots, aH_n)$ は, G から $K_1, K_2, \cdots, K_n$ の直積 $K_1\times K_2\times\cdots\times K_n$ の中への同型を与える.

3.2 p-Sylow 群に, Sylow の定理を適用すれば, それが正規部分群であることを知る. ゆえに G は 2-Sylow 群 S_2 と p-Sylow 群 S_p との直積であり, S_2, S_p ともに巡回群であるから, G は巡回群.

3.3 $Z\not\subseteq H$ なら, $G=HZ$ による. $Z\subseteq H$ ならば p 群 G/Z における指数 p の部分群 H/Z は正規部分群であることによる.

3.4 [ヒント] q-Sylow 群 S_q は位数が p でない元ばかりから成ることに注意せよ.

[略解] S_q は正規部分群で, $G-S_q$ は位数 p の元ばかりから成り, その元数は $pq-q=q(p-1)$. ゆえに pSylow群 S_p は正規部分群ではなく, S_p の共役部分群の個数は q. ゆえに $q-1\equiv 0 \pmod p$ であり, $G\cong\langle a, b\rangle$, $a^q=b^p=1$, $b^{-1}ab=a^r$, $r\not\equiv 1$, $r^p\equiv 1 \pmod q$. (一つの型しかない)

3.5 (1) 位数 pq の元がないことから, 位数 p の元と位数 q の元とは非可換であることによる.

(2) $a\in S_1\cap S_2$ ならば $Z(a)\supseteq S_1\cup S_2$ である.

(3) [ヒント] (1), (2) の p を q におきかえても, 同様のことが成り立つことに注意せよ.

[略解] $p<q$ ゆえ, q-Sylow 群 S_q の共役の数は q を法として 1 と合同ゆえ, それは 1 または p^2. 1 であればよいから, p^2 であったとして矛盾を導く. (2)において, p を q におきかえたことから, S_q の共役の和集合の元数は $(q^2-1)p^2+1$. したがって, $G=S_p\cup(\bigcup_{x\in G}x^{-1}S_qx)$ となり S_p は正規部分群. したがって, S_q から, S_p の自己同型群 $\mathrm{Aut}\, S_p$ の中への準同型 φ がある. 標数 p の素体を F とすれば, $\mathrm{Aut}\, S_p\cong GL(2, F)$ ゆえ, この位数は $(p^2-1)(p^2-p)=p(p+1)(p-1)^2$ であり, これは q^2 では割りきれない. ゆえに φ の核 N は $\{1\}$ ではない. NS_p は可換群ゆえ, 位数 pq の元があることになって矛盾であることがわかる.

3.6 ［ヒント］ p 群の中心が non-trivial であることと，位数 p の部分群がただ一つしかないことから，その部分群は中心に含まれることがわかる．(1) には n についての帰納法を利用する．

［略解］ (1) $n\leq 2$ なら明らかゆえ，$n\geq 3$ とする．n についての帰納法により，指数 p の部分群 H は巡回群である．$H\not\ni b\in G$ とする．$\langle b\rangle=G$ ならよいから，$\langle b\rangle\neq G$ とする．$H=\langle a\rangle$ とする．$bab^{-1}=a^{\alpha}$ (α は自然数)とすると，$b^p\in H$ ゆえ，$\alpha^p\equiv 1 \pmod{p^{n-1}}$．このことから，$\alpha=1+p^{n-2}m$ (m は有理整数)．ゆえに $ba^pb^{-1}=a^{\alpha p}=a^p$ であり，$\langle a^p\rangle$ は中心に含まれ，$bab^{-1}a^{-1}=c\in$(中心)，$ba^tb^{-1}a^{-t}=c^t$．$\langle b\rangle\neq G$ という仮定から，$b^p=a^{ps}$．$b^*=a^{-s}b$ とおくと，$b^*\notin H$ であり，$b^{*p}=a^{-s}ba^{-s}b\cdots a^{-s}b=c^{-s}a^{-2s}b^2a^{-s}b\cdots a^{-s}b=\cdots=c^{-s(1+2+\cdots+(p-1)}a^{-ps}b^p=1$．これは位数 p の部分群がただ一つという仮定に反する．

(2) 答は四元数群 $\langle i,j\rangle$, $i^4=1$, $i^2=j^2$, $iji^{-1}=j^3$.

3.7 ［ヒント］ (1) は $c_x=\{\sigma x\,|\,\sigma\in G\}$ とおくと，$\{c_x\,|\,x\in X\}$ が X の類別を与えることに注意せよ．(2) は (1) の応用である．

［略解］ (1) 互いに異なる c_x 全体を $c_{x_1},\cdots,c_{x_n}$ とすると，$\sum_{i=1}^{n}|c_{x_i}|=|G|\equiv 0 \pmod{p}$．他方 $x\in X^G$ であるための必要充分条件は $|c_x|=1$．また，$H_x=\{\sigma\in G\,|\,\sigma x=x\}$ とおくと，$|c_x|=[G:H_x]$ ゆえ，$|c_x|\neq 1$ ならば $|c_x|$ は p の倍数．ゆえに $X-X^G$ は $|c_x|$ が p の倍数であるような c_x の disjoint な和集合であるから，$|X-X^G|$ は p の倍数．

(注意) $1=p^0$ ゆえ $\{1\}$ も p 群と考えられる．しかし，$G=\{1\}$ のときは $X=X^G$ ゆえ，(1) はこの場合を含めて正しいが，上の証明は $G\neq\{1\}$ のときのものである．

(2) (1) の X として，A をとると，$|A|$ が p の倍数ゆえ，A^G の元数は p でわりきれる．$1\in A^G$ ゆえ $|A^G|\geq p>1$．

3.8 ［ヒント］ n についての帰納法は「非アーベル」の仮定を外して，結論を「巡回群または(一般)四元数群」に変えて適用する．

［略解］ $n\leq 3$ なら易しいから，$n\geq 4$ として帰納法を利用する．アーベル群なら巡回群は易しいので，非アーベル群と仮定する．指数 2 の部分群 H をとる．

(i) $H=\langle a\rangle$ のとき：G の元 $b\notin H$ を，なるべく位数が小さいようにとる．$b^2=a^{2s}$, $bab^{-1}=a^{\alpha}$, $\alpha^2\equiv 1 \pmod{2^{n-1}}$．この場合 $\alpha\equiv 1+2^{n-2}$, -1, $-1+2^{n-2}$ の三つがありうる．$\alpha\equiv 1+2^{n-2}$ のときは，練習3.6 での計算を少し修正して，a^tb の形の元で低い位数の元が得られて矛盾．

$\alpha=-1$ または $-1+2^{n-2}$ のときは，$c=a^{1+\alpha}$ とおけば $bab^{-1}=a^{-1}c$, $c\in$(中心)．$a^{2s}=$

$b^2=bb^2b^{-1}=ba^{2s}b^{-1}=a^{-2s}$ ゆえ，$4s\equiv 0$　$\therefore$ $b^4=1$. そして $c\neq 1$ なら，a の代りに ac をとればよい．

(ii) H が(一般)四元数群のとき：$H=\langle a, b\rangle, a, b$ の位数 $2^{n-2}, 4$; $bab^{-1}=a^{-1}$. G の元 $c\notin H$ をとる．$cac^{-1}=a$ ならば帰納法の仮定により $\langle a, b\rangle$ が巡回群で (i) に帰する．そこで $cac^{-1}\neq a$ と仮定する．

$K=\langle a, b\rangle\neq G$ のとき：K も一般四元数群ゆえ，$cac^{-1}=a^{-1}$ としてよい．すると a と bc とが可換になり，(i) に帰する．

$K=G$ のとき：$c^2=ba^t$.

(ア) $cac^{-1}=a^u$ のとき：$a^{u^2}=c^2ac^{-2}=bab^{-1}=a^{-1}$. $u^2\equiv -1 \pmod{2^{n-2}}$ で，$n\geq 4$ により矛盾.

(イ) $cac^{-1}=a^u b$ のとき：$ca^2c^{-1}=a^u ba^u b=b^2$. これは a の位数が b の位数と同じ，すなわち4であるから，$n=4$ の場合である．$c^2=ba^t$ ゆえ，$c^4=b^2$. ゆえに c の位数が 2^3 であり，(i) の場合に帰する．

第 4 章

置　換　群

この章では，置換群に縁の深い問題を考えよう．

問題 4.1　G が群で，H がその指数 3 の部分群で G の正規部分群ではないものとする．G の H による左剰余類の集合 $\{a_1H,\ a_2H,\ a_3H\}$ に G を $\phi(g):a_iH\to ga_iH\ (g\in G)$ で作用させ，3 次対称群 S_3 への準同型 $\phi:G\to S_3$ を得る．

(1)　$N=\{x\in G\mid y^{-1}xy\in H,\ \forall y\in G\}$ とすれば $\mathrm{Ker}(\phi)=N$ を示せ．

(2)　G/N は S_3 と同型になることを示せ．　　　　(東北大)

解説　(1)は $x\in N\Leftrightarrow xa_iH=a_iH\ (i=1,2,3)\Leftrightarrow a_i^{-1}xa_i\in H\Leftrightarrow(a_ih)^{-1}x(a_ih)\in H$（すべての $h\in H$ と $i=1,2,3$）からわかる．

(2)　$[G:H]=3,\ N\subseteq H$ ゆえ，G/N の位数は 3 の倍数で，S_3 部分群と同型だから，位数 3 または 6 である．位数 3 とすると，$H=N$ で，H が正規部分群でないことに反する．ゆえに，位数 6 で，G/N と S_3 は同型である．

次の問題と同様な出題はよく見られる．

問題 4.2　3 次対称群 S_3 について，内部自己同型群 $\mathrm{Inn}(S_3)$ および自己同型群 $\mathrm{Aut}(S_3)$ を決定せよ．　　　　(東工大)

解説　S_3 の中心は $\{1\}$ である（検証は容易）．したがって，$\mathrm{Inn}(S_3)$ は S_3 と同型である．S_3 の位数 2 の元は互換 $(1,2),(2,3),(3,1)$ であるが，置換 $(1,2,3)$ による内部自己同型で，この 3 互換の巡回置換が実現し，互換による内部自己同型で，互換 2 個間の互換が実現するので，$\mathrm{Aut}(S_3)=\mathrm{Inn}(S_3)$ である．

以上，S_3 関連であったが，次から 4 次対称群を考えよう．

問題 4.3 4 次の対称群 S_4 の部分集合 $X=\{(12)(34),(13)(24),(14)(23)\}$ の上への S_4 の作用を $g\cdot x=gxg^{-1}$，$g\in S_4$，$x\in X$ で定める．

(1) 上の定義が実際に作用になっていることを確かめよ．

(2) 上の作用により得られる準同型写像 $\phi: S_4\to S_3$ を考えることにより，$S_4/H\cong S_3$ となる正規部分群 H を求めよ． (名大)

解説 (12)(34) などは，普通は，を入れて (1,2)(3,4) のように書くのですが，こういう書き方もあることに注意しましょう．(1)は具体的作業だけなので略します．

(2) $g\in \mathrm{Ker}(\phi)\Leftrightarrow X$ の元全部と可換 であるが，まず，X の各元は互いに可換であることは，容易に確かめられる．したがって，X の 3 元で生成された位数 8 の群 N は ϕ の核に含まれる．互換，長さ 3 または 4 の巡回置換は ϕ の核に属さないこともわかるので，求める H は，上で得た N，すなわち，X の 3 元で生成された部分群である．

問題 4.4 S_4 は 4 次対称群として，次の各設問に答えよ．

(1) S_4 の中心 $Z(S_4)$ は {恒等置換} に等しいことを示せ．

(2) 自然数 $i=1,2,3,4$ にたいし，$H(i)=\{\sigma\in S_4 \mid \sigma(i)=i\}$ とするとき，$H(i)$ は S_4 の指数 4 の部分群であることを示せ．

(3) S_4 の指数 4 の部分群は $H(i)$ $(i=1\sim 4)$ のいずれかに等しいことを示せ．

(4) S_4 の自己同型写像 f が，$i=1\sim 4$ すべてについて $f(H(i))=H(i)$ をみたせば，f は恒等写像であることを示せ．

(5) $A(S_4)$ は S_4 の自己同型群とする．$A(S_4)$ の元 f による位数 6 の部分群の間の置換 $H(i)\to f(H(i))$ $(i=1,2,3,4)$ を $\rho(f)\in S_4$ とする．このとき，写像 $\rho: S_4\ni f\to \rho(f)$ は準同型写像であることを示せ．

(6) $A(S_4)$ は S_4 と同型であることを示せ． (広島大)

解説 (1) S_3 のときと同様，検証は容易です．

(2) の $H(i)$ は i 以外の 3 文字の置換群で S_3 と同型ゆえ，位数 6 です．

(3) K が位数 6 の部分群であるとしよう．K は位数 3 の元を含む．S_4 の元で位数 3 であるものは，長さ 3 の巡回置換であるから，$(1,2,3)\in K$ としてよい．K には位数 2 の元もある．それが，1 ～ 3 の間の互換であれば，$H(4)$ になるから，その場合はよい．

位数2の元が，互換で4を動かすものであれば，(3,4) としてよく，(1,2,3)(3,4)=(1,2,4,3) は位数4で，K には含まれ得ない．あと，位数2の元は，共通文字をもたない2個の互換の積であるから，(1,2)(3,4) であるとしてよく，$(1,2,3)(1,2)(3,4)(1,2,3)^{-1}=(1,3)(2,4)$ であり，これと (1,2)(3,4) とは位数4の部分群を生成するので，K には含まれ得ない．ゆえに，位数6の部分群は $H(i)$ のいずれかである．

(4) f は各 $H(i)$ へは自己同型として作用することを意味している．$H(i)$ は S_3 と同型であるから，問題4.2でみたように，各 $H(i)$ では，内部自己同型の形になる．f を $H(i)$ に制限したものを f_i で表し，それが $\sigma_i \in H(i)$ による内部自己同型であったとする．f_1 について，互換 (2,3), (3,4), (4,2) すべてが f_1 で不動ならば，これらで生成される $H(1)$ への作用は恒等写像であるから，そうでないと仮定しよう．すると，たとえば (2,3) が (3,4) に写るなど，異なる文字の互換に写る．今の場合，2が4に変わったのであるが，f は S_4 全体の同型写像であるから，$H(4)$ でも (2,3) が (3,4) に写らなくてはならないが，(3,4) は $H(4)$ に入っていないので不可能．したがって，f_i すべて恒等写像で，f は恒等写像である．

(5) は単純な書き下しであるから略そう．

(6) (4)により，$\mathrm{Ker}(\rho)$ は $\{1\}$ であるから，ρ は同型写像である．

問題 4.5　4次対称群が集合 $\{1,2,3,4\}$ に置換として作用しているとき

$$H=\{\sigma \in S_4 \mid \sigma(1)=1\} \qquad V=\{e,(12)(34),(13)(24),(14)(23)\}$$

とおく．ただし，e は単位元である．

(1) S_4 の任意の元 σ は $\sigma=vh, v\in V, h\in H$ と，ただ一通りに表されることを示せ．

(2) $\sigma \in S_4$ に対し，(1)のように定まる $h\in H, v\in V$ をそれぞれ $\phi(\sigma), \psi(\sigma)$ で表すとき，$\phi: S_4 \to H, \psi: S_4 \to V$ は群の準同型であるか．理由とともに答えよ．　(阪大)

解説 (1) (1,2)(3,4)(1,3)(2,4)=(1,4)(2,3) などからわかるように，

H, (1,2)(3,4)H, (1,3)(2,4)H, (1,4)(2,3)H

の和集合が S_4 になるので，(1)の主張は正しい．

(2) V は正規部分群であり，ϕ は $G\to G/V$ の自然準同型と同じであるから，これは準同型である．ψ については，$\{\sigma \in S_4 \mid \psi(\sigma)=e\}=H$ であり，H は正規部分群ではないから，ψ は準同型ではない．

風変わりな問題として次を考えよう．

問題 4.6　p を奇素数とする．p 個の元からなる有限体の乗法群を $F_p{}^*$ とするとき，$F_p{}^*$

の任意の元 u に対し $-u^{-1}$ を対応させる写像は $F_p{}^*$ の奇置換であることを示せ． （北大）

解説 各 u に u^{-1} を対応させるのは，(u, u^{-1}) 型の互換 $\frac{1}{2}(p-3)$ 個の積（$(1,1)$，$(-1,-1)$ は互換ではないから）であり，各 u に $-u$ を対応させるのは，$(u,-u)$ 型の互換 $\frac{1}{2}(p-1)$ 個の積である．$\frac{1}{2}(p-3)+\frac{1}{2}(p-1)$ は奇数である．

次の問題は今までの問題とは大分異色であるが，一応置換群の言葉を使った問題なので仲間に入れておこう．

問題 4.7 集合 S の濃度は $|S|$ で表すことにする．X, Y が有限集合，G が X 上の可移置換群で，f, g は X から Y への二つの写像であるものとする．G の各元 σ に対し，

$$S(\sigma)=\{x\in X \mid f(x)=g(\sigma x)\}$$

とおく．このとき $|S(\sigma)|$ の平均

$$\frac{1}{|G|}\sum_{\sigma\in G}|S(\sigma)|$$

を，$|X|$, $|f^{-1}(y)|$, $|g^{-1}(y)|$ $(y\in Y)$ を使って表せ． （北大）

解説 可移置換群の作用の一様性というべきものをうまく使って計算する問題である．次の H_x を考えるのは当然であろう．$H_x=\{\sigma\in G \mid \sigma x=x\}$．すると $a=\sigma x \Rightarrow H_a=\sigma H_x\sigma^{-1}$．ゆえに $|H_x|$ は x によらず一定であるので，これを h で表そう．

問題から見て，$T=\{(x,z) \mid x, z\in X, f(x)=g(z)\}$ も重要らしく思える．$|T|=\sum_{y\in Y}|f^{-1}(y)|\times|g^{-1}(y)|$．

$S(\sigma)\ni x\mapsto(x, \sigma x)\in T$ による，$\bigcup_{\sigma\in G}S(\sigma)$ から T への写像 ψ を考えると：① 可移性により，ψ は上への写像である．② H_x の性質により，$|\psi^{-1}(x, \sigma x)|=h$.

ゆえに $|\bigcup_{\sigma\in G}S(\sigma)|$ すなわち $\sum_{\sigma\in G}|S(\sigma)|$ の値は

$h\times|T|=h(\sum_{y\in Y}f^{-1}(y)\times g^{-1}(y))$ に等しい．

$$\therefore\ \sum_\sigma|S(\sigma)|=h(\sum_y f^{-1}(y)\times g^{-1}(y)) \quad \cdots\cdots(*)$$

他方，再び可移性により，$h\times|X|=G$.

ゆえに $(*)$ をこれで割って：

$$\frac{\sum_\sigma|S(\sigma)|}{|G|}=\frac{\sum_y f^{-1}(y)\times g^{-1}(y)}{|X|}$$

これが求める答である．

〔練習問題〕

練習 4.1 置換 $(1,2)(3,4)$ と $(1,3)$ とで生成される群の位数を求めよ. (立教大)

練習 4.2 G は $\Omega=\{1,2,\cdots,m\}$ 上可移な置換群で, Ω の各文字 i に対して, i を動かさない G の元全体を G_i とする.

(1) G_i は G の部分群であることを示せ.

(2) G_i の G における指数を求めよ.

(3) $i,j\in\Omega$ のとき G_i と G_j とは G で共役であることを示せ.

(4) G が可換群であるとき, G の位数を求めよ. (阪教育大)

練習 4.3 群 G が指数 n の部分群をもち, $2\leq n\leq 4$ であれば, G は単純群でないことを示せ.

練習 4.4 集合 X に群 G が作用しているものとする. N が G の正規部分群であるとき, $S=\{x\in X\,|\,nx=x\ (\forall n\in N)\}$ とおけば, 任意の $g\in G$ について, $gS=S$ であることを示せ. (京大)

練習 4.5 群 G の二つの部分群 H, K について, 指数 $[G:H], [G:K]$ がともに有限であれば, 指数 $[G:H\cap K]$ も有限であることを示せ. (京大)

練習 4.6 G が素数個の文字 $1,2,\cdots,p$ に推移的(transitive)に作用する置換群であるとき, 次の2問に答えよ.

(1) $g(1)\neq 1$ なる G のいかなる元 g についても, $\langle g\rangle$-軌道 $\{1, g(1), g^2(1),\cdots\}$ 上のすべての点を固定する G の元が単位元以外にないならば, G の元で位数が p と異なるものは必ず固定点をもつことを示せ.

(2) 次の二つの条件 (a), (b) は互いに同値であることを示せ.

(a) G の位数 p の部分群はただ1つしかない.

(b) G の単位元以外の元は, 固定点をたかだか一つしかもたない. (東大)

練習 4.7 有限群 G の部分群 H, K について, $G/H, G/K$ への G の自然な作用を, K, H にそれぞれ制限したときの, K-orbits の数, H-orbits の数は相等しいことを示せ.

練習 4.8 n 次対称群 S_n の元 a, b で, この二元で生成された群が S_n に一致するようなものを, 各 $n\,(\geq 3)$ につき一組を例示せよ.

練習 **4.9** $\{1, 2, \cdots, n\}$ の上の置換群 G が，(i) 巡回置換 $(1, 2, 3)$ を含み，(ii) 3 重可移であれば，G は対称群であるか，または交代群である．

剰余類を扱ったついでに，つぎの問題を加えよう．

練習 **4.10** 有限群 G の二つの部分群 A, B に対し，A と B とで生成された部分群を $A\vee B$ で表す．

(1) $[A\vee B : B] \geq [A : A\cap B]$ を示せ．

(2) もし (1) で等号が成立すれば，$AB=BA$ であり，逆も成り立つことを示せ．

（立教大）

[ヒント，略解等]

4.1 計算するだけ，と言ってしまってもよいかも知れないが，元を全部かき上げるより，少し要領よくやった方がよい．$(1,3)(1,2)(3,4)=(1,2,3,4)$，$(1,2,3,4)^2=(1,3)(2,4)$ を利用すると，生成される群 G は，Klein の四元群 $V=\{1, (1,2)(3,4), (1,3)(2,4), (1,4)(2,3)\}$ を含むことがわかる．$H=\langle(1,2,3,4)\rangle$ とおくと，V が 4 次の対称群の正規部分群であるから VH が群になり，$G=VH$．（答）8.

4.2 (1), (2), (3) は易しい．

(4)：G が可換群ならば，(3)により $G_1=G_2=\cdots=G_m$ である．したがって $G_i=G_1\cap\cdots\cap G_m$．ところが右辺は単位元だけから成るので，$G$ の位数は (1) により m である．

4.3 その部分群を法とする剰余類による置換表現を利用すれば容易．

4.4 $x\in S$, $g\in G$ のとき，任意の $n\in N$ に対して，$n(gx)=gx$ をいえばよい．($ng=gn'(\exists n'\in N)$ により，すぐできる．)

4.5 [ヒント] H, K の一方，たとえば H が正規部分群ならば，つぎのようにしてできる：

HK は部分群であり，$HK/H\cong K/H\cap K$.

$$\therefore\ [K : H\cap K]=[HK : H]\leq[G : H]$$

$$\therefore\ [G : H\cap K]=[G : K][K : H\cap K]$$

$$\leq[G : K][G : H]$$

そこで，H が正規部分群のときに帰着させる工夫をする．

[略証] H を法とする剰余類による G の置換表現の核 H^* は正規部分群であり，指数有

限であって，Hに含まれる．上記ヒントの内容により，$[G:H^*\cap K]$ は有限で，$[G:H\cap K]\leq[G:H^*\cap K]$.

4.6 (1) ［ヒント］ $\{r, g(r), g^2(r), \cdots\}$ が $\langle g\rangle$-軌道，$\sigma\in G$，$\sigma(1)=r$とする．$g^*=\sigma^{-1}g\sigma$ とおいて，1を含む $\langle g^*\rangle$-軌道 $\{1, g^*(1), g^{*2}(1), \cdots\}$ を作ると，$\{r, g(r), \cdots\}=\sigma\{1, g^*(1), \cdots\}$. したがって，(1) で与えられている仮定は，次のことを示す：

$r\in\{1, 2, \cdots, p\}$, $g\in G$, $g(r)\neq r$ ならば，$\langle g\rangle$-軌道 $\{r, g(r), g^2(r), \cdots\}$ 上のすべての点を固定するGの元は単位元に限る．

このことに注意して，Gの元gの位数がpでなかったとき，gを巡回置換の積 $\tau_1\cdots\tau_r$（ただし，$i\neq j$ ならば，τ_i と τ_j は共通文字を含まない）に表せ．

［略解］ 上のように巡回置換の積に分解すれば，$\tau_1, \cdots, \tau_r$ の長さは，上記ヒントで述べたことにより，共通の長さになる．p は素数だから，あとは容易．

(2) ［ヒント］ $H_i=\{g\in G\mid g(i)=i\}$ $(i=1, 2, \cdots, p)$ とおく．(b)の条件 $\Leftrightarrow$ $i\neq j$ ならば $H_i\cap H_j=\{1\}$. (b)$\Rightarrow$(a) のためには，このことを使って，$\cup g^{-1}Hg$ の補集合の元数を調べよ．(a)$\Rightarrow$(b) のためには，位数がpの元は長さpの巡回置換であることに注意して，xがそのようなGの元であれば，xは巡回置換 $(1, 2, \cdots, p)$ であると仮定してよい．Gの元yが，巡回置換でなく，しかも$1, 2, \cdots, p$ すべてを動かすとしたとき，y^mxy^{-m} が$\langle x\rangle$に含まれるかどうかを考えよ．

［略解］ まず，Gの位数$=p\times(H_i$の位数$)$ゆえ，Sylowの定理によりGには位数pの元が存在する．

(a)$\Rightarrow$(b)： (1) のヒントで述べたような巡回置換の積へのyの分解 $\tau_1\cdots\tau_s$ を考えると，仮定により $s\geq 2$ である．$\tau_1, \cdots, \tau_s$ は長さの短い方からならんでいるとしてよい．すると，τ_1の長さ m とり，y^m を考えると，τ_1に現れた文字は b では動かないが，y^m は単位元ではない．k, l がτ_1 に現れた文字 $(k\neq l)$ のとき文字 $1, 2, \cdots, p$ をかき直して，$k=1$, $l=2$ としてよい（ただし，$x=(1, 2, \cdots, p)$ という性質は失われる）．$x=(1, i_2, i_3, \cdots, i_p)$ として，$2=i_s$ であれば，xの代りに x^{s-1} を考えることにすれば，$i_2=2$ としてよい．その上で y^mxy^{-m} を考えると，巡回置換 $(1, 2, y^m(i_3), \cdots, y^m(i_p))$ になる．$x=(1, 2, \cdots)$ の形であるから，$\langle x\rangle$に入るとすればxと一致しなくてはならないが，y_m が単位元でないのだから，xとは一致しない．ゆえに (a) に反することになり，(a)$\Rightarrow$(b) が出る．

(b)$\Rightarrow$(a)： ヒントで述べたことにより，H_i の位数をhとすると，$(\cup_i H_i$の元数$)=1+(h-1)p$. $(G$の位数$)=ph$ ゆえ，$(G-\cup_i H_i$の元数$)=p-1$.

位数 p の元 $\notin \bigcup_i H_i$ ゆえ，p-Sylow 群は一つしか存在し得ない．

4.7 ［ヒント］ これらの数は，両側類 $\{KaH \mid a \in G\}$, $\{HbK \mid b \in G\}$ の数に等しい．$(KaH)^{-1} = Ha^{-1}K$ に着目すれば所期の結果が得られる．

4.8 $a = (1, 2)$, $b = (2, 3, \cdots, n)$ は一つの答．

［略解］ $bab^{-1} = (1, 3)$. 同様に $b^i a b^{-i} = (1, 2+i)$ $(i = 1, 2, \cdots, n-2)$. $(1, i)(1, j)(1, i) = (i, j)$ $(i \neq 1$ のとき$)$ であることから証明される．

$a = (1, 2)$, $b = (1, 2, 3, \cdots, n)$ でもよい $(ab = (2, 3, \cdots, n)$ による．$)$

4.9 i, j, k が $\{1, 2, \cdots, n\}$ の互いに異なる元であれば，$1, 2, 3$ をそれぞれ i, j, k に写す G の元 σ がある．すると $\sigma(1, 2, 3)\sigma^{-1} = (i, j, k)$.

4.10 ［ヒント］ 集合 AB が含む xB の形の剰余類の数が $[A : A \cap B]$ に等しいことを示せ．((1), (2) 両方に利用できる．)

［略証］ $a, a' \in A$ のとき，$aB = a'B \Leftrightarrow a^{-1}a' \in A \cap B$. ゆえにヒントで述べたことがわかる．

(1) は $A \vee B \geq AB$ により明らか．

(2) は等号 $\Leftrightarrow A \vee B = AB$ による．

第 5 章

アーベル群

この章ではアーベル群関連の問題を考えよう．有理数体 $\boldsymbol{Q}$ の加法群 3 題から始める．

問題 5.1　A が有理数体 $\boldsymbol{Q}$ の有限生成加法部分群であれば，$A=x\boldsymbol{Z}$ となる有理数 x が存在することを示せ．ただし，$\boldsymbol{Z}$ は有理整数環を表す．　（阪大）

問題 5.2　有理数全体からなる集合 $\boldsymbol{Q}$ を，加法により群とみなす．次を示せ．

(1)　$\boldsymbol{Q}$ は有限生成でないことを証明せよ．

(2)　$\boldsymbol{Q}$ は極大部分群をもたないことを証明せよ．　（都立大）

問題 5.3　有理数のなす加法群 $\boldsymbol{Q}$ と，正の有理数のなす乗法群 $\boldsymbol{Q}^*$ とは，アーベル群として同型でないことを示せ．　（名大）

解説　第 1 問：A が有限個の有理数 $a_1, \cdots, a_n$ で生成されたとする．通分によって，a_i 全部を共通な分母 m で表示して，分子 $b_i=ma_i$ を考える．$|b_1|, \cdots, |b_n|$ の最大公約数 d をとると，$x=\dfrac{d}{m}$ が求めるものである．

第 2 問　(1)は上で済んでいる．(2)については，極大部分群 M があったとして，矛盾を導こう．既約分数 $\dfrac{a}{m}$ が M に属さないとすれば，M と $\dfrac{1}{m}$ とで $\boldsymbol{Q}$ が生成される．

m はなるべく小さく選ぶことにして，m の真の約数の逆数は M に属するとしよう．

m と互いに素な素数 p をとると，$\dfrac{1}{mp}=x+\dfrac{a}{m}\ (a\in\boldsymbol{Z}, x\in M)$

$$x=\frac{1-ap}{mp}$$

そこで，$\boldsymbol{Z}$ のイデアル $\{y \in \boldsymbol{Z} \mid \frac{y}{mp} \in M\}$ を生成する自然数を c とする．c は $1-ap$ を整除するから，p とは互いに素である．

$\frac{1}{c}$ も，上と同様に M の元と $\frac{a}{m}$ の形の元との和に書けるから，$\frac{1}{c}-\frac{a}{m} \in M$

そこで，$\boldsymbol{Z}$ のイデアル $\{y \in \boldsymbol{Z} \mid \frac{y}{mc} \in M\}$ の生成元を d とし，$\frac{d}{c}$ を既約分数にしたものを $\frac{d'}{c'}$ とする．M の 2 元 $\frac{c}{mp}, \frac{d'}{c'}$ で生成される部分加法群を考えよう．分母を mpc' として元を表せば，分子は $cc'\boldsymbol{Z}+mp\boldsymbol{Z}$ 全体を動く．

$$cc'\boldsymbol{Z}+mp\boldsymbol{Z} \subseteq c'^2\boldsymbol{Z}+mp\boldsymbol{Z}=d'\boldsymbol{Z} \ (d' \text{ は } m, c'^2 \text{ の最大公約数})$$

であるから，$\frac{m}{d'}=m'$ とすると，$\frac{1}{m'pc'} \in M$

この数の pc' 倍の $\frac{1}{m'} \in M$ となり，m のとり方の反する．

第 3 問　$\boldsymbol{Q}$ では，任意の元 a と任意の自然数 n に対し，$nx=a$ が解をもつが，$\boldsymbol{Q}^*$ では，例えば，$x^2=2$，は解をもたない．

次の 2 問はアーベル群の構造に関するものである．

問題 5.4　(1)　G が有限アーベル群であれば，任意の部分群 H に対し，G/H と同型な G の部分群があることを証明せよ．

(2)　G が無限アーベル群の場合に，(1)と同様な命題は成り立つか．　（北大）

問題 5.5　アーベル群 A に対し

$$A^2=\{a^2 \mid a \in A\},\ {}_2A=\{a \in A \mid a^2=e\}$$

とする．ただし，e は単位元である．

(1)　A が有限群ならば，商群 A/A^2 は ${}_2A$ に同型であることを示せ．

(2)　$A \neq A^2$ かつ ${}_2A=\{e\}$ となる例を挙げよ．

(3)　$A=A^2$ かつ ${}_2A \neq \{e\}$ となる例を挙げよ．　（立教大）

解説　第 1 問　(1)　G は位数が素数べきの巡回群 K_i の直積 $K_1 \times \cdots \times K_m$ の形に表される．自然準同型 $G \to G/H$ により，各 K_i は K_i の位数の約数を位数にもつ巡回群に写され，G/H はそれらで生成される．したがって，G/H を，同様な巡回群の直積として表せば，K_i の順序を適当に変えると，K_i $(i=1, \cdots, r \leqq m)$ の部分群 L_i の直積と同型になる．ゆえに，$L_1 \times \cdots \times L_r$ が求める部分群である．

(2) 有理整数全体がつくる加法群を G とし，偶数全体が作る部分群を H とすると，G には有限位数の元は1だけで，G/H は位数2だから，例になる．

第2問 (1) 前問のように A を巡回群の直積 $K_1\times\cdots\times K_m$ と表すのに「$i\leqq r \Leftrightarrow K_i$ の位数は奇数」であるようにすれば，${}_2A$ は $i\geqq r$ の K_i の位数2の部分群の直積で，$A^2=K_1\times\cdots\times K_r\times K_{r+1}{}^2\times\cdots\times K_m{}^2$ であるから，$A/A^2\cong{}_2A$.

(2) 正の有理数全体のなす乗法群を A とすれば，A^2 の元は，分母・分子が平方数であるから，$A^2\neq A$．しかし，$x^2=1$ の A における解は1だけだから，${}_2A=\{1\}$.

(3) 0でない複素数全体が作る乗法群を A とすれば，$-1\in{}_2A$ であり，任意の $a\in A$ について，$x^2=a$ は A で解をもつから，$A^2=A$.

次は有限生成アーベル群に関する2題である．

問題 5.6 n は自然数で，G は $x_1, x_2, \cdots, x_n$ で生成された加法群である．

(1) $n\geqq 2$ とし，H は G の部分群とする．

$$I=\{a_1\in \boldsymbol{Z} : \textstyle\sum_{i=1}^n a_ix_i\in H \text{ となる } a_2, \cdots, a_n \text{ が存在する}\}$$

とおく．I は $\boldsymbol{Z}$ の部分群であることを示せ．

(2) G の任意の部分群は n 個以下の元で生成されることを証明せよ． (東工大)

問題 5.7 G は階数3の自由加群で，$\{e_1, e_2, e_3\}$ がその基底である．p, q, r は整数で，$f_1=p(e_1+e_2+e_3)$, $f_2=q(e_1+2e_2+2e_3)$, $f_3=r(e_1+2e_2+3e_3)$ が生成する G の部分加群を H とする．

i) G/H の位数を求めよ．

ii) いかなる p, q, r に対して，G/H が巡回群になるか． (東工大)

解説 第1問 (1)は易しいので，説明を省きますが，これは，(2)のためのヒントです．なお，$\boldsymbol{Z}$ は有理整数全体です．

(2) 生成元の数 n についての帰納法を利用しよう．すなわち，まず，$n=1$（これは易しい）を済ませ，$n-1$ 個の元で生成された群の部分群は $n-1$ 個以内の元で生成されると仮定します．部分群 H に対し，(1)の I を考えると，$I=c_1\boldsymbol{Z}$ ($c_1\in\boldsymbol{Z}$) であるから，H の元 b_1 で x_1 の係数が c_1 であるものを選ぶ．すると，H の任意の元 $h=a_1x_1+\cdots+a_nx_n$ について，$a_1=c_1d$ ($d\in\boldsymbol{Z}$) から，$h-db_1\in\sum_{i\geq 2}x_i\boldsymbol{Z}$

帰納法の仮定によって，$H\cap\sum_{i\geq 2}x_i\boldsymbol{Z}$ が $n-1$ 個以内の元で生成され，H はそれらと b_1 とで生成される．

第2問 $v_1=e_1+e_2+e_3$，$v_2=e_1+2e_2+2e_3$，$v_3=e_1+2e_2+3e_3$ は G の基底である．したが

って，$pqr\neq 0$ ならば，G/H は位数が p, q, r の巡回群の直積で，その位数は pqr である．$pqr=0$ ならば，G/H の位数は無限である．

$pqr\neq 0$ の場合は，G/H が巡回群になるのは，直積因子の位数が互いに素であるとき，すなわち，p, q, r が互いに素であるときである．$pqr=0$ の場合については，p, q, r のうち一つが 0 で，残りがともに 1 のときである．

少し風変わりな問題を考えよう．

問題 5.8　有理整数の加群 $\boldsymbol{Z}$ の拡大加群 L が，次の 3 条件をみたすならば，加群 L は有理数の加群 $\boldsymbol{Q}$ と同型であることを証明せよ．

(1)　$L/\boldsymbol{Z}$ は torsion 群である．　(2)　L は torsionfree である．

(3)　任意の整数 $a\neq 0$ について，$aL=L$.　　(筑波大)

解説　(1)は，$c\in L$ ならば，ある自然数 n により，$nc=r\in \boldsymbol{Z}$ を意味している．このような n と c の組に対し，有理数 $\frac{r}{n}$ を対応させよう．以後の検証のため，対応させた有理数 $\frac{r}{n}$ を (c, n) で表そう．m が自然数ならば $(c, mn)=\frac{mr}{mn}=\frac{r}{n}$ となるから，$(c, mn)=(c, m)$ で，有理数 $\frac{r}{n}$ は c によって決まる．

$d\in L$ により $(d, n)=(c, n)$ ならば，$n(d-c)=0$ で，(2)により $c=d$ となり，$c\to\frac{r}{n}$ は L の $\boldsymbol{Q}$ への埋め込みを決める．既約分数 $\frac{b}{a}$ を考えよう．$aL=L\supseteq \boldsymbol{Z}\ni b$ から，$ax=b$ は L で解をもつことになり，$\frac{b}{a}\in L$. ゆえに，$L=\boldsymbol{Q}$.

つぎの問題は，多少計算の手間がかかる．

問題 5.9　有理数を成分にもつ m 行 n 列の行列 θ および，整数を成分にもつ，それぞれ m 次元，n 次元の数ベクトル全体のなす加群 $\boldsymbol{Z}^m, \boldsymbol{Z}^n$ を考える．

$$L_\theta=\{a\in \boldsymbol{Z}^n \mid \theta a\in \boldsymbol{Z}^m\}\qquad \text{とおく．}$$

(i)　商加群 $\boldsymbol{Z}^n/L_\theta$ は有限群であることを示せ．

(ii)
$$\theta=\begin{pmatrix} \frac{1}{12} & \frac{1}{6} & \frac{1}{4} & \frac{1}{3} \\ \frac{1}{6} & \frac{7}{6} & \frac{1}{2} & \frac{3}{2} \\ \frac{1}{4} & \frac{4}{3} & \frac{3}{4} & \frac{11}{6} \end{pmatrix}$$

のとき，$\boldsymbol{Z}^4/L_\theta$ を巡回群の直積に分解せよ．　　　　　　　　　　　　　　（東大）

解説　(i)の方は易しい．すなわち，適当な自然数 d をとれば，$d\theta$ の成分が全部整数になる．すると，L_θ は成分が d の倍数のもの全体 $(d\boldsymbol{Z})^n$ を含む．$\boldsymbol{Z}^n/(d\boldsymbol{Z})^n\cong(\boldsymbol{Z}/d\boldsymbol{Z})^n$ で，この元数は d^n．$\therefore\ \#(\boldsymbol{Z}^n/L_\theta)\leq d^n$，というわけである．

(ii)を考えよう．$a={}^t(a_1, a_2, a_3, a_4)\in\boldsymbol{Z}^4$ について，$\theta a\in\boldsymbol{Z}^3$ のためには，

(*)　$a_1\in 12\boldsymbol{Z},\ \ a_2\in 6\boldsymbol{Z},\ \ a_3\in 4\boldsymbol{Z},\ \ a_4\in 6\boldsymbol{Z}$

は当然充分条件ではあるが，必要条件ではないので，条件をはっきり書き下す必要がある．

θ の（第1行）+（第2行）=（第3行）であるから，

$$\begin{cases} \dfrac{1}{12}a_1+\dfrac{1}{6}a_2+\dfrac{1}{4}a_3+\dfrac{1}{3}a_4=b_1 & \text{①} \\ \dfrac{1}{6}a_1+\dfrac{7}{6}a_2+\dfrac{1}{2}a_3+\dfrac{3}{2}a_4=b_2 & \text{②} \\ b_1,\ b_2\in\boldsymbol{Z} \end{cases}$$

が条件である．

$$\text{②}-\text{①}\times 2:\quad \frac{5}{6}a_2+\frac{5}{6}a_4=b_2-2b\in\boldsymbol{Z}$$

$$\therefore\quad a_2+a_4=6c\quad (c\in\boldsymbol{Z}) \qquad \text{③}$$

すると，あとは

$$\frac{1}{12}a_1+\frac{1}{4}a_3+\frac{1}{6}a_4\in\boldsymbol{Z} \qquad \text{④}$$

この程度用意しておけば，$G=\boldsymbol{Z}^4/L_\theta$ の分解の計算はできるであろう．

まず，G の元の位数は12の約数であることは明白．$e_1=(1, 0, 0, 0), \cdots, e_4=(0, 0, 0, 1)$ の類を $f_1, \cdots, f_4$ とする．f_1 の位数は12である．$\bmod\langle f_1\rangle$ で考えると，f_2 の数の位数は③によって6である．ゆえに，$\langle f_1, f_2\rangle=\langle f_1\rangle\times\langle f_2\rangle$（位数 12×6）．$\langle e_1, e_2\rangle$ を法にして考えると，どんな $\boldsymbol{Z}^4$ の元に対しても③，④をみたすように調整できるから，$G=\langle f_1, f_2\rangle$ である．というわけで，$\langle f_1\rangle\times\langle f_2\rangle$ は一つの標準的直積分解である．

この解は，行列の形で扱うのもよい．θ の両側に，$\boldsymbol{Z}$上の可逆行列をかけて，扱い易い形に変えてから論ずるのである．(上の③,④の条件は，左から３次の可逆行列をかけて得られる.）そうする方が，答案としてはきれいにかけるであろうが，印刷では分数成分の行列はスペースを使いがちなので，上のような解を紹介した．

〔練習問題〕

練習 5.1　群Gが次の性質をもつ正規部分群H, Kをもてば，Gはアーベル群であることを示せ．

(i)　$H \cap K = \{1\}$.

(ii)　$G/H, G/K$ はともにアーベル群である．　（お茶の水女子大）

練習 5.2　Aが有限アーベル群，B, C がその部分群であって，p が素数で，Cは $(p, p, \cdots, p)$ 型アーベル群であるとすれば，適当な部分群Dで，$BC = B \times D$ となるものが存在することを証明せよ．　（阪市大）

練習 5.3　p が素数，n が自然数で，G は位数 p^n の elementary abelian group とする．このときGの位数pの部分群の個数，G の位数 p^{n-1} の部分群の個数を求めよ．

（北大）

練習 5.4　加法群Aは，位数がそれぞれ $p^{e_1}, p^{e_2}, \cdots, p^{e_n}$ の巡回群の直積であるとする．ただしpは素数で，各e_iは自然数とする．

(i)　Aの指数pの部分群の個数を求めよ．

(ii)　Aの指数pの部分群全体の共通集合を Φ とすれば $\Phi = pA = \{pa \mid a \in A\}$ となることを示せ．

(iii)　Aの部分群Hが，$A = H + \Phi$ をみたすのは，$A = H$ のときに限ることを証明せよ．

（阪大）

練習 5.5　有理整数環 $\boldsymbol{Z}$ を有理数体 $\boldsymbol{Q}$ の加法群の部分加群とみて，剰余加群$\bar{\boldsymbol{Q}} = \boldsymbol{Q}/\boldsymbol{Z}$ を考える．このとき，素数pを固定して，$U = \{x \in \bar{\boldsymbol{Q}} \mid \exists n$ 自然数，$p^n x = 0\}$ を作れば，

イ)　Uは加群をなし，

ロ)　Uは部分加群について極小条件をみたすが，極大条件はみたさないことを示せ．

（神戸大）

練習 5.6 G が可換群，e がその単位元，H が G の部分群であるとき，次の二命題は互いに同値であることを示せ．

(1) G の部分群 K が $K\neq\{e\}$ であれば，$H\cap K\neq\{e\}$.

(2) H は位数が素数であるような元はすべて含み，さらに G/H の各元の位数は有限である．（東京理大）

練習 5.7 次の性質をもつ有限生成な群 G はどんなものか．
G の任意の部分群 H_1, H_2 について，$H_1\subseteq H_2$ または $H_2\subseteq H_1$ が成り立つ．

（阪市大）

練習 5.8 有限群 G において「部分群 H_1 と H_2 との位数が等しければ，$H_1=H_2$」が成り立てば，G は巡回群であることを示せ．（阪市大）

練習 5.9 有限群 G において，任意の自然数 n に対して，$\#\{g\in G\,|\,g^n=1\}\leq n$ が成り立てば，G は巡回群である．このことを，つぎの各場合について示せ．

(i) G の位数が素数のべきのとき．

(ii) G の位数が素数のべきではないとき．

注意 $\#$ は集合の元数を示すものとする．(54・阪大)

練習 5.10 巡回群 N が群 G の正規部分群であれば，N の部分群はすべて G の正規部分群であることを証明せよ．（東京理大）

[ヒント，略解等]

5.1 [方法1] $G/H, G/K$ がアーベル群ゆえ，G の交換子群$\subseteq H\cap K=\{1\}$.

[方法2] $H\cap K=\{1\}$ ゆえ，$\varphi a=(aH, aK)$ による準同型 $\varphi\colon G\to(G/H)\times(G/K)$ は単射．

5.2 [ヒント] C の位数が p^n のとき，C は n 個の元 $c_1, \cdots, c_n$ で生成される．D としては，$\{c_1, \cdots, c_n\}$ の部分集合で生成される部分群の中からとれる．

5.3 [注意] 位数 p^n の elementary abelian group というのは $(p, p, \cdots, p)$ 型のアーベル群である．

[位数 p の部分群の数] $(p^n-1)/(p-1)$. （理由：位数 p の元の数が p^n-1 個あり，位数 p の部分群 H, K が単位元以外の共通元をもてば $H=K$.）

[位数p^{n-1}の部分群の数] $(p^n-1)/(p-1)$.（アーベル群と指標群との関係を使えば，位数pの部分群の数と一致することがわかる.）

5.4 (i) 位数pの部分群の数と同じ(前問参照). ゆえに答は$(p^n-1)/(p-1)$.

(ii) 部分群Kの指数がpで，$a\in A$ならば，A/Kの位数がpゆえ，$pa\in K$. $\therefore pA\subseteq\Phi$. 逆に，$b\notin pA$とすれば，$A/pA$が$(p,p,\cdots,p)$型のアーベル群になるから，$pA$を含み$b$を含まないような部分群のうち極大なものをとれば，それの指数はp.

(iii) $A\neq H$ならば，Hを含む部分群Kで指数pのものがある. すると，$H+\Phi\subseteq K$.

5.5 イ) は易しい. ロ) については，Uの部分加群はUと，次のH_i $(i=0,1,2,\cdots)$しかないことを示せばよい. $H_i=\{x\in\bar{\boldsymbol{Q}}\mid p^ix=0\}$. $\bar{\boldsymbol{Q}}$で考えるより，$\boldsymbol{Q}$で考える方がわかり易い. $V=\{m/p^n\mid m\in\boldsymbol{Z},\ n\text{ 自然数}\}$, $K_i=\{m/p^i\mid m\in\boldsymbol{Z}\}$とおけば，$U=V/\boldsymbol{Z}$, $H_i=K_i/\boldsymbol{Z}$. Vの部分加群で$\boldsymbol{Z}$を含むものKについて，Kの元を既約分数に表したとき，分母が有界でないからば$K=V$, 分母の最大がp^iならば$K=K_i$になることを示す. [Key point: $m/p^n\in K,(m,p)=1$ならば，$\exists z\in\boldsymbol{Z},\ zm\equiv1\ (\mathrm{mod}\ p^n)$ゆえ，$1/p^n\in K$].

5.6 (1) ⇒ (2) は易しい. (2) ⇒ (1) は，$H\cap K=\{e\}$かつ$K\neq\{e\}$を仮定して矛盾を導けばよい. $e\neq a\in K$をとる. G/Hの各元の位数が有限ゆえ，$\exists n$自然数，$a^n\in H$. $H\cap K=\{e\}$ゆえ，$a^n=e$. ゆえにaの位数mは有限. mの素因数pをとり，$a^{m/p}=b$をとれば，bの位数は素数で，$b\in K$（矛盾).

5.7 [ヒント] Gの元aをとれば，巡回群$\langle a\rangle$においても同じ条件が成り立つことを利用して，aの位数が素数のべきであることを導く. また他方，$a,b\in G$ならば，$\langle a\rangle\subseteq\langle b\rangle$または$\langle b\rangle\subseteq\langle a\rangle$から，$a,b$の可換性を導く.

[略解] 上記のように，Gはアーベル群，有限生成で各元の位数が有限ゆえ，Gは有限アーベル群. 極大巡回部分群$\langle c\rangle$をとれば，$\forall a\in G$について，$\langle a\rangle\subseteq\langle c\rangle$ゆえ，$\langle c\rangle=G$. ゆえに$G$は巡回群. その位数が素数のべきでないならば，直積分解するから，位数は素数のべきである. 逆に，$G=\langle a\rangle$, 位数が素数pのべきp^nであれば，部分群は$\langle a\rangle,\langle a^p\rangle,\cdots,\langle a^{p^n}\rangle=\{1\}$だけであり，条件をみたす.

[蛇足] この問題で有限生成という条件をはずすと，練習5.5で見た群Uが条件をみたす.

5.8 [ヒント] 条件から，部分群はすべて正規部分群であることがわかる. 他方，Gの位数についての帰納法を利用せよ.

[略解] G の位数についての帰納法により，G の真部分群はすべて巡回群であると仮定してよい．極大部分群 $\langle a\rangle$ をとり，$\langle a\rangle$ に含まれない元 $b\,(\in G)$ をとると，$\langle a\rangle\langle b\rangle=G$.

(i) $\langle a\rangle\cap\langle b\rangle=\{1\}$ のとき：$G=\langle a\rangle\times\langle b\rangle$．$\langle a\rangle$ と $\langle b\rangle$ の位数に共通素因数 p があれば，位数 p の部分群が複数であることになって矛盾．ゆえに，この場合，G は巡回群．

(ii) $\langle a\rangle\cap\langle b\rangle\neq\{1\}$ のとき：$\langle a\rangle\cap\langle b\rangle$ に含まれる元のうち，位数が素数であるもの c をとる．帰納法の仮定を $G/\langle c\rangle$ に適用すれば，$G/\langle c\rangle$ は巡回群．その生成元の代表元 d をとる．$\langle d\rangle=G$ ならよい．そうでないとする．$c, G/\langle c\rangle$ の位数を p, q とする．$d^q\in\langle c\rangle$, $\langle d\rangle\neq G$ であり，p が素数であるから，$d^q=1$．$\therefore\ \langle d\rangle\cap\langle c\rangle=\{1\}$, $G=\langle d\rangle\times\langle c\rangle$．ゆえに，(i)と同様にして，$G$ は巡回群．

5.9 [蛇足1] 前問を利用すれば，このように二段階に分けることなく，一遍にできる．しかし，前問を利用しないで解くことを試みよ．

[略解] (i) G の位数が p^e (p は素数，e は自然数)であるとする．$n=p^{e-1}$ に対して，

$$\#\{x\in G\,|\,x^n=1\}\leqslant n$$

ゆえ，$\{x\in G\,|\,x^n=1\}\neq G$．ゆえに G には位数 p^e の元がある．すなわち，G は巡回群．

(ii) 条件により，各 Sylow 群は正規部分群であり，(i)により，それらは巡回群．ゆえに G は巡回群．

[蛇足2] この問題の条件はもっとゆるめることができる．たとえば，「位数 $p_1^{e_1}p_2^{e_2}\cdots p_m^{e_m}$ ($p_1, p_2, \cdots, p_m$ は互いに異なる素数，e_i は自然数)の群 G において，問題の条件が $n=p_i^{e_i}$ $(i=1, \cdots, m)$ および $n=p_i^{e_i-1}$ $(i=1, \cdots, m)$ のとき全部について成りたてばよい」といえる．各自確かめよ．

5.10 [ヒント] N が有限群かどうかで分けて考える．N が有限群なら，N の部分群がその位数で決まることによる．N の位数が無限のときは，部分群はその指数で決まることを利用すればよい．最初から指数に着目すれば，二つの場合に分けずにすますことができる．

第6章

群の準同型，自己同型

この章では群の構造，準同型写像，自己同型などに縁の深い問題を考えてみよう．

問題 6.1　G は有限群で，σ はその1つの自己同型とし，

$$S=\{a\in G \mid \sigma(a)=a^{-1}\}$$

とおく．

(1)　$a\in S$ のとき $C(a)=\{x\in G \mid xa=ax\}$ は $S\cap aS$ を含むことを示せ．

(2)　$|S|>\frac{3}{4}|G|$ ならば G は可換群であることを証明せよ．ただし，$|X|$ は集合 X の元の個数を表す．　　　　（筑波大）

解説　(1)　$b\in S\cap aS$ ならば，$b\in S$ かつ $a^{-1}b\in S$．ゆえに，$\sigma(b)=b^{-1}$, $\sigma(a^{-1}b)=(a^{-1}b)^{-1}=b^{-1}a$；$\sigma$ が自己同型であることから $\sigma(a^{-1}b)=\sigma(a^{-1})\sigma(b)=ab^{-1}$ すなわち，$b^{-1}a=ab^{-1}$, $ab=ba$ で $b\in C(a)$．

(2)　$a\in S$ のとき，(1)により $C(a)\supseteq S\cap aS$ で，$S\cap aS$ の元数$>\frac{1}{2}|G|$であることは，S または aS に含まれない G の元の数が，それぞれ $\frac{1}{4}|G|$ より少ないことからわかる．$C(a)$ は G の部分群だから，指数 $[G:C(a)]<2$ で，$C(a)=G$．

すなわち，S の元は，すべて G の中心 $Z(G)$ に属する．$\frac{3}{4}>\frac{1}{2}$ ゆえ，$Z(G)$ の指数<2 で，$Z(G)=G$．

次の2題は，直積からの射影に関するものである．

問題 6.2　G は群で，$d: G\to G\times G$ は対角写像 $(d(x)=(x,x))$ である．次の(1),(2)を証明せよ．

(1)　Z が G の中心であるとき，G の部分群 H に対する次の2条件は同値である．

（イ）　$H \subseteq Z$

（ロ）　$d(H)$ は $G \times G$ の正規部分群である．

(2)　G が可換群であるならば，任意の部分群 H に対し，次の2群は同型である．

$(G/H) \times G$

$G \times G/d(H)$　（九大）

問題 6.3　G_1, G_2, G_3 が群で，$G = G_1 \times G_2 \times G_3$ はそれらの直積とする．

H が G の部分群で，3つの準同型写像

$$H \to G_i \times G_j,\ (g_1, g_2, g_3) \to (g_i, g_j),\ (i, j) = (1, 2), (2, 3), (3, 1)$$

がいずれも全射であるとする．このとき，次を示せ．

(1)　$K_1 = \{g_1 \in G_1 \mid (g_1, e_2, e_3) \in H\}$ とおけば，K_1 は G_1 の正規部分群である．ここで，e_i は G_i の単位元である．

(2)　G_1 がその交換子群 $[G_1, G_1]$ と一致すれば，$H = G$ である．　（阪大）

解説　第1問　(1)　$H \subseteq Z$ ならば，任意の $h \in H$ に対し，(h, h) が $G \times G$ の内部自己同型で不変なので，$d(H)$ は $G \times G$ の正規部分群である．逆に，$d(H)$ が $G \times G$ の正規部分群であれば，$h \in H$ による (h, h) に対し，$(g, 1)$ による内部自己同型を考えると $(h, h) \to (g^{-1}hg, h) \in d(H)$ ゆえ $g^{-1}hg = h$．これが任意の $g \in G$ について言えるのだから，$h \in Z$．

(2)　$\rho : \{1\} \times G \ni (1, g) \to (1, g) \pmod{d(H)}$ は同型写像であるから，$\rho(G)$ は G と同型．$(G \times G/d(H))/\rho(G)$ を考えよう．$G \times G/d(H)$ の元 $(a, b) \pmod{d(H)}$ と $(ab^{-1}, 1) \pmod{d(H)}$ とが $\bmod \rho(G)$ で合同であるから，$G \times G/d(H)$ は，$\rho(G)$）と $(G/H, 1) \pmod{d(H)}$ とで生成され，アーベル群であるから，それは直積と同型．$(G/H, 1)$ は $\bmod d(H)$）で同型に写るから，証明が完了する．

第2問　(1)　G_1 の任意の元 a に対し，$(a, b, c) \in H$ となる b, c がある．この元による内部自己同型を考えて，(1)がわかる．

(2)　$H \to G_1 \times G_2$ が全写だから，任意の $g \in G$ に対し，$(g, h, 1)$ の形の H の元がある．同様に，任意の $k \in G_1$ に対し，$(k, 1, t)$ の形の H の元がある．この2元の交換子は，第1成分が K_1 の元で，他の成分は単位元である．それら第1成分全体で G_1 が生成されるのだから，$K_1 = G_1$ である．$H \to G_2 \times G_3$ が全射で，$K_1 = G_1$ であるから，第1成分が1の H の元全体は $G_2 \times G_3$ と一致して，$H = G$．

少し風変わりな問題を考えよう．

問題 6.4　G は有限群で，α は位数 2 の G の自己同型写像である．α が G の単位元以外のすべての $x\in G$ に対して，$\alpha(x)\neq x$ をみたすとき次を示せ．

(1)　$\{x^{-1}\alpha\ (x):x\in G\}=G$

(2)　G は Abel 群である．　　(都立大)

解説　(1)　$x, y\in G$ について，$x^{-1}\alpha(x)=y^{-1}\alpha(y)$ とすると，

$$yx^{-1}\alpha(x)\alpha(y)^{-1}=1$$

$$\therefore\quad (xy^{-1})^{-1}\alpha(xy^{-1})=1,\ \alpha(xy^{-1})=xy^{-1}$$

仮定により，$xy^{-1}=1$

すなわち，$x^{-1}\alpha(x)$ は，x ごとに異なるので，それらは G の元の数だけあり，(1)が証明された．

(2)　(1)により，G の任意の元 y は $x^{-1}\alpha(x)$ の形に表される．

$$\alpha(y)=\alpha(x^{-1})x=y^{-1}$$

であるから，α は $x\to x^{-1}$，ゆえに，

$$y^{-1}x^{-1}=(xy)^{-1}=\alpha(xy)=\alpha(x)\alpha(y)=x^{-1}y^{-1}$$

ゆえに，$xy=yx$ で，G はアーベル群である．

問題 6.5　(i)　各自然数 n について，次の条件 (P_n) をみたす群 G（の同型類）を決定せよ．

(P_n)　G は $\mathbf{Z}$ と同型な正規部分群 H をもち，G/H は $\mathbf{Z}/n\mathbf{Z}$ と同型である．（ただし，$\mathbf{Z}$ は有理整数全体のなす加法群である．）

(ii)　(P_2) をみたす各群 G について，G から 4 次対称群 S_4 への準同型の集合 Hom (G, S_4) の元の個数を求めよ．　　(京大)

解説　(i)　H の生成元 a と，G/H の生成元の代表元 b とをとれば，$G=\langle a, b\rangle$ であるのは当然で，さらに，H が正規部分群だから，$b^{-1}ab=a^s$ $(s\in\mathbf{Z})$．$\langle a^s\rangle=H$ であるから，$s=\pm1$．また，$b^n\in H$ ゆえ，$b^n=a^t$ $(t\in\mathbf{Z})$．s, t の組が決まれば G は決まるので，この群を G_{st} とかくことにしよう．注意すべきことは，$(s, t)\neq(s', t')$ でも $G_{st}\cong G_{s't'}$ かも知れないということである．

まず，$s=1$ なら G は可換で，$s=-1$ なら G は非可換であるから，$G_{1t}\cong G_{-1,t'}$ はおこらない．

(1)　$s=1$ のとき：　どんな $t\in\boldsymbol{Z}$ についても G_{1t} が存在するのは明白である．つぎに，n と素な自然数 m をとり，G_{1t} の b の代りに b^m をとってみれば，$G_{1t}\cong G_{1,mt}$ であることがわかる．また，$t\equiv r\ (\mathrm{mod}\ n)$ であれば $t=nq+r$ となる q によって，b の代りに ba^{-q} をとれば，$G_{1t}\cong G_{1r}$ がわかる．したがって，$D=\{v\in\boldsymbol{Z}|v$ は n の約数，$1\leq v\leq n\}$ をとれば，G_{1t} はある $G_{1d}\ (d\in D)$ と同型になる．そこで，$d\in D$ のときについて G_{1d} を考えればよい．このときは $\{x^n|x\in G_{1d}\}=\langle a^d\rangle$ であり，$G_{1d}/\langle a^d\rangle$ は位数 dn のアーベル群になる．もし $G_{1d}\cong G_{1e}\ (d,e\in D)$ とすると，それぞれの n 乗元全体は対応しなくてはならないから，それらによる剰余群も対応し，$dn=en$　$\therefore\ d=e$ を得る．したがって，$s=1$ の場合は $\{G_{1d}|d\in D\}$ が同型類を代表する．

(2)　$s=-1$ のとき：　$b^{-1}ab=a^{-1}$ である．$b^n=a^t$ ゆえ，$a^t=b^{-1}b^nb=b^{-1}a^tb=a^{-t}$ となり，$t=0$ でなくてはならぬ．また，$a=b^{-n}ab^n=a^u,\ u=(-1)^n$ ゆえ，n は偶数でなくてはならない．逆に，n が偶数 $2l$ で，$t=0$ であれば，$b^{-1}ab=a^{-1},\ b^n=1$ を基本関係にもつ群 $G_{-1,0}$ が存在する．したがって，この場合すべて $G_{-1,0}$ に同型である．

なお，$G_{1,n}\cong G_{1,0}$ であることをつけ加えておこう．

(ii)　(i) により，(P_2) をみたす群の代表は $G_{1,0},G_{1,1},G_{-1,0}$ の三つでよい．S_4 の元の位数は，（イ）長さ4の巡回置換が4，（ロ）長さ3の巡回置換が3，（ハ）互換と，$(i,j)(k,l)$ $(\{i,j,k,l\}=\{1,2,3,4\})$ の型のものとが2，（ニ）単位元が1の四種類しかない．

(1)　φ: $G_{1,0}\to S_4$:　$G_{1,0}=\langle a\rangle\times\langle b\rangle,\ b^2=1$　ゆえ，$\varphi a,\varphi b$ は可換．$\varphi b=1$ のときは，φa を S_4 の任意の元と定めて φ が決まるから，この場合24個．

$\varphi b\neq1$ のとき，φb は上の（ハ）の場合の元である．φb が互換 $(1,2)$ ならば，φa としてはこれと可換な元が任意にえらべる．$(1,2)$ と可換な元は $1,(1,2),(3,4),(1,2)(3,4)$ の四つしかないから，この場合4個．他の互換でも同様ゆえ，φb が互換である場合は全部で $6\times4=24$個．φb が $(i,j)(k,l)$ 型であるときは，$N=\{1,(1,2)\cdot(3,4),(1,3)(2,4),(1,4)(2,3)\}$ が正規部分群であることから，$(1,2)(3,4)$ と可換な元の数は $24\div3=8$ であることがわかる．したがって，この型の場合も24で，合計 $24\times3=72$ が $G_{1,0}$ の場合の答である．

(2)　$G_{1,1}$ は巡回群であるから，この場合の準同型の数は S_4 の元の数24に等しい．

(3)　φ: $G_{-1,0}\to S_4$:　$G_{-1,0}=\langle a,b\rangle,\ b^{-1}ab=a^{-1},\ b^2=1$ であるから，φb は (1) と同様に分類できる．

$\varphi b=1$ のときは $\varphi(a^{-1})=\varphi(b^{-1}ab)=\varphi a$ ゆえ，φa は1か，位数2の元．したがって，

この場合には（互換の数）+（Nの位数）$=6+4=10$.

$\varphi b\neq 1$ のとき：$(\varphi a)^2=1$ の場合は，$\varphi(G_{-1,0})$ は可換になり，上の $G_{1,0}$ で $\varphi b\neq 1$ のときと同じ．24×2.

$(\varphi a)^2\neq 1$ のときを考えよう．$(\varphi a)^3=1$ なら，φa は 8 通り選べる．例えば $\varphi a=(1,2,3)$ であれば，φb としては $(1,2),(2,3),(1,3)$ の三通り．したがって，φa の位数 3 の場合の総計は $8\times 3=24$. φa の位数が 4 であれば，$(\varphi b)^{-1}(\varphi a)(\varphi b)=\varphi a^{-1}$ ゆえ，$\langle\varphi a,\varphi b\rangle$ は S_4 のシロー群でなくてはならないから，$\langle\varphi a,\varphi b\rangle$ は上で述べた正規部分群 N と φa とで生成される．φa の選び方は 4 文字の円順列の数 6 だけであり，各 φa について，φb は，そのシロー群 $\langle N,\varphi a\rangle$ の位数 2 の元のうち，φa と可換でないものを選ぶことになるので，その選び方の数は $8-4=4$. したがって，この場合 $6\times 4=24$ 通りである．というわけで，$G_{-1,0}$ の場合の準同型の総数は $10+24\times 2+24+24=106$ になる．

つぎの問題によく似た話を，体の同型について聞いた読者は多かろう．

問題 6.6　$\sigma_1,\cdots,\sigma_m$ が群 G から体 K の乗法群への相異なる準同型で，$\alpha_1,\cdots,\alpha_m\in K$ であり，さらに G のすべての元 g に対して $\sum_{i=1}^m\sigma_i(g)\alpha_i=0$ であれば，$\alpha_1=\cdots=\alpha_m=0$ であることを証明せよ．（北大）

解説　$\{\sum_{i=1}^m\alpha_i\sigma_i\mid\sum\alpha_i\sigma_i(g)=0\ (\forall g\in G)\}$ が，係数が 0 ばかりでないものを含むとして，0 でない係数の数の最小のものをとる．それが $\sum_{i=1}^r\alpha_i\sigma_i$ $(\alpha_1\cdots\alpha_r\neq 0)$ であるとしてよい．$h\in G$ により，$0=(\sigma_1 h)^{-1}\sum\alpha_i\sigma_i(hg)-\sum\alpha_i\sigma_i(g)$ ゆえ，r の最小性により，$(\sigma_1 h)^{-1}\sigma_i(h)=1\ (\forall i)$. これは σ_i が互いに異なることに反する，というわけである．

〔**練習問題**〕

練習 6.1　位数が 2 より大きい有限群は自明でない自己同型をもつことを証明せよ．（九大）

練習 6.2　N,N' がそれぞれ群 G,G' の正規部分群で，G から G' への準同型 f がつぎの二条件をみたすものとする．

(i)　f を N に制限したもの $f|_N$ は N から N' への同型を与える．

(ii)　f によって自然に定義される G/N から G'/N' への準同型は同型である．

このとき，f は同型であることを示せ．（奈良女子大）

練習 6.3　有限群 G から，0以外の複素数のなす乗法群 $\boldsymbol{C}^*$ への準同型は全部で $(G:[G,G])$ 個であることを，つぎの順序で証明せよ．

(1)　G が巡回群のとき，

(2)　G がアーベル群のとき，

(3)　G が一般の有限群のとき．

註）$[G,G]$ は G の交換子群を表し，$(G:H)$ は G における部分群 H の指数を表す．

（奈良女子大）

練習 6.4　G がアーベル群で，H は G の指数有限の部分群であり，$\boldsymbol{C}^*$ は0以外の複素数全体のなす乗法群であり，φ は H から $\boldsymbol{C}^*$ への準同型とする．

このとき，G から $\boldsymbol{C}^*$ への準同型 ψ で，その H への制限 $\psi|_H$ が φ と一致するものは，丁度 H の指数 $[G:H]$ 個だけ存在することを示せ．　（京大）

練習 6.5　(1)　単位群と異なる有限群の極小正規部分群は，互いに同型な単純群の直積であることを証明せよ．

(2)　可解群の部分群はまた可解であることを示せ．つぎに，単位群と異なる可解群の極小正規部分群は，どのような群であるかを調べよ．　（熊本大）

練習 6.6　群 G_1 と G_2 との直積 G から G_i への射影を f_i とする．G の任意の部分群 H に対して，$G_i \cap H = H_i$ とおくと，H_i は $f_i(H)$ の正規部分群であって，

$$f_1(H)/H_1 \cong f_2(H)/H_2 \cong G_1H/G_1H_2$$
$$\cong G_2H/G_2H_1 \cong H/H_1H_2$$

であることを証明せよ．　（金沢大）

練習 6.7　次の命題は正しいか．

G, H が群で，N が G の正規部分群であって，G から H の上への準同型が存在しないならば，N から H の上への準同型は存在しない．　（京大）

練習 6.8　有限アーベル群 G_1, G_2 についての，次の三つの条件は互いに同値であることを証明せよ．

(1)　G_1 の位数と G_2 の位数とは互いに素である．

(2)　準同型 φ: $G_1 \to G_2$ には自明なものしかない．

(3)　直積 $G_1 \times G_2$ の任意の部分群 H について，$H = (G_1 \cap H) \times (G_2 \cap H)$ になる．

（奈良女子大）

練習 6.9　位数16の巡回群 G の自己同型群 $\mathrm{Aut}\,G$ について，(1) $\mathrm{Aut}\,G$ は有限可換群であることを証明し，(2) $\mathrm{Aut}\,G$ を具体的に巡回群の直積に分解せよ．　（東教大）

練習 6.10　位数 n の巡回群 G と，位数 n^2 の巡回群 H との直積 $G\times H$ の自己同型群の位数を求めよ．　（京大）

練習 6.11　二つの群 G, H の位数 p, q ($p\neq q$ とは限らぬ)がともに素数であるとき，直積 $G\times H$ の自己同型写像は何個あるか．　（東京理大）

[ヒント，略解等]

6.1　非可換群ならば，内部自己同型を考えよ．可換群ならば，$x\to x^{-1}$ は同型写像．

6.2　f の核 K は，(ii)によれば N に含まれる．したがって，(i)により $K=\{1\}$．$fG=G'$ は容易．

6.3　[蛇足]　表現論についてのある程度の知識を利用すれば，明白といえることであるが，このように出題されれば，なるべく少い知識を仮定して答えるべきである．

[略解]　(1):　$G=\langle a\rangle$，a の位数は n とする．準同型 $\varphi\colon G\to \mathbf{C}^*$ は，φa によって定まり，φa としては1の n 乗根であることが必要充分．

(2):　$G=\langle a_1\rangle\times\cdots\times\langle a_s\rangle$ とすると準同型 $\varphi_i\colon\langle a_i\rangle\to\mathbf{C}^*$ $(i=1,\cdots,s)$ を定めれば，$\varphi(a_1{}^{e_1}\cdots a_s{}^{e_s})=\pi\varphi_i(a_i)^{e_i}$ により，準同型 $\varphi\colon G\to\mathbf{C}^*$ がえられ，このようにして，$G\to\mathbf{C}^*$ の準同型は全部得られるから，この場合もよい．

(3):　$\mathbf{C}^*$ は可換群であるから，$\varphi\colon G\to\mathbf{C}^*$ が準同型であれば，φ の核は $[G,G]$ を含む．ゆえに，準同型 $\varphi\colon G\to\mathbf{C}^*$ の数は $G/[G,G]$ から $\mathbf{C}^*$ への準同型の数に等しく，(2) により証明される．

6.4　[ヒント]　φ の拡張 ψ の存在することの証明と，「一つ ψ があれば，丁度 $[G:H]$ 個拡張がある」ということの証明とに分ける．

前者には，指数 $[G:H]$ に関する帰納法を利用．後者には，「$\psi|_H=\psi'|_H$」$\Leftrightarrow$「$x\to\psi(x)\psi'(x)^{-1}$ が G/H から $\mathbf{C}^*$ への準同型」がキーポイント．

[略証]　拡張 ψ の存在がわかれば，上記ヒントで述べたことと，前問とによって，個数が丁度 $[G:H]$ ということがわかる．存在証明．G/H が巡回群のときに証明すれば，あとは $[G:H]$ に関する帰納法で証明される．そこで，$G/H=\langle\bar{a}\rangle$ と仮定する．$\bar{a}$ の代表元

aをとる．$\bar{a}$ の位数を n とすれば，$a^n \in H$．$\varphi(a^n)$ の n 乗根の一つを α とし，ψ: $G \to \mathbf{C}^*$ をつぎのように定める．G の元 b は a^ih（i は $0, 1, \cdots, n-1$ のいずれか）の形に一意的に表せるので，$\psi(b)=\zeta^i\varphi(h)$ と定める．ψ が準同型を与えることは，b を a^ih と表す表し方の一意性と，G がアーベル群であることからわかる．

6.5　これは易しい．最後の部分の答は $(p, p, \cdots, p)$ 型のアーベル群である．

6.6　［ヒント］ f_1 を H に制限した $f_1|_H$ の核が H_2．

［略解］ 上のことから H_2 が H の正規部分群．$f_2(H_2)=H_2$ は $f_2(H)$ の正規部分群．$f_2(H)/H_2 \cong H/H_1H_2 \cong G_1H/G_1H_2$．$H_1$ についても同様．

6.7　正しくない．

［例］ G として3次対称群，N は位数3の正規部分群，$H=N$ とすれば，G から H への準同型は trivial になる．

6.8　［ヒント］ $(3) \Rightarrow (2) \Rightarrow (1) \Rightarrow (3)$ を背理法で示す．

［略解］ $(3) \Rightarrow (2)$: 自明でない準同型 $\varphi: G_1 \to G_2$ があれば，$H=\{(a, \varphi(a)) \mid a \in G_1\}$ を考えればよい．

$(2) \Rightarrow (1)$: G_1, G_2 の位数に共通素因数 p があれば，G_2 に位数 p の元 a があり，G_1 から $\langle a \rangle$ の上への準同型がある．

$(1) \Rightarrow (3)$: $H \neq (G_1 \cap H) \times (G_2 \cap H)$ とし，$\bar{G}_i = G_i/(G_i \cap H)$, $\bar{H} = H/(G_1 \cap H) \times (G_2 \cap H)$ とおくと，$\bar{G}_1 \times \bar{G}_2$ において，$\bar{H} \neq \{1\} = \bar{H} \cap \bar{G}_i$．$\bar{H}$ の位数は $\bar{G}_1, \bar{G}_2$ の位数の公約数ゆえ，G_1, G_2 の位数の公約数でもある．

6.9　(1): G を加法でかけば，$\mathbf{Z}/16\mathbf{Z}$．$\mathrm{Aut}\,G$ の元 σ と，$\sigma(1)$ とが一対一対応する．$\sigma(1) \equiv m, \tau(1) \equiv n$（$\equiv$は mod 16 の類を示すものとする）ならば，$\sigma\tau(1) \equiv mn \equiv \tau\sigma(1)$ ゆえ，$\mathrm{Aut}\,G$ は可換であり，$\sigma(1)$ の可能性は16以下（あとで見るように，丁度8も易しいので，それも先に終えてよいことはもちろんである）ゆえ，$\mathrm{Aut}\,G$ は有限可換群．

(2): $\sigma(1)$ は G の生成元ゆえ，$\sigma(1) \equiv$奇数．逆に，奇数 n の類の位数は16なので，$\mathrm{Aut}\,G$ の位数は8．$\sigma(1) \equiv 4n \pm 1 \Rightarrow \sigma^2(1) \equiv 8n+1 \Rightarrow \sigma^4(1) \equiv 1$．ゆえに，$n$ の奇，偶によって，σ の位数は4, 2．$\tau(1) \equiv 5$, $\eta(1) \equiv -1$ となる τ, η をとれば，τ の位数が4，η の位数が2で，$\eta \notin \langle \tau \rangle$ ゆえ，$\mathrm{Aut}\,G = \langle \tau \rangle \times \langle \eta \rangle$．

6.10　［ヒント］ $G=\langle a \rangle$, $H=\langle b \rangle$ とし，$\mathrm{Aut}\,G \times H$ の元 σ によって，$\sigma a = a^x b^y$, $\sigma b =$

$a^t b^n$ であるとき，σ に2次の行列 $A_\sigma=\begin{pmatrix}\bar{x} & \bar{\bar{y}}\\ \bar{t} & \bar{\bar{u}}\end{pmatrix}$ を対応させよ．ただし，整数を，mod n^2 で考えたものを $^-$ で，また，mod n で考えたものを $^=$ で表した．

[略解] $\sigma a=a^x b^y$, $\sigma b=a^t b^u$ とすると，$\sigma a, \sigma b$ の位数は n^2, n ゆえ，(i) x と n とは互いに素，(ii) t は n の倍数．$\langle\sigma a, \sigma b\rangle=\langle a, b\rangle$ ゆえ，(iii) u と n は互いに素．(i)～(iii)が充されれば，対応するがある．そこで，オイラーの函数を φ で表せば，求める数は $\varphi(n^2)\times\varphi(n)\times n\times n=n^3\times\varphi(n)^2$.

6.11 (1) $p\neq q$ のとき：$G=\langle a\rangle$, $H=\langle b\rangle$ とする．$\sigma\in\mathrm{Aut}\, G\times H$ について，$\sigma a=a^i$, $\sigma b=b^j$ の形ゆえ，この場合は易しく，答は $(p-1)(q-1)$.

(2) $p=q$ のとき：$G\times H$ を加法で表せば，標数 p の素体の上の2次元のベクトル空間と考えられる．したがって，その自己同型群は，標数 p の素体の上の2次の一般線型群 $GL(2, \mathbf{Z}/p\mathbf{Z})$ である． この群の位数は，$(p^2-1)(p^2-p)=p(p+1)(p-1)^2$ である．

第 7 章

行 列 群

この章では群に関する問題のうち，行列に縁の深いものをまず考えよう．ついで，その他の問題を若干考えることにする．

問題 7.1　可換環 R に対して，可逆な 2 次正方行列全体のなす群を $GL_2(R)$ で表すことにする．このとき，自然な準同型

$$GL_2(\boldsymbol{Z}/4\boldsymbol{Z}) \to GL_2(\boldsymbol{Z}/2\boldsymbol{Z})$$

の核は，$(\boldsymbol{Z}/2\boldsymbol{Z})^4$ と群として同型であることを示せ．　（京大）

解説　$(\boldsymbol{Z}/2\boldsymbol{Z})^4$ は，あまり見慣れない書き方であるが，核の構造がわかれば，位数 2 の群 $\boldsymbol{Z}/2\boldsymbol{Z}$　4 個の直積と理解される．解答を考えよう．

この準同型の核 K に属する行列を成分で表せば，その条件は

$$\begin{pmatrix} a & b \\ c & d \end{pmatrix} \quad \begin{matrix} a, d \text{ は } & \pm 1 & \pmod 4 \\ b, c \text{ は } & 0, 2 & \pmod 4 \end{matrix}$$

であるから，元は 2^4 個ある．

$$\begin{pmatrix} a & b \\ c & d \end{pmatrix}\begin{pmatrix} a & b \\ c & d \end{pmatrix} = \begin{pmatrix} a^2+bc & ab+bd \\ ac+cd & bc+d^2 \end{pmatrix}$$

$a^2 \equiv d^2 \equiv 1 \pmod 4$　$a+d \equiv 0 \pmod 2$ であるから，核 K に属する行列の自乗は零行列になる．ゆえに，K は $(2, 2, 2, 2)$ 型のアーベル群である．

次の 2 題は，2 次の行列群に関するものである．

問題 7.2　任意の実数 $t \in \boldsymbol{R}$ に対して $SL_2(\boldsymbol{R})$ の部分集合

$$G(t) = \left\{ \begin{pmatrix} 1-tx & x \\ -t^2x & 1+tx \end{pmatrix} \middle| x \in \boldsymbol{Z} \right\}$$

を考える．

(1)　$G(t)$ は行列群 $SL_2(\boldsymbol{R})$ の部分群であることを示せ.

(2)　$G(t)$　$(t\in\boldsymbol{R})$ は群として互いに同型であること, 即ち $G(t_1)\cong G(t_2)$　$(t_1, t_2\in\boldsymbol{R})$ が成立することを示せ.

(3)　$G(t)$ は巡回群であることを示し, 更にその生成元を求めよ.　　　　(奈良女子大)

問題 7.3　G は二つの行列 $A=\begin{pmatrix}\xi & 0\\ 0 & \xi^{-1}\end{pmatrix}, B=\begin{pmatrix}0 & -1\\ 1 & 0\end{pmatrix}$ から生成される $GL_2(2, C)$ の中の部分群とする. ただし, $\xi=\exp\left(\dfrac{2\pi i}{2^n}\right)$ とする.

(1)　$n>1$ のとき, G は位数 $2^{(n+1)}$ の非アーベル群であることを示せ.

(2)　G は位数 2 の元をいくつ持っているかを決定せよ.

(3)　$n>2$ のとき, G は正規部分群でない部分群を (少なくともひとつ) 持つことを示せ.

(九大)

解説　第 1 問　$\begin{pmatrix}1-tx & x\\ -t^2x & 1+tx\end{pmatrix}\begin{pmatrix}1-ty & y\\ -t^2y & 1+ty\end{pmatrix}$

$$=\begin{pmatrix}1-tx-ty+t^2xy-t^2xy & y-txy+x+txy\\ -t^2x+t^3xy-t^2y-t^3xy & -t^2xy+1+tx+ty+t^2xy\end{pmatrix}=\begin{pmatrix}1-tx-ty & x+y\\ -t^2x-t^2y & 1+tx+ty\end{pmatrix}$$

となるから, $G(t)$ における整数 x に対応する行列を $A(x)$ と書けば

$$A(x)A(y)=A(x+y)$$

となり, 各 $G(t)$ は加法群 $\boldsymbol{Z}$ と同型である. これらから主張は明らかで, 生成元としては, $A(1)$ でよい.

第 2 問　(1)　非アーベル群であることは, 次の計算で明らか.

$$AB=\begin{pmatrix}0 & -\xi\\ \xi^{-1} & 0\end{pmatrix}\quad BA=\begin{pmatrix}0 & -\xi^{-1}\\ \xi & 0\end{pmatrix}$$

$B^2=\begin{pmatrix}-1 & 0\\ 0 & -1\end{pmatrix}$, $A^m=\begin{pmatrix}\xi^m & 0\\ 0 & \xi^{-m}\end{pmatrix}$ から, B の位数は 4 で, A の位数は 2^n であることがわかる. さらに, $m=2^{n-1}$ のとき, $A^m=B^2$ もわかる.

$$BAB^{-1}=\begin{pmatrix}0 & -\xi^{-1}\\ \xi & 0\end{pmatrix}\begin{pmatrix}0 & 1\\ -1 & 0\end{pmatrix}=\begin{pmatrix}\xi^{-1} & 0\\ 0 & \xi\end{pmatrix}=A^{-1}$$

以上により, G の位数は 2^{n+1} であることがわかる.

(2)　(1)での考察から, G の元は A^mB^s の形である (s は0, 1, 2, 3).

$$A^mB=\begin{pmatrix}0 & -\xi^m\\ \xi^{-m} & 0\end{pmatrix}\quad A^mB^2=-A^m\quad A^mB^3=\begin{pmatrix}0 & \xi^m\\ -\xi^{-m} & 0\end{pmatrix}$$

A^m のうち位数2は $m=2^{n-1}$ のときだけである．

$(A^mB)^2=\begin{pmatrix} -1 & 0 \\ 0 & -1 \end{pmatrix}=(A^mB^3)^2$ で，A^mB, A^mB^3 には位数2の元なし．

ゆえに，G の位数2の元は B^2 と A^m で $m=2^{n-1}$ のときの2個だけである．

(3) $(AB)^2=B^2$ だから，AB は位数4の巡回群 H を生成する．$(AB)^3=-AB$ で，$n>2$ ならば，BA とは異なる．$BA=B(AB)B^{-1}$ だから，H が正規部分群でないことを示している．

次のは，行列の乗法群の元としての位数についての問題である．

問題 7.4 有理数体上の2次の一般線型群 $GL_2(\boldsymbol{Q})$ が位数 n の元を含むような n をすべて求めよ．（東大）

問題 7.5 $\boldsymbol{Z}$ は有理整数環，$M_2(\boldsymbol{Z}/3\boldsymbol{Z})$ は有限体 $\boldsymbol{Z}/3\boldsymbol{Z}$ の元を成分にもつ2次正方行列全体の集合とし，

$$G=SL_2(\boldsymbol{Z}/3\boldsymbol{Z})=\left\{\begin{pmatrix} a & b \\ c & d \end{pmatrix}\in M_2(\boldsymbol{Z}/3\boldsymbol{Z})\ ;\ ad-bc\neq 0\right\}$$

とおく．

(1) G の位数2の元をすべて求めよ．

(2) G の位数4の元をすべて求めよ．

(3) G の 2-Sylow 群は G の正規部分群であることを示せ．（阪大）

解説 第1問 x^n-1 の有理数体上の既約因子は，n のある約数 d について，1の原始 d 乗根を根とする多項式で，その次数は $\phi(d)$（オイラーの関数）である．その主要因子は1の原始 n 乗根に関するもので，他は e の真の約数 d の場合である．したがって，位数 n の行列が $GL_2(\boldsymbol{Q})$ に含まれるのは，$\phi(n)\leqq 2$ の場合である．

$\phi(d)$ の値は，$\phi(2)=1$，$\phi(3)=2$，$\phi(4)=2$，その後は2より大きくなるので，可能性のあるのは $n=1,2,3,4$ のときである．

$n=1$ は単位行列．

$n=2$：$A=\begin{pmatrix} 1 & 0 \\ 0 & -1 \end{pmatrix}$ がある．

$n=3$：$A=\begin{pmatrix} -1 & 1 \\ -1 & 0 \end{pmatrix}$ がある．

$n=4$：$A=\begin{pmatrix} 0 & -1 \\ 1 & -1 \end{pmatrix}$ がある．

ゆえに，答は $n=1,2,3,4$.

第2問　(1)　$A=\begin{pmatrix} a & b \\ c & d \end{pmatrix}$ とすると，$A^2=\begin{pmatrix} a^2+bc & ab+bd \\ ca+cd & bc+d^2 \end{pmatrix}$

$A^2=E$ ならば $a^2+bc=d^2+bc=1$　　①

$c(a+d)=b(a+d)=0$　　②

G の条件：　$ad-bc=1$　　③

(i)　$(b,c)\neq(0,0)$ のとき

②により $a+d=0$，すなわち，$d=-a$

$a=d=0$ ならば $(b,c)=(1,1)$，$(-1,\ -1)$ で③に反する．

$a=1$，$d=-1 \Rightarrow (b,c)$ は一方が0．これも③に反する．

$a=-1$，$d=1$ のときも同様，③に反する．

(ii)　$b=c=0$ のとき $a^2=d^2=1$ ゆえ，$a=\pm1$，$d=\pm1$

単位行列 E は除かれるから，③を考慮すると，$a=d=-1$，すなわち，$\begin{pmatrix} -1 & 0 \\ 0 & -1 \end{pmatrix}$ だけである．

(2)　$A^2=\begin{pmatrix} -1 & 0 \\ 0 & -1 \end{pmatrix}$：$A=\begin{pmatrix} a & b \\ c & d \end{pmatrix} \Rightarrow A^2=\begin{pmatrix} a^2+bc & ab+bd \\ ac+cd & bc+d^2 \end{pmatrix}$

$$a^2+bc=bc+d^2=-1,\ b(a+d)=c(a+d)=0$$

$bc\neq0$ のとき：$a+d=0$，$d=-a$

$a=0 \Rightarrow (b,c)=(1,-1),(-1,1)$ の2通り

$a=1 \Rightarrow\ bc=1$，$(b,c)=(1,1),(-1,-1)$ の2通り

$a=-1$ も同様．以上で6通り．書き上げれば

$$\begin{pmatrix} 0 & 1 \\ -1 & 0 \end{pmatrix},\begin{pmatrix} 0 & -1 \\ 1 & 0 \end{pmatrix},\begin{pmatrix} 1 & 1 \\ 1 & -1 \end{pmatrix},\begin{pmatrix} 1 & -1 \\ -1 & -1 \end{pmatrix},\begin{pmatrix} -1 & 1 \\ 1 & 1 \end{pmatrix},\begin{pmatrix} -1 & -1 \\ -1 & 1 \end{pmatrix}$$

(3)　上で得た6個に単位行列 E および位数2の元 $-E$ を合わせた8個の集合を S としよう．S の任意の2元の積は S に属することは容易に検証できる．S は部分群になっているので，2-Sylow 群の一つである．これが正規部分群でないとすると，S と共役で，S と異なる部分群 T がある．T は S と同型であるから，位数4の元を4個含まねばならない．しかし，位数4の元は上で求めた6個以外にないから，T は存在せず，S は正規部分群である．

難問二つをすませたので，少し易しい問題に帰ろう．

問題 7.6　2次元複素射影変換群 $G=PGL(2, \mathbf{C})$ の任意の元 σ および任意の自然数 n に対して，$\sigma=\tau^n$ となる G の元 τ が存在することを示せ．ただし，

$$PGL(2, \mathbf{C})=GL(2, \mathbf{C})/(\text{スカラー行列全体})$$
（名大）

解説　$GL(2, \mathbf{C})$ で同じことが言えればよいから，行列そのもので考える．σ を Jordan 標準形にしてから τ が求まればよいから，σ は Jordan 標準形であるとしてよい．$\sigma=\sigma_s\sigma_u$, σ_s は対角形，σ_u は三角行列で，対角線上は全部1．σ_s に対して，対角型の τ_s で，$\tau_s{}^n=\sigma_s$ となるものは，各成分の n 乗根をならべるととによって得られる．したがって，$\sigma_u=1$ ならよい．$\sigma_u\neq1$ のとき，対角線上がすべて1の三角行列が $\mathbf{C}$ の加法群と同型な群をつくるから，σ_u をその群Hの元とみて(加法の n 分の1に対成する) $\sigma_u=\tau_u{}^n$ となる H の元 τ_u の存在がわかる．$\sigma_u\neq1$ ゆえ σ_s はスカラー行列で，τ_s もスカラー行列にとれるから，$\tau_s\tau_u=\tau_u\tau_s$ ゆえに，$\tau=\tau_u\tau_s$ が求める元である．

問題 7.7　有理数体 $\mathbf{Q}$ 上の二次特殊線型群 $G=GL_2(\mathbf{Q})$ において，上三角行列全体のなす部分群 B を考える．群 G は自然に $\Omega=G/B$ に作用している．このとき，次を証明せよ．

(1)　G は Ω 上に二重可移的に作用している．

(2)　Ω の相異なる三点を固定する G の元は G の中心に含まれる．　（筑波大）

解説　Ω における $\begin{pmatrix} a & b \\ c & d \end{pmatrix}$ の類は，比 $a:c$ の同じ行列全体であることから，$G\ni A\notin B \Rightarrow B\cup BAB=G$ が出て，(1) がわかる．(2) については，(1) により，比 $(1:0)$, $(0:1)$, $(a:c)$ $(ac\neq0)$ に対応する三点だとしてよい．この三点を固定する行列 $\begin{pmatrix} x & y \\ z & w \end{pmatrix}$ をとると，順次 $z=0$, $y=0$, $ax:cw=a:c$ がえられ，それがスカラー行列であることがわかる．

この章は群に関する章の最後なので，今までとはちがった型の問題をさらに考えることにしよう．

次の第一問はべき零群についてのものであり，第二問はべき零群と関係のある Frattini

群(問題中の $F(G)$) についてのものである.

問題 7.8　G がべき零群で, Z が G の中心, K が G の正規部分群で, $K\neq\{1\}$ であれば, $K\cap Z\neq\{1\}$.　(北大)

問題 7.9　G が有限群であるとき, 次のことを証明せよ.

(1)　G はただ一つの極大べき零正規部分群 $F(G)$ をもつ.

(2)　G が可解群であれば, $F(G)$ は

$$C_G(F(G))=\{x\in G\mid xy=yx\ \ ({}^\forall y\in F(G))\}$$

を含む.　(北大)

解説　第一問は, べき零群の中心は non-trivial ということをうまく使えば易しい. G から G/Z への自然準同型 φ を考えよう. $\varphi K=\{1\}$ なら $K\subseteq Z$ となり, この場合はよい. G の位数についての帰納法を使えば, ${}^\exists k\in K$, $\varphi k\neq 1$, $\varphi k\in$(G/Z の中心). k と可換でない G の元 g をとってみる. φk と φg とは可換ゆえ, $1\neq k^{-1}g^{-1}kg\in Z$. K が正規ゆえ, $k^{-1}g^{-1}kg\in K$. ゆえに $K\cap Z\neq\{1\}$.

第二問を考えよう. (1) については, 「M, N がべき零正規部分群ならば MN もべき零正規部分群である」ということがわかればよい. この「　」内のことは, M, N の降中心列が有限回で $\{1\}$ に達することを使って, MN についてもそうだということを示せばよく, それは易しいので省く.

(2) は一寸むつかしい. G の位数についての帰納法を利用しよう. $F=F(G)$, $C=C_G(F(G))$ と略記しよう. F が正規ゆえ, C も正規. そこで FC も G の正規部分群である. 定義により, FC の Frattini 群 $F(FC)$ は F を含む. Frattini 群は (1) により, 特性部分群であるから, FC の Frattini 群は (FC が正規であることによって) G の正規部分群である. $\therefore\ F(FC)=F$.

$FC\neq G$ なら, 帰納法の仮定により, $C\subseteq F(FC)=F$. $FC=G$ としてみると, F の中心 Z は G の中心に含まれることになる. G から $\bar{G}=G/Z$ への自然準同型 ψ をとると, Z が中心に含まれていることから, $\psi^{-1}(F(\bar{G}))$ はべき零正規部分群になる. ゆえに $F(\bar{G})=\psi F=F/Z$. 帰納法の仮定により, $\psi C\subseteq\psi F$. ゆえに $C\subseteq F$, というわけである.

次の問題はシロー群に関するものである．

問題 7.10　G は有限群，p は素数であるものとする．

(1)　P が G の p-Sylow 部分群であるものとし，P の G における中心化群および正規化群を，それぞれ $C(P)$, $N(P)$ とする．$C(P)$ の元 x, y に対し，$y=u^{-1}xu$ となる G の元 u が存在すれば，$y=v^{-1}xv$ となる元 v が $N(P)$ からとれることを証明せよ．

(2)　D が G の p 部分群であるものとし，D の G における中心化群および正規化群を，それぞれ $C(D)$, $N(D)$ とする．G の共役類 C の元 a の G における中心化群 $C(a)$ の p-Sylow 部分群が，G において D と共役であれば，$C\cap C(D)$ は $N(D)$ の一つの共役類であることを証明せよ．　(熊本大)

解説　(1)は，よく使われる手法の真似でできるといえよう．すなわち，$C(x)$, $C(y)$ を考えると，

$$C(y)=u^{-1}C(x)u$$

仮定により $C(x)$, $C(y)$ は P を含むから，P および $u^{-1}Pu$ が $C(y)$ の Sylow 群である．ゆえに $\exists z\in C(y)$, $u^{-1}pu=z^{-1}Pz$.　$\therefore$　$uz^{-1}\in N(P)$.　$zu^{-1}xuz^{-1}=zyz^{-1}=y$　ゆえ，　$v=uz^{-1}$ とおけばよい．

(2) を考えよう．まず，$C(g^{-1}ag)=g^{-1}C(a)g$ であるから，a についての条件は，C のどの元についても同じである．そこで，$a\in C\cap C(D)$ としてよい．$v\in N(D)$ ならば，$v^{-1}C(D)v=C(v^{-1}Dv)=C(D)$　ゆえ，$v^{-1}av\in C\cap C(D)$．逆に，$b\in C\cap C(D)$ としよう．

$\exists u\in G$, $u^{-1}au=b$.　$uC(a)u=C(b)$.　$a, b\in C(D)$ ゆえ，$C(a)$, $C(b)$ はともに D を含む．ゆえに，D および $u^{-1}Du$ は $C(b)$ の Sylow 群である．ゆえに $\exists z\in C(b)$, $u^{-1}Du=z^{-1}Dz$ というわけで，(1) の真似をして，(2) が解けることになる．

次の問題は交代群の単純性を使えば易しい．

問題 7.11　n 次対称群 S_n $(n\geq 5)$ 内には，指数が 2 より大きく，n より小さい部分群は存在しないことを示せ．　(名大)

解説　$H\subset S_n$, $2<[S_n:H]<n$ としてみよう．S_n/H への S_n の自然な作用による置換表現 φ を考えると，φS_n は $[S_n:H]$ 次の可移群であるから，φS_n の位数は $[S_n:H]$ 以上

で，$([S_n:H])!$ 以内である．φの核は S_nの正規部分群であるが，n次交代群 A_n の単純性により，S_nの正規部分群は $S_n, A_n, \{1\}$ 以外にはないことがわかる．したがって，φS_n の位数は $1, 2, n!$ のいずれかしかあり得ないので，上述は矛盾である，というわけである．

次の問題は仮定 $G_i=[G_i, G_i]$ の使い方に気づけば易しいが，気づき易くはないだろう．

問題 7.12　群 $G_1, G_2, \cdots, G_n$ $(n\geq 2)$ は $G_i=[G_i, G_i]$ をみたすものとする．その直積 $G_1\times\cdots\times G_n$ の部分群Hについて，自然な射影 $H\to G_i\times G_j$ $(1\leq i<j\leq n)$ がすべて全射ならば，$H=G_1\times\cdots\times G_n$ であることを示せ．
［ヒント：nについての帰納法］　　　　　　　　　　　　　　　　　　　　　　　　　　（広島大）

解説　$n=2$ なら明白ゆえ，$n>2$ とする．$a, b\in G_1$ を任意にとると，帰納法の仮定により，H の元 h, k で，$k=(a, 1, \cdots, 1, x)$, $k=(b, y, 1, \cdots, 1)$ の形のものがある．すると，$H\ni[h, k]=([a, b], 1, \cdots, 1)$ となり，$G_1=[G_1, G_1]$ ゆえ，H が正規部分 G_1 を含む．他の G_i についても同様で，$H\supseteq G_1\times\cdots\times G_n$ となるのである．

アーベル群の問題を一つ付け加えておこう．

問題 7.13　階数2の自由アーベル群 $L=\mathbf{Z}\oplus\mathbf{Z}$ において，L の指数 n の部分群の個数を $a(n)$ とする．このとき次を証明せよ．

(1)　m と n とが互いに素ならば，$a(mn)=a(m)a(n)$．

(2)　p が素数ならば，

$$\#\{H\leq L \mid L/H\cong \mathbf{Z}/p^e\mathbf{Z}\oplus\mathbf{Z}/p^f\mathbf{Z}\}$$
$$=\begin{cases} 1 & \cdots\ e=f\geq 0 \text{ の場合} \\ p^{e-f-1}(p+1) & \cdots\ e>f\geq 0 \text{ の場合}\end{cases}$$

(3)　$a(p^r)=(p^{r+1}-1)/(p-1)$　　$(r\geq 0$, p は素数$)$

(4)　$a(n)$ は n の約数の総和

$$\sigma(n)=\sum_{0<d\mid n} d$$

に等しい．　　　　　　　　　　　　　　　　　　　　　　　　　　　　　　　　　　　（北大）

解説　(1) は易しい．$[L:H]=mn$ ならば，L/H は位数 m, n の部分群 $K_1/H, K_2/H$ の直積に一意的に分解し，$[L:K_1]=n$, $[L:K_2]=m$．逆に，指数 n, m の部分群K_1, K_2

があれば，$H=K_1\cap K_2$ の指数が mn であることは，$L=K_1+K_2$ ゆえ $L/K_1\cong K_2/H$, $L/K_2\cong K_1/H$ ということからわかる．ゆえに，このような H と，(K_1, K_2) とは一対一に対応し，(1)がわかる．つぎに，$L/H\cong \mathbf{Z}/p^e\mathbf{Z}\oplus\mathbf{Z}/p^e\mathbf{Z}$ となる H は，L/H の各元の位数が p^e の約数ゆえ，$H\supseteq p^e\mathbf{Z}\oplus p^e\mathbf{Z}$ となり，したがって $H=p^e\mathbf{Z}\oplus p^e\mathbf{Z}$ ただ一つである．

$e>f\geq 0$ のときは $L/H\cong\mathbf{Z}/p^e\mathbf{Z}\oplus\mathbf{Z}/p^f\mathbf{Z}$ となる H について考えよう．L の自由基(a, b), (c, d) を適当にとれば，H は $p^e(a, b), p^f(c, d)$ で生成される．$H\supseteq p^eL$ ゆえ，L/p^eL において $p^f(a, b)$ の類 $p^f\overline{(a, b)}$ で生成された部分群 $M_{a,b}$ と H とが対応する．したがって，そのような $M_{a,b}$ の数を調べれば，(2)の後半がわかる．

まず $p^f\overline{(a, b)}$ の数は $\#(L/p^{e-f}L)-\#(pL/p^{e-f}L)=(p^{e-f})^2-(p^{e-f-1})^2=p^{2(e-f-1)}(p^2-1)$. 同じ H に対応する $p^f\overline{(a, b)}$ の数は $Z/p^{e-f}Z$ の正則元の数 $(p-1)p^{e-f-1}$ に等しい．ゆえに $M_{a,b}$ の数，すなわち H の数は

$$p^{e-f-1}(p+1)$$

に等しいのである．

$a(p^r)=\sum_i p^{r-2i-1}(p+1)+\varepsilon$ （$\sum$ は $i<r/2$ の範囲;
r が偶数のとき $\varepsilon=1$, r が奇数のとき $\varepsilon=0$)

r が奇数のとき

$$a(p^r)=(p+1)(1+p^2+\cdots+p^{r-1})=(p^{r+1}-1)/(p-1)$$

r が偶数のとき

$$\begin{aligned}a(p^r)&=(p+1)(p+p^3+\cdots+p^{r-1})+1\\&=(p^{r+1}-p)/(p-1)+1=(p^{r+1}-1)/(p-1)\end{aligned}$$

というわけで，(3)ができた．(4)は，(3)により n が素数のべきのとき正しいので，(1)により一般の場合がいえる．

〔練習問題〕

練習 7.1　有限群 G がべき零群であるための必要充分条件は，G の位数の各素因数 p につき，p-Sylow 群 S_p が正規部分群であることである．

練習 7.2　群 A が集合 M に左から，群 B が M に右から作用していて，Aの作用と B

の作用は可換であるものとする．N が M の部分集合であるとき，

$$\{(a, b) \in A \times B \mid aN = Nb\}$$

は $A \times B$ の部分群になるか．（東海大）

練習 7.3 群 $G\,(\neq\{1\})$ と，それ自身との直積 $G \times G$ において，$D = \{(g, g) \mid g \in G\}$ とおくと，次の二条件は互いに同値であることを証明せよ．

(1) G は単純群である．

(2) D は $G \times G$ の極大部分群である．（阪大）

練習 7.4 有限群 G がべき零群であるための必要充分条件は，G の任意の真部分群 H について，H の正規化群 $N(H)$ が H を真に含むことである．（阪教育大）

練習 7.5 整数のなす加法群 $\boldsymbol{Z}$ の 3 重直和 $G = \boldsymbol{Z} \oplus \boldsymbol{Z} \oplus \boldsymbol{Z}$ の二元 (12, 4, 6), (6, 2, 6) で生成された部分群を H とする．G/H と同型になる $\boldsymbol{Z} \oplus \cdots \oplus \boldsymbol{Z} \oplus \boldsymbol{Z}/(q_1) \oplus \cdots \oplus \boldsymbol{Z}/(q_s)$ という形の加群を求めよ．ただし，$q_1, \cdots, q_s$ は素数のべきとする．（立教大）

練習 7.6 A, B, C は可換群で算法は加法とする．$f\colon A \to B$, $g\colon B \to C$, $u\colon C \to B$, $v\colon B \to A$ が準同型写像で，

$$0 \to A \xrightarrow{f} B \xrightarrow{g} C$$

$$C \xrightarrow{u} B \xrightarrow{v} A \to 0$$

は，ともに exact であり，gu は C の恒等写像に等しいとする．このとき，(1) g は全射，(2) u は単射，(3) vf は A の自己同型であることを示せ．

また，vf は A の恒等写像であるか．（早大）

練習 7.7 群 G は二元 X, Y で生成され，その間の基本関係は，$X^2 = 1$, $Y^2 = 1$, $(XY)^3 = (YX)^3$ で与えられているものとする．

(1) G の位数を求めよ．

(2) 複素数体上の，G の既約表現の次数を求めよ．

(3) G の指標表を作れ．（上智大）

練習 7.8 有限群 G が指数 n の可換部分群 H をもてば，G の既約な複素表現はすべて n 次以下であることを示せ．（東大）

練習 7.9 H が有限群 G の正規部分群で，G/H は巡回群であるものとする．T が H の複素既約表現であるとき，H の表現 T^g: $h \to T(g^{-1}hg)$ がすべて互に同値であるためには，T が G のある表現の H への制限であることが必要充分である．（上智大）

練習 7.10 有限群 G が二つの有限集合 Ω, Λ に作用しているとき，次の 1)~4) の間の関係を論ぜよ．

1) Ω, Λ は G の作用する集合として同型である．

2) Ω, Λ による G の置換表現 $\rho_\Omega, \rho_\Lambda$ は複素数体上の表現として同値である．

3) G の任意の部分群 H に対し，Ω, Λ 上の H-orbit の集合 $\Omega/H, \Lambda/H$ の元数は等しい．

4) G の任意の巡回部分群 H に対し，Ω, Λ 上の H 固定点の集合 Ω^H, Λ^H の元数は等しい．（上智大）

練習 7.11 G が有限可換群で，A はその自己同型群，G 上の A-orbit の数が 3 以下であるという．G の構造を調べよ．

[ヒント，略解等]

7.1 p 群のべき零性により，充分性は明白．G がべき零ならば，$G/Z(G)$ ($Z(G)$ は中心) もべき零ゆえ，位数についての帰納法を利用して証明できる．

7.2 $(a,b),(a',b')\in T \Rightarrow aN=Nb, a'N=Nb' \Rightarrow aa'N=aNb'=Nbb' \Rightarrow (aa',bb')\in T$
また $Nb^{-1}=a^{-1}N$ ゆえ $(a^{-1},b^{-1})\in T$

7.3 [ヒント] 背理法を利用．練習6.6参照．

7.4 必要性は昇中心列を考えれば易しい．充分性は，「S が Sylow 群 $\Rightarrow N(N(S))=N(S)$」と練習7.1.

7.5 $H=\langle(0,0,6),(6,2,0)\rangle$. $G=\langle(1,0,0),(3,1,0),(0,0,1)\rangle$ ゆえ，$G/H\cong \mathbf{Z}\oplus\mathbf{Z}/2\mathbf{Z}\oplus\mathbf{Z}/6\mathbf{Z}\cong\mathbf{Z}\oplus\mathbf{Z}/2\mathbf{Z}\oplus\mathbf{Z}/2\mathbf{Z}\oplus\mathbf{Z}/3\mathbf{Z}$.

7.6 (1), (2) は易しい．(3) $vfa=0 \Rightarrow fa=uc \Rightarrow 0=gfa=guc=c$ により，vf は単射．$a\in A \Rightarrow a=vb$. そこで，$c=gb$ とおけば，$g(b-uc)=0$. $\therefore$ $b-uc\in fA$, $v(b-uc)=vb=a$ により vf は全射．vf が恒等写像でない例は容易．

7.7 $a=XY$ とおく．$YX=a^{-1}$, $a^6=1$. $G=\langle X, a\rangle$, $X^2=1$, $X^{-1}aX=a^{-1}$ ゆえ，位数 12．$[G, G]=\langle a^2\rangle$ ゆえ，一次の表現は四個 $1, \rho_{01}, \rho_{10}, \rho_{11}$ $(\rho_{01}(a^iX^j)=(-1)^j$,

$$\rho_{10}(a^iX^j)=(-1)^i,\ \rho_{11}(a^iX^j)=(-1)^{i+j}).$$

共役類の数は6．したがって，二次の既約表現が二つ φ, ψ.

$$\varphi(a)=\begin{pmatrix} -w & 0 \\ 0 & -w^2 \end{pmatrix},\quad \varphi(X)=\begin{pmatrix} 0 & 1 \\ 1 & 0 \end{pmatrix} \quad (w^3=1)$$
$$\psi(a)=\begin{pmatrix} w & 0 \\ 0 & w^2 \end{pmatrix},\quad \psi(X)=\begin{pmatrix} 0 & 1 \\ 1 & 0 \end{pmatrix}$$

7.8 Gの既約表現ρをHに制限すれば，一次の表現の和に分解する．その一つによるGの誘導表現はρを含むから，ρの次数$\leq n$.

7.9 充分性は明らか．必要性：Tの次数がn, 指数$[G:H]=m$とする．GのTによる誘導表現ρの次数はnm. ρをHに制限したものが，mT. ρを既約分解して $e_1\rho_1+\cdots+e_s\rho_s$ (e_iは重復度) とすると ρ_iをHに制限したら e_iT の筈．ゆえに，$\sum e_i=m$ で，各ρ_iはn次．ゆえに，Tはρ_iのHへの制限.

7.10 [ヒント] 答は，1) ⇒ 2) ⇔ 3) ⇔ 4) で，2) ⇒ 1) 正しくない．Gを巡回群に限れば全部同値.

[第二ヒント] Gが作用する集合の各 G-orbit は部分群HによるG/Hの形の集合と同型.

[略解] 1) ⇒ 2) は明白．以下 $n(G/H)$ は G/H と同型な G-orbit n 重の和集合を表す.

2) ⇒ 1) の反例．(2, 2) 型のアーベル群 $G=\langle a, b\rangle$ において，$\Omega=G\cup 2(G/G)$, $\Lambda=G/\langle a\rangle \cup G/\langle b\rangle \cup G/\langle ab\rangle$ とすると，$\rho_\Omega, \rho_\Lambda$ いずれも，$3\rho_{00}+\rho_{10}+\rho_{01}+\rho_{11}$ $(\rho_{ij}(a)=(-1)^i, \rho_{ij}(b)=(-1)^j)$ と同値.

2) ⇒ 3)：表現加群 $\mathbf{C}\Omega$ のH不変元全体の次元がΩ/Hの元数 (∵ $\sum c_iw_i$ $(c_i\in\mathbf{C}, w_i\in\Omega)$ がH不変 ⇔ 同じH-orbit に属する元の係数が同じ)．Λについても同様.

3) ⇒ 4)：$M=\{1, 2, \cdots, n\}$ 上の対称群の元 σ, τ について，$\#(M/\langle\sigma^s\rangle)=\#(M/\langle\tau^s\rangle)$ が $s=0, 1, 2, \cdots$ すべてについて成り立てば，σとτとは同じ型である (σの型は，$\langle\sigma\rangle$-orbit の元数の組)，したがって，S_m の中で共役であることを証明する (証明後述).

この結果を $g\in G$ が Ω, Λ におよぼす作用を σ, τ として適用する．($g=1$ のときにより $\#(\Omega)=\#(\Lambda)$ が出ることに注意せよ.)

上のことの証明：σの位数による帰納法を使う．pがσの型に現れる数lの素因数であれば，帰納法により，σ^p と τ^p との型は同じである．この型に p の倍数があれば，それは σ,τ の長さ p^2 の倍数の巡回置換に由来するものであるから，σ,τ の型のうち，p^2 の倍数の部分は共通であるから，その部分を約して，σ と τ の型には平方因子を含む数はないと仮定してよい．そこで，型に現れる数の素因数になりうる素数 $p_1,p_2,\cdots,p_t$ $(p_1<p_2<\cdots<p_t)$ をとり，σ または τ の型に現れる $p_{j_1}p_{j_2}\cdots p_{j_v}$ の回数を $X_{i_1j_2\cdots j_v}$ で，また，1の回数を X_0 で表そう．σ,τ の p_i 乗の型について，

$i=1$ のときの　1の数　　$X_0+p_1X_1$

$i=2$ のときの　p_1 の数　　$X_1+p_2X_{12}$

一般に，$p_{j_1}\cdots p_{j_v}$ $(v<t)$ の数は，添字に現れない番号の一をつとり，それが k であれば，$i=k$ のときの数 $X_{j_1\cdots j_v}+p_kX_{j_1\cdots j_vk}$ を採用する．(X の添字の順序は不問)．以上の式の値は σ,τ に共通であるが，さらに，$\langle\sigma\rangle$-orbit の数$=\langle\tau\rangle$-orbit の数ゆえ，$X_0+X_1+\cdots+X_t+X_{12}+\cdots+X_{12\cdots t}$ も σ,τ に共通である．ところが，これら変数と同じ数の式の係数の行列式は 0 ではないので，$X_{j_1\cdots j_v}$ の値も σ,τ に共通である．ゆえに σ と τ とは同じ型である．

4) ⇒ 2)：$\rho_\Omega(g)$ の trace$=\#(\Omega^{\langle g\rangle})$．したがって 4) は ρ_Ω,ρ_Λ の指標が同じであることを意味する．

7.11 A-orbit の数を n で示そう．$n=1 \Rightarrow G=\{1\}$．

$n=2$ のとき：1以外の元の位数は共通ゆえ，それは素数．ゆえに $(p,p,\cdots,p)$ 型のアーベル群．

$n=3$ のとき：1以外の元の位数が共通ならば，上記により $n=2$．したがって，1以外の元の位数は2種類ある．それを p,q (p は素数) とする．q が p と異なる素因数 r をもてば，位数 p,r,pr の元があるから，$q=p^2$．$\{x^p\,|\,x\in G\}=\{x\in G\,|\,x^p=1\}$ でなくてはならないから，G は $(p^2,p^2,\cdots,p^2)$ 型アーベル群．

第 8 章

ガロア理論

この章ではガロア理論に関する，標準的といえる問題を取り上げる．

ガロア理論に関する標準的問題の型には①具体的拡大を与えて，そのガロア群を求めさせる，②ガロア群を利用して，中間体について答えさせる，③体の生成元について答えさせる，といったものがある．この種の問題は非常に多く出題されている．

極めて標準的と言える問題から始めよう．類題は多く出題されている．

問題 8.1　有理数体 $\boldsymbol{Q}$ の拡大体 $\boldsymbol{Q}(\sqrt{2}+\sqrt{3})$ について，次の問に答えよ．

(1)　拡大 $\boldsymbol{Q}(\sqrt{2}+\sqrt{3})/\boldsymbol{Q}$ はガロア拡大であることを証明せよ．

(2)　この拡大のガロア群およびすべての中間体を求めよ．　　（九大）

問題 8.2　$\boldsymbol{Q}(\sqrt{5+2\sqrt{5}}/\boldsymbol{Q}$ は Galois 拡大であることを示し，Galois 群を求めよ．また，すべての中間体を求めよ．　　（東工大）

解説　第1問　(1)　$K=\boldsymbol{Q}(\sqrt{2}+\sqrt{3})$ とし，$K=\boldsymbol{Q}(\sqrt{2},\sqrt{3})$ をまず示そう．

$(\sqrt{2}+\sqrt{3})^2=5+2\sqrt{6}$ ゆえ $\sqrt{6}\in K$

$\therefore\ \ \sqrt{6}(\sqrt{2}+\sqrt{3})=2\sqrt{3}+3\sqrt{2}\in K$

$\therefore\ \ \sqrt{2},\sqrt{3}\in K$

$\boldsymbol{Q}(\sqrt{2},\sqrt{3})\subseteq K$ で，逆の包含関係は明らかだから，$K=\boldsymbol{Q}(\sqrt{2},\sqrt{3})$

$\boldsymbol{Q}(\sqrt{2}),\boldsymbol{Q}(\sqrt{3})$ それぞれ2次のガロア拡大だから，K もガロア拡大で，ガロア群は (2, 2) 型のアーベル群である．

(2)　ガロア群の生成元 σ,τ として，$\sigma(\sqrt{2})=-\sqrt{2}$，$\sigma(\sqrt{3})=\sqrt{3}$，$\tau(\sqrt{2})=\sqrt{2}$，

$\tau(\sqrt{3})=-\sqrt{3}$ であるものが選べる．したがって，$\boldsymbol{Q}, K$ 以外の中間体は，σ の不変体 $\boldsymbol{Q}(\sqrt{3})$，τ の不変体 $\boldsymbol{Q}(\sqrt{2})$，$\sigma\tau$の不変体 $\boldsymbol{Q}(\sqrt{6})$ である．

第２問　$K=\boldsymbol{Q}(\sqrt{5+2\sqrt{5}})$ とする．K は $\boldsymbol{Q}(\sqrt{5})$ の２次拡大で，$\boldsymbol{Q}$ 上 $\sqrt{5}$ と $-\sqrt{5}$ とは共役だから，$\sqrt{5+2\sqrt{5}}$ は $\boldsymbol{Q}$ 上 $\sqrt{5+2\sqrt{5}}$ と共役である．

$$(\sqrt{5-2\sqrt{5}})(\sqrt{5+2\sqrt{5}})=\sqrt{5}\in K$$

ゆえ，$\sqrt{5-2\sqrt{5}}\in K$ であり，$\boldsymbol{Q}$ 上の $\sqrt{5+2\sqrt{5}}$ の共役 $\pm(\sqrt{5+2\sqrt{5}})$，$\pm(\sqrt{5-2\sqrt{5}})$ がすべて K に属するから，K は $\boldsymbol{Q}$ のガロア拡大である．

ガロア群は $\sqrt{5+2\sqrt{5}}$ を $-(\sqrt{5-2\sqrt{5}})$ に写す自己同型 σ を元にもつ．

$$\sigma(5+2\sqrt{5})=\sigma((\sqrt{5+2\sqrt{5}})^2)=(-\sqrt{5-2\sqrt{5}})^2=5-2\sqrt{5}$$

$$\sigma^2(\sqrt{5+2\sqrt{5}})=\sigma(-\sqrt{5-2\sqrt{5}})=\sigma\left(\frac{\sqrt{5}}{\sqrt{5+2\sqrt{5}}}\right)=\frac{-\sqrt{5}}{\sqrt{5-2\sqrt{5}}}=-\sqrt{5+2\sqrt{5}}$$

から，σの位数は４であることがわかる．ゆえに，求めるガロア群は，σ で生成された位数４の巡回群である．したがって，中間体は，$\boldsymbol{Q}, K$ 以外は σ^2 の不変体 $\boldsymbol{Q}(\sqrt{5})$ だけである．（中間体に，両端を含める人と，両端は含めない人がいる．だから２題とも「中間体は，$\boldsymbol{Q}$，K 以外は…」という言い方をした．）

次の２題は，ガロア理論の一般論についてであると言えよう．

問題 8.3　K が可換体で，$f(x)\in K[x]$ が既約なら，K の任意の有限次ガロア拡大における $f(x)$ の既約因子はすべて同じ次数であることを示せ．（神戸大）

問題 8.4　L, M, N, K は標数 $p(\neq 0)$ の体で，L は M の，N は K の純非分離拡大，L は N の，M は K の分離拡大，$[L:K]<\infty$ とする．次を示せ．

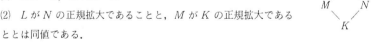

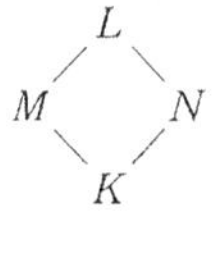

(1)　$MN=L$，$M\cap N=K$

(2)　L が N の正規拡大であることと，M が K の正規拡大であることとは同値である．

(3)　(2)の条件が成り立つとき，ガロア群 $G(L/N)$ は，ガロア群 $G(M/K)$ と同型である．

（学習院大）

解説　第１問　K のガロア拡大体 L 上で，$f(x)$ の既約因子 $g_i(x)$ $(i=1,\cdots,m)$ について，最高次の係数は１としてよい．ガロア群 $G(L/K)$ により，L の自己同型が得られ，それらにより，各 $g_i(x)$ はある $g_j(x)$ に写される．$f(x)$ の根はガロア群の元で写されるから，

$g_i(x)$ 全体が互いに K 上共役で，次数は互いに等しい．

第2問 (1) $M\cap N$ については，$\subseteq M$ から，K の分離拡大で，$\subseteq N$ から，K の純非分離拡大である．ゆえに，$K=M\cap N$．MN と L との関係を考えると，M と L との中間体であるから，L は MN 上純非分離で，N と L との中間体ゆえ，L は MN 上分離である．ゆえに$L=MN$．

(2) M が K の正規拡大であり，N も純非分離という，特別な正規拡大ゆえ，その合成体 L も K の正規拡大である．ゆえに，L はその中間体 N の正規拡大である．

逆に，L が N の正規拡大であるとしよう．M の任意の元 a を根にもつ K 上の既約多項式 $f(x)$ は L で1次因子 $x-ai$ $(i=1,\cdots,m)$ の積の分解する．$a_i\in L$ であるが，a_1 は K 分離的であるから，$a_i\in M$．ゆえに M は K 上ガロア拡大である．

(3) $G(L/N)$ の各元は L の自己同型であるが，それは(2)で見たように，M の K 上の自己同型を引き起こす．逆に，$G(M/K)$ の各元は，N が K 上純非分離ゆえ，そのまま L の自己同型に拡張される．ゆえに $G(L/N)$ と $G(M/N)$ とは同型である．

次の2題は，函数体の自己同型に関係するもので，第2問は難問と言える．

問題 8.5 複素数体 C 上の1変数有理関数体 $C(X)$ の C-自己同型 σ,τ を

$$\sigma(X)=X^{-1},\qquad \tau(X)=e^{\frac{2\pi i}{n}}X$$

で定める．ただし，n は正の整数とする．

(1) σ と τ で生成される群 G の位数を求めよ．

(2) $C(X)$ の部分体 $C(X)^G=\{f\in C(X)\mid\rho(f)=f,\ \forall\rho\in G\}$ の C 上の生成元を求めよ．

（筑波大）

問題 8.6 複素数体 C 上の n 変数有理函数体 $K=C(x_1,\cdots,x_n)$ の C 上の自己同型 σ を $\sigma(x_i)=x_{i+1}$ $(1\leqq i\leqq n-1)$　$\sigma(x_n)=x_1$ によって定義する．

このとき，次の問に答えよ．

(1) σ による K の不変部分体 $F=\{a\in K\mid\sigma(a)=a\}$ に対して $K=F(\sqrt[n]{a})$ をみたす $a\in F$ を一つ求めよ．

(2) $n\geqq 3$ であれば，(1)の条件をみたす $a\in F$ は $x_1,\cdots x_n$ の対称式にはとれないことを示せ．

（京大）

解説 第1問 (1) $e^{2\pi i/n}$ を ζ で表そう．これは1の原始 n 乗根であるから，τ の位数は n である．σ の位数は2で，$\sigma=\sigma^{-1}$．

$$\sigma\tau\sigma(X)=\sigma\tau(X^{-1})=\sigma(\xi X)^{-1}=\xi^{-1}X=\tau^{-1}(X)$$

ゆえに G では，位数 n の $\langle\tau\rangle$ が指数2の正規部分群ゆえ，G の位数は $2n$ である．

(2)　$X+X^{-1}$ は σ－不変で，X^n は τ－不変ゆえ，X^n+X^{-n} は $C(X)^G$ に属する．$Y=X^n+X^{-n}$ と置こう．$C(Y)$ 上 X^n は，$T+T^{-1}=Y$，すなわち，

$$T^2-TY+1=0$$

の解である．$C(X^n)$ 上 $C(X)$ は n 次の拡大であるので，$C(X)$ は $C(Y)$ 上 $2n$ 次の拡大である．ゆえに，位数 $2n$ の群 G の不変体 $C(X)^G$ は $C(Y)$ である．

すなわち，求める元は X^n+X^{-n}.

第2問　(1)　1の原始 n 乗根の一つを ξ とし，

$$b=x_1+\xi x_2+\cdots+\xi^{n-1}x_n$$

とおく．$\sigma(b)=\xi^{-1}b$ であるから，$a=b^n$ とすれば $\sqrt[n]{a}=b$ としてよい．

b を不変にする $x_1,\cdots,x_n$ の置換は恒等置換だけだから，$F(b)=K$.

(2)　$n\geqq 3$ として，a として対称式が選べたと仮定して矛盾を示そう．$\sqrt[n]{a}$ は多項式として得られるから，それを g とする．g に現れる単項式の型を考える，すなわち，x_i の置換で写せるもの，言い換えれば，x_i の指数の順序を入れ替えた形のものを同じ型とする．各型ごとに，指数を $x_1,\cdots,x_n$ の指数の順に並べて，辞書式順序だ最大な項に係数を付けたもの全部の和を g_1 とし，$\sigma^i(g_1)=g_{i+1}$ $(i<n)$ とする．

$\sigma^i(g)$ 全体が X^n-a の根であるから，それらは $\xi^i g$ 全体である．したがって，$\sigma^{-1}(g)=\xi g$ としてよい．$\sigma^{-1}g$ には $\sigma^{-1}(g_2)=g_1$ が g_2 でついていた係数を保って現れる．$\sigma^{-1}(g)=\xi g$ ゆえ，g_2 に関連する分は ξg_2 である．同様にして，$g=g_1+\xi g_2+\xi^2 g_3+\cdots+\xi^{n-1}g_n$ であることがわかる．

$$\therefore\quad a=(g_1+\xi g_2+\cdots+\xi^{n-1}g_n)^n$$

仮定により，a は対称式であるから，x_i の任意と置換 τ に対して不変である．したがって，$\tau(g_1+\xi g_2+\cdots+\xi^{n-1}g_n)$ は $\sqrt[n]{a}$ の一つであり，ある s により

$$\tau(g_1+\xi g_2+\cdots+\xi^{n-1}g_n)=\sigma^s(g_1+\xi g_2+\cdots+\xi^{n-1}g_n)$$

g_1 における各単項式の係数は，単項式の型ごとに定まっていて，置換では単項式の型は変わらないから，τ が $g_1,\cdots,g_n$ の置換を引き起こし，しかも，その結果が σ^s と同じになることを示す．ゆえに，$\tau\to\sigma^s$ による n 次対称群 S_n から巡回群 $\langle\sigma\rangle$ の上への準同型 ϕ がある．しかし，それは S_n に指数 n の正規部分群があることを意味し，矛盾である．ゆえに a は対称式では得られない．

少し変わった出題形式の問題を2題挙げよう．

問題 8.7　p は素数とする．体 $\boldsymbol{Q}(\sqrt{2+\sqrt{p}})$ が有理数体 $\boldsymbol{Q}$ 上 Galois 拡大になる p の値と，そのときの Galois 群を求めよ．（名大）

問題 8.8　複素数 a, b, c に対して

$K=\boldsymbol{Q}(a, b, c)$

$F=\boldsymbol{Q}(a+b+c, ab+bc+ca, abc)$

$E=\boldsymbol{Q}(a+b, ab, c)$

とおく．

(1)　K は F のガロア拡大，E はその中間体であることを示せ．

(2)　E の F 上の拡大次数は，1, 2, 3 のいずれかであり，すべて取りうることを示せ．

(3)　E が F のガロア拡大となる例を求めよ．（東工大）

解説　第 1 問　p は 2, 3 です．p が 5 以上になると，$\sqrt{2+\sqrt{p}}$ の共役 $\sqrt{2-\sqrt{p}}$ が虚数で，実数体の部分体 $\boldsymbol{Q}(\sqrt{2+\sqrt{p}})$ に属さないのです．$p=2,3$ の場合は，上の問題 8.2 の解の真似をして考えてください．

第 2 問　(1)　$E\subseteq K$ は明白．$a+b+c=(a+b)+c$，$abc=(ab)c$，$ab+bc+ca=ab+(a+b)c$ ゆえ，$F\subseteq E$．

(2)　たとえば，$c=-a\neq 0$ ならば，$E=\boldsymbol{Q}(a+b,\ ab,\ -a)=\boldsymbol{Q}(a, b)$

$$F=\boldsymbol{Q}(a+b-a,\ ab-ba-a^2,\ -a^2b)=\boldsymbol{Q}(a^2, b)$$

となり，E は F の 2 次拡大または $E=F$ で，拡大次数 1, 2 は確かにある．

a, b, c が $\boldsymbol{Q}$ 上代数的独立ならば，F は a, b, c の置換のなす 3 次対称群の不変体であるから，$[K:F]=6$ で，E は互換 (a, b) の不変体なので，$[E:F]=3$．

F 上で E を考えると，$c=0$ ならば $F=E$ なので，$c\neq 0$ の場合とする．

$F(c)=E$ はすぐわかる．c は F 上の 3 次式

$$x^3-(a+b+c)x^2+(ab+bc+ca)x^2-abc$$

の根である．ゆえに，$[E:F]\leqq 3$．

(3)　1 の原始 9 乗根の一つを η とし，$\eta^3=\omega$ とする．$a=\omega\eta, b=\omega^2\eta$，$c=\eta$ とする．

$K=\boldsymbol{Q}(\eta)$

$a+b+c=(\omega+\omega^2+1)\eta=0$，$abc=\omega^3\eta^3=\omega$．ゆえに，$F=\boldsymbol{Q}(\omega)$

$a+b=(\omega+\omega^2)\eta=-\eta$，$ab=\omega^3\eta^2=\eta^2$　ゆえ，$E=\boldsymbol{Q}(\eta)$ で，

$F=\boldsymbol{Q}(\omega)$ 上，$\eta^3=\omega$ で $\omega\in F$ であるから，E は F のガロア拡大である．

体の関係からガロア群を論ずる問題を2題考えよう．

問題 8.9　L, M は可換体 F の有限次 Galois 拡大体，K は L と F の中間体とする．L が K の Abel 拡大体ならば，$L \cap M$ は $K \cap M$ の Abel 拡大体であることを示せ．（京大）

問題 8.10　L, M, K は可換体 F の部分体であるとする．L, M が K の有限次ガロア拡大体で，それぞれのガロア群が G, H であるとき，次のことを証明せよ．

L と M の（F の中での）合成体 Ω は K のガロア拡大であり，そのガロア群は $G \times H$ の部分群

$$\{(\sigma, \tau) \mid \sigma \in G, \tau \in H \text{ かつ } L \cap M \text{ の任意の元 } x \text{ について } \sigma(x) = \tau(x)\}$$

と同型である．（京大）

解説　第1問　$K \cap M$ 上 L，M はガロア拡大ゆえ，$L \cap M$ は $K \cap M$ 上ガロア拡大であるから，$K \cap M$ を F の代わりにとって，$F = K \cap M$ としてよい．

$\alpha \in L \cap M$ を根にもつ，F 上既約なモニック多項式 $f(x)$ が K 上で分解すれば，その係数が $L \cap M$ に属することになり既約性に反する．したがって，

(1)　$\alpha \in L \cap M$ ならば，α の F 上の共役は K 上でも共役である．

(2)　K と $L \cap M$ との合成体 L^* について $[L \cap M : F] = [L^* : K]$．

$L \cap M = F(\alpha)$ となる α の F 上の共役を全部 F につけ加えた体を M^* とする．

L が K のアーベル拡大であるから，中間体 L^* も K のアーベル拡大である．(1)によれば，α の F 上の共役は K 上の共役であったから，それらはすべて L^* に属する．ゆえに，$L \cap M = L^* \cap M = M^*$ である．F 上 M^* はガロア拡大で，$M^* \cap K = F$ ゆえ，ガロア群について，$G(M^*/F)$ と $G(L^*/K)$ とは同型で，$G(L^*/K)$ がアーベル群だから，$M^* = L \cap M$ は $F = K \cap M$ のアーベル拡大である．

第2問　L の元の K 上の共役は L に属し，それらによって，ガロア拡大 M の上に生成される Ω は，K のガロア拡大である．そのガロア群 $G(\Omega/K)$ を G^* で表そう．G^* の各元 ρ を L, M に制限したものを σ, τ で表せば，準同型写像 $\lambda : \rho \to (\sigma, \tau)$ が得られる．σ, τ を $L \cap M$ に制限したものは，ρ を $L \cap M$ に制限したものだから，同じであり，λ は G^* から，問題で示された群，それを H^* で表そう，の中への同型であることがわかる．$\lambda(G^*)$ と H^* の元数の一致を示せば証明が完了する．

$L \cap M$ 上での M のガロア群 $G(M/L \cap M)$ を考えると，$\tau, \nu \in H$ を $L \cap M$ への制限が同じになることと，τ, ν が $G(M/L \cap M)$ を法として同じ類に入ることとが同値である．したがって，各 $\sigma \in G$ に対し，$\tau \in H$ による対 (σ, τ) を，τ の $L \cap M$ への制限で分類すれ

ば，$[H:G(M/L\cap M)]=[L\cap M:K]$ 個ずつに分かれるので，H^* の元数は ($G\times H$ の位数) $\div[L\cap M:K]$ である．そして，この数は $[\Omega:K]$ に等しいので，証明完了．

〔練習問題〕

練習 8.1 有理数体 $\boldsymbol{Q}$ 上で，$\sqrt[4]{2}$ を含む最小の正規拡大体 K，そのガロア群 G，および G の部分群を決定せよ．（立教大）

練習 8.2 有理数体 $\boldsymbol{Q}$ 上で考える．

（イ） $F(X)=(X^2-2)(X^4+1)(X^4-3)$ の最小分解体 K および Galois 群 G を求めよ．

（ロ） K の真の部分体の中で極大なものの個数を求めよ．（京大）

練習 8.3 有理数体 $\boldsymbol{Q}$ 上で考えて，方程式 $(X^3+X+1)(X^3-X+1)=0$ の根をすべて添加した体 K のガロア群 G はどんな群になるか．（金沢大）

練習 8.4 (1) $\boldsymbol{Q}(\sqrt{2},\sqrt{3})/\boldsymbol{Q}$ はガロア拡大であることを示せ．また，そのガロア群を求め，部分群と中間体とを対応させよ．

(2) 体 K の 2 次拡大体は，K のガロア拡大か．

(3) E_1/K, E_2/E_1 がともにガロア拡大であっても，E_2/K はガロア拡大であるとは限らぬことを示せ．（津田塾大）

練習 8.5 体 K の 2 次の分離的拡大体 L は K のガロア拡大であることを示せ．また，$L=K(\theta)$, θ の最小多項式が X^2-aX-b $(a, b\in K)$ のとき，L のガロア群は何か．

（阪教育大）

練習 8.6 有理数体 $\boldsymbol{Q}$ 上の多項式 $f(X)=(X^4-4)(X^2-3)$ の最小分解体 K のガロア群 G の構造を調べ，K が $\boldsymbol{Q}$ のアーベル拡大体であるとことを示せ．

つぎに，K に含まれる $\boldsymbol{Q}$ の二次拡大体を，すべて列記せよ．

練習 8.7 複素数体 $\boldsymbol{C}$ 上の一変数の有理函数体 $K=\boldsymbol{C}(x)$ において，$y=x^n+x^{-n}$ (n は自然数)，$L=\boldsymbol{C}(y)$ とおく．このとき，K は L の有限次ガロア拡大であることを示し，またそのガロア群を求めよ．（東工大）

練習 8.8 有理数体の有限次ガロア拡大体で，そのガロア群が 3 次の対称群と同型になるものを一つあげよ．（お茶の水女子大）

練習 8.9　有理数体 $\boldsymbol{Q}$ 上の多項式

$$f(X)=(X^2+3)(X^3+3)(X^2+X+1)(X^2+5)$$

の Galois 群 G を求めよ．また，$f(X)$ の最小分解体 K の部分体の個数を求めよ．

(京大)

練習 8.10　F が可換体，$a\in F$ で，$b=1+a^2$ は F の中には平方根をもたないものとする．

X に関する 4 次方程式 $X^4-2bX^2+a^2b=0$ の一根を F につけて得られる体を K とするとき，

(1)　K は F 上のガロア拡大であることを証明せよ．

(2)　K/F のガロア群を求めよ．

(3)　K と F との中間体で，K, F 以外のものを求めよ．　(東大)

[ヒント，略解等]

8.1　$K=\boldsymbol{Q}(\sqrt[4]{2},\sqrt{-1})$．　つぎのような G の元 σ,τ がある：$\sigma(\sqrt[4]{2})=\sqrt[4]{2}$, $\sigma(\sqrt{-1})=-\sqrt{-1}$, $\tau(\sqrt[4]{2})=\sqrt{-1}\sqrt[4]{2}$, $\tau(\sqrt{-1})=\sqrt{-1}$. $[K:\boldsymbol{Q}]=8$, $\langle\sigma,\tau\rangle$ の位数も 8 ゆえ，$G=\langle\sigma,\tau\rangle$. $\sigma^{-1}\tau\sigma=\tau^{-1}$ ゆえ，部分群を，その位数の順に列記すると：位数 1 …$\{1\}$; 位数 2 …$\langle\sigma\rangle$, $\langle\tau^2\rangle$, $\langle\sigma\tau\rangle$, $\langle\sigma\tau^{-1}\rangle$, $\langle\sigma\tau^2\rangle$; 位数 4 …$\langle\tau\rangle$, $\langle\sigma,\tau^2\rangle$; 位数 8 …$G$. 部分群は全部で 9 個である．

8.2　$K=\boldsymbol{Q}(\sqrt{2},\sqrt[4]{3},\sqrt{-1})$, G の位数は 16. $G=\langle\theta,\sigma,\tau\rangle$; θ,σ,τ は $(\sqrt{2},\sqrt{-1},\sqrt[4]{3})$ をそれぞれ $(-\sqrt{2},\sqrt{-1},\sqrt[4]{3})$, $(\sqrt{2},-\sqrt{-1},\sqrt[4]{3})$, $(\sqrt{2},\sqrt{-1},\sqrt{-1}\sqrt[4]{3})$ にうつす．ゆえに，$G=\langle\theta\rangle\times\langle\sigma,\tau\rangle$, $\theta^2=\sigma^2=\tau^4=1$, $\sigma\tau\sigma=\tau^{-1}$. 極大部分体は位数 2 の元の不変体．位数 2 の元は $\langle\theta\rangle$ には θ だけ．$\langle\sigma,\tau\rangle$ には前問により $\sigma,\tau^2,\sigma\tau,\sigma\tau^{-1},\sigma\tau^2$ の 5 個があるので，両者の積 $\theta\sigma,\theta\tau^2,\theta\sigma\tau,\theta\sigma\tau^{-1},\theta\sigma\tau^2$ も併せると，$1+5+5=11$(個).

8.3　[ヒント]　$X^3+pX+q=0$ の形の 3 次方程式の判別式は $D=-(27q^2+4p^3)$ である．根を添加した体は $\sqrt{D}$ を含む．

[略解]　$X^3+X+1=0$ は有理数根をもたないから，X^3+X+1 は $\boldsymbol{Q}$ 上既約．3 根を $\alpha_1,\alpha_2,\alpha_3$ とすると，$K_1=Q(\alpha_1,\alpha_2,\alpha_3)$ の拡大次数は 6 または 3．判別式 $D_1=-31$, $K_1\ni\sqrt{-31}\notin\boldsymbol{Q}$ ゆえ，$[K_1:\boldsymbol{Q}]=6$. また，K_1 のガロア群は 3 次対称群 S_3 と同型．K_1 の含む 2 次拡大は $\boldsymbol{Q}(\sqrt{-31})$ だけ．同様に X^3-X+1 の 3 根 β_1,β_2,β_3 をつけた体 K_2 は S_3 と同型な群をガロア群にもち，K_2 の含む 2 次拡大は $\boldsymbol{Q}(\sqrt{-23})$ だけ．$K_1\cap K_2$ もガロア拡大

であるが，K_1またはK_2の含むガロア拡大は自身か2次拡大ゆえ，　$K_1\cap K_2=\boldsymbol{Q}$. ゆえに求めるガロア群は $S_3\times S_3$ と同型である．

8.4 (1)　ガロア群 $G=\langle\sigma,\tau\rangle$, ただし，$(\sqrt{2},\sqrt{3})\xrightarrow{\sigma}(-\sqrt{2},\sqrt{3})$, $(\sqrt{2},\sqrt{3})\xrightarrow{\tau}(\sqrt{2},-\sqrt{3})$. $\sigma^2=\tau^2=1$, $\sigma\tau=\tau\sigma$, すなわち，G は $(2,2)$ 型アーベル群である．部分群との対応は，$\{1\}\leftrightarrow\boldsymbol{Q}(\sqrt{2},\sqrt{3})$, $\langle\sigma\rangle\leftrightarrow\boldsymbol{Q}(\sqrt{3})$, $\langle\tau\rangle\leftrightarrow\boldsymbol{Q}(\sqrt{2})$, $\langle\sigma\tau\rangle\leftrightarrow\boldsymbol{Q}(\sqrt{6})$, $G\leftrightarrow\boldsymbol{Q}$.

(2)　K の2次の拡大体 L を含む有限次ガロア拡大体 Ω と，そのガロア群 G とをとれば，L は指数2の部分群に対応するが，指数2の部分群は正規部分群であるから，L は，分離的であればガロア拡大である．

(3)　$\boldsymbol{Q}\subset\boldsymbol{Q}(\sqrt{2})\subset\boldsymbol{Q}(\sqrt[4]{2})$ が例を与える．

8.5　前半は前問の(2). 後半：ガロア群 $G=\langle\sigma\rangle$, $\sigma^2=1$, θ と $\sigma\theta$ とが X^2-aX-b の根．K の標数$\neq2$のときは，$\theta=(a\pm\sqrt{a^2+4b})/2$, $\sigma(\sqrt{a^2+4b})=-\sqrt{a^2+4b}$ ゆえ，$\sigma\theta=-\theta+a$. K の標数$=2$ のときは，$(\theta+a)^2=\theta^2+a^2=a\theta+b+a^2=a(\theta+a)+b$. ゆえに $\theta+a\,(=-\theta+a)$ も根であるから，この場合も，$\sigma\theta=-\theta+a$ とかける．したがって，結論は，標数に無関係に，ガロア群は$\langle\sigma\rangle$で，$\sigma\theta=-\theta+a$, $\sigma^2=1$ とかける．

実は，こんな計算しなくても，θ と $\sigma\theta$ とが根であることから，

$$X^2-ax-b=(X-\theta)(X-\sigma\theta)$$
$$\therefore\quad a=\theta+\sigma\theta$$

としてもよい．

8.6　$K=\boldsymbol{Q}(\sqrt{2},\sqrt{-1},\sqrt{3})$ ゆえ，G は$(2,2,2)$型アーベル群．アーベル群の双対性により，(G の指数2の部分群の数)$=$(G の位数2の部分群の数)$=$(G の位数2の元の数)$=7$ ゆえ，二次拡大は7個ある．$\boldsymbol{Q}(\sqrt{2})$, $\boldsymbol{Q}(\sqrt{-1})$, $\boldsymbol{Q}(\sqrt{3})$, $\boldsymbol{Q}(\sqrt{-2})$, $\boldsymbol{Q}(\sqrt{-3})$, $\boldsymbol{Q}(\sqrt{6})$, $\boldsymbol{Q}(\sqrt{-6})$ は互いに異なる二次拡大$(\subseteq K)$ゆえ，これら7個が求める二次拡大である．

8.7　[ヒント]　$\mathrm{Aut}_{\boldsymbol{C}}\,\boldsymbol{C}(x)$ の二元 σ, τ で，つぎのようなものがある．$\sigma x=x^{-1}$, $\tau x=\zeta x$ (ただし，ζ は1の原始n乗根)．すると，$G=\langle\sigma,\tau\rangle$ がガロア群になる．なお，y の有理式をかき表して，それが $\langle\sigma,\tau\rangle$ 不変である条件を求めるのは面倒である．

[略解]　$\boldsymbol{C}(y)$ の元は G 不変である．他方 τ の位数は n, σ の位数は2，$\sigma\tau\sigma=\tau^{-1}$ ゆえ，G の位数は $2n$. $\boldsymbol{C}(y)$上 x は $x^{2n}-x^ny+1=0$ という関係があるから，$[\boldsymbol{C}(x):\boldsymbol{C}(y)]\leq2n$. ゆえに G の不変体を K とすると，$\boldsymbol{C}(y)\subseteq K\subseteq\boldsymbol{C}(x)$, $[\boldsymbol{C}(x):K]=2n\geq[\boldsymbol{C}(x):\boldsymbol{C}(y)]$ ゆえ，$\boldsymbol{C}(y)=K$. ゆえに G が求めるガロア群である．

8.8　いろいろあるが，易しいのは $\boldsymbol{Q}(\sqrt[3]{2},\omega)$ (ω は1の虚立方根)あたりであろう．

8.9　$K=\boldsymbol{Q}(\sqrt{-3},\sqrt[3]{3},\omega,\sqrt{-5})$ (ただし ω は1の虚立方根) であるから $K=(\sqrt{-5},\sqrt[3]{3},\omega)$. ゆえに，$G=\langle\sigma,\tau,\eta\rangle$，ただし，$(\sqrt{-5},\sqrt[3]{3},\omega)\xrightarrow{\sigma}(-\sqrt{-5},\sqrt[3]{3},\omega)$,$(\sqrt{-5},\sqrt[3]{3},\omega)\xrightarrow{\tau}(\sqrt{-5},\omega\sqrt[3]{3},\omega)$,$(\sqrt{-5},\sqrt[3]{3},\omega)\xrightarrow{\eta}(\sqrt{-5},\sqrt[3]{3},\omega^2)$. $\langle\tau,\eta\rangle$ は3次対称群と同型で，$G=\langle\sigma\rangle\times\langle\tau,\eta\rangle$. G の位数は12. 部分体の数は部分群の数に等しい. 部分群の位数は，1, 2, 3, 4, 6, 12 で，そのような部分群を列記すると：位数1 …{1}；位数2 …$\langle\sigma\rangle$, $\langle\eta\rangle$, $\langle\tau\eta\rangle$, $\langle\tau^{-1}\eta\rangle$, $\langle\sigma\eta\rangle$, $\langle\sigma\tau\eta\rangle$, $\langle\sigma\tau^{-1}\eta\rangle$の7つ；位数3 …$\langle\tau\rangle$；位数4 …$\langle\sigma,\eta\rangle$, $\langle\sigma,\tau\eta\rangle$, $\langle\sigma,\tau^{-1}\eta\rangle$；位数6 …$\langle\tau,\eta\rangle$, $\langle\sigma,\tau\rangle$；位数12…$G$. 合計15. したがって，求める部分体の数は15である.

8.10　[ヒント]　$1+a^2$ がFの中に平方根をもたないという仮定は，Fの標数 $\neq 2$ を示す. したがって，二次方程式の根の公式が使える.

[略解]　(1)：標数$\neq 2$ ゆえ，二次方程式の根の公式により，$X^2=b\pm\sqrt{b^2-a^2b}=b\pm\sqrt{b}$. そこで，4根は，$\alpha, -\alpha, \beta, -\beta$ で，$\alpha^2=b+\sqrt{b}$, $\beta^2=b-\sqrt{b}$ としてよい.

$$\alpha^2+\beta^2=2b,\quad \alpha^2\beta^2=b^2-b=a^2b\quad \therefore\ \alpha\beta=\pm a\sqrt{b}$$

$F(\alpha)\ni\alpha^2=b+\sqrt{b}$ ゆえ，$\sqrt{b}\in F(\alpha)$. $\beta=\pm a\sqrt{b}/\alpha$ ゆえ，$\beta\in F(\alpha)$. ゆえに $F(\alpha)$ はガロア拡大. (2)：$K=F(\alpha)$ のガロア群の元σで，$\sigma\alpha=\beta$ となるものをとる. $\sigma\alpha^2=\beta^2$, $\alpha^2=b+\sqrt{b}$, $\beta^2=b-\sqrt{b}$ ゆえ，$\sigma\sqrt{b}=-\sqrt{b}$. $\therefore\ \sigma(\alpha\beta)=\sigma(\pm a\sqrt{b})=\mp a\sqrt{b}=-\alpha\beta$. $\therefore\ \sigma\beta=-\alpha$. ゆえに$\sigma$の位数は4で，$G=\langle\sigma\rangle$. (3)：$G$ の真部分群は$\langle\sigma^2\rangle$だけ. したがって，求める体は $\langle\sigma^2\rangle$ の不変体であり，それはFの二次拡大であるから，$F(\sqrt{b})$ にほかならない.

第 9 章

円 分 体

この章では円分体に関する問題，換言すれば，1のべき根に関する問題を考えよう．

円分体についての問題は，ガロア理論にも深く関わるが，ガロア理論だけでなく，他の分野，たとえば整数論にも重要な役割をするので，深い理解が求められる．

1の3乗根，12乗根の問題から始めよう．

問題 9.1　$\omega=\dfrac{-1+\sqrt{-3}}{2}$ に対して，$\boldsymbol{C}$ の部分環 $R=\boldsymbol{Z}[\omega]$ を考える．R の元 $a\in R$ が生成する R のイデアルを (a) と記し，商環 $R/(a)$ の可逆元の全体を $(R/(a))^{\times}$ と記す．

(1)　乗法群 $(R/(3))^{\times}$ の位数を求めよ．

(2)　乗法群 $(R/(9))^{\times}$ を巡回群の直積の形の表せ．　（京大）

問題 9.2　$\boldsymbol{Q}$ は有理数体である．

(1)　1の原始12乗根 α の $\boldsymbol{Q}$ 上の最小多項式を求めよ．

(2)　$K=\boldsymbol{Q}(\alpha)$ とするとき，$K=\boldsymbol{Q}(i,\sqrt{3})$ であることを示せ $(i^2=-1)$．

(3)　K の $\boldsymbol{Q}$ 上のガロア群を求めよ．　（阪市大）

解説　第1問 (1)　$R=\boldsymbol{Z}+\boldsymbol{Z}\omega$ であるから，$R/(3)$ の元は，$0,\ 1,\ -1,\ \omega,\ -\omega,\ 1+\omega,\ -1-\omega,\ -1+\omega,\ 1-\omega$ で代表される．$1,\ -1,\ \omega,\ -\omega$ の類は明らかに可逆元である．$\omega^2=-1-\omega$ であるから，$-1-\omega,\ 1+\omega$ の類は可逆元．

$(1-\omega)^2=1-2\omega+\omega^2$ は3を法として $1+\omega+\omega^2=0$ と合同

ゆえに，$1-\omega,\ -1+\omega$ の類は非可逆元．したがって，答は6

(2) 「$x\in R/(9)$ が可逆元⇔x を $3R$ を法としたものが $R/(3)$ で可逆元」である．

$R/(9)$ の元は，$a+b\omega$ (a,bは 0〜8) で代表される．それらを mod(3) で考えたとき，a，b 各々について，差が3の倍数になるときが mod(9) で同じになるときで，それは，a,b それぞれについての差が，それぞれ 0,3,6 のときであるから，$R/(9)$ の9個の元が $R/(3)$ で同じ元になる．したがって，乗法群 $(R/(9))^{\times}$ の位数は $6\times 9=54$ である．

いくつかの元の位数を調べよう．代表元で各元を表すことにする．

2からは，$2,4,8\equiv -1,-2,-4,1$ により，位数6の巡回群 C_1 ができる．

ω からは，$\omega,\omega^2=-1-\omega,1$ による位数3の巡回群 C_2 が得られる．

$-1+2\omega$ については，自乗$=1-4\omega+4\omega^2=-3-8\omega\equiv -3+\omega$

$(-1+2\omega)(-3+\omega)=3-7\omega+2\omega^2\equiv 1$ により巡回群 C_3 を得る．

ここに示した C_2,C_3 の直積は位数9の群をつくる．直積を作ったために現れた元は，$\omega(-1+2\omega)=-\omega+2\omega^2=-2-3\omega$， $\omega^2(-1+2\omega)=-\omega^2+2=3+\omega$， $\omega(-3+\omega)=-3\omega+\omega^2=-1-4\omega,\omega^2(-3+\omega)=-3\omega^2+1=4+3\omega$ の含まれる4個の類で，C_2,C_3 の元と合わせて9個である．その9個と C_1 との共通元は単位元だけであるから，その直積が得られ，位数54であるから，乗法群と一致する．したがって，答は：

上でえた C_1,C_2,C_3 による $C_1\times C_2\times C_3$

第2問 (1) $x^{12}-1$ は α を根にもつ．$x^{12}-1=(x^6-1)(x^6+1)$ で，α は x^6+1 の根である．$x^3+1=(x+1)(x^2-x+1)$ を利用して

$$x^6+1=(x^2+1)(x^4-x^2+1)$$

が得られ，求める多項式は　x^4-x^2+1 である．

(2) α^4 は1の虚立方根 ω であるから，$\omega\in K$．ゆえに $\sqrt{3}i\in K$．

α^3 は1の原始4乗根であるから，それは i または $-i$ で，$i\in K$．

ゆえに，$\boldsymbol{Q}(i,\sqrt{3})\subseteq K$．

逆の包含関係を見よう．$i,\omega\in\boldsymbol{Q}(i,\sqrt{3})$ であるから，$i\omega\in\boldsymbol{Q}(i,\sqrt{3})$．

$i\omega$ は原始12乗根の一つであるから，$\alpha\in\boldsymbol{Q}(i,\sqrt{3})$ で証明完了．

(3) $K=\boldsymbol{Q}(i,\sqrt{3})$ であるから，ガロア群は次の σ,τ で生成された，位数4のアーベル群である．

$$\sigma(i,\sqrt{3})=(-i,\sqrt{3}),\quad \tau(i,\sqrt{3})=(i,-\sqrt{3})$$

次の2題は，1のべき根にかかわる三角函数の値についてである．

問題 9.3 p を奇素数として，有理数体 $\boldsymbol{Q}$ の拡大体 $K=\boldsymbol{Q}\left(\sin\dfrac{2\pi}{p}\right)$ を考える．このとき，

次の問に答えよ．

(1) $K/\boldsymbol{Q}$ は代数拡大であることを示し，その拡大次数を求めよ．

(2) $K/\boldsymbol{Q}$ はガロア拡大か．そうであればガロア群を求め，そうでなければガロア拡大でないことを示せ．　(東大)

問題 9.4　自然数 m に対して $\zeta_m=e^{2\pi i/m}$ とおく．$3\leqq n\in\boldsymbol{Z}$ と，n と互いに素な整数 a に対して

$$E=\frac{\sin(a\pi/n)}{\sin(\pi/n)}$$

とおく．また，n と互いに素な整数 t に対して，$\sigma(t)$ は $\zeta_n\to\zeta_n{}^t$ で定まる $\mathrm{Gal}(\boldsymbol{Q}(\zeta_n)/\boldsymbol{Q})$ の元を表す．

(1) $E\in\boldsymbol{Q}(\zeta_n)$ であることを示せ．

(2) n が偶数ならば

$$E^{\sigma(t)}=\frac{\sin(at\pi/n)}{\sin(t\pi/n)}$$

であることを示せ．n が奇数ならばどうなるか．　(京大)

解説　第1問　第2問の記号 ζ_m を使えば，$\zeta_p=\cos\theta+i\sin\theta$ $(\theta=2\pi/p)$ であることに注意しておこう．

(1) $\zeta_p{}^{-1}=\cos\theta-i\sin\theta$ ゆえ，$\zeta_p-\zeta_p{}^{-1}=2i\sin\theta$

$\boldsymbol{Q}(\sin\theta)$ が $\boldsymbol{Q}$ の代数拡大は，すぐわかるが，拡大次数を見るために変形しよう．

$$i\zeta_p+(i\zeta_p)^{-1}=i\zeta_p-i\zeta_p{}^{-1}=-2\sin\theta$$

$i\zeta_p$ は1の原始 $4p$ 乗根であるから，$\boldsymbol{Q}(i\zeta_p)$ の拡大次数は $2(p-1)$ で，$i\zeta_p+(i\zeta_p)^{-1}$ を $\boldsymbol{Q}$ につけ加えた拡大次数は，その半分．答は $p-1$ である．

(2) $\boldsymbol{Q}(\zeta_p)/\boldsymbol{Q}$ のガロア群は位数 $p-1$ の巡回群であるので，その生成元の一つを σ としよう．拡大次数から，$\boldsymbol{Q}(i\zeta_p)=\boldsymbol{Q}(i,\zeta_p)$ がわかる．

$\boldsymbol{Q}(i,\zeta_p)/\boldsymbol{Q}$ のガロア群は，$\boldsymbol{Q}(i)/\boldsymbol{Q}$ のガロア群 $\langle\tau\rangle$ $(\tau: i\to -i)$ を用いて $\langle\tau\rangle\times\langle\sigma\rangle$ である．$\tau\sigma^{\frac{p-1}{2}}(i\zeta_p)=-i\zeta_p{}^{-1}$ で，$\sin\theta$ を不変にするガロア群の元は，位数2の元 $\tau\sigma^{\frac{p-1}{2}}$ であるから，求めるガロア群は

$\langle\tau\rangle\times\langle\sigma\rangle/\langle\tau\sigma^{\frac{p-1}{2}}\rangle$ であるが，$\langle\sigma\rangle$ と $\langle\tau\sigma^{\frac{p-1}{2}}\rangle$ に共通元がないから，同型の意味で答えるならば，求めるガロア群は位数 $p-1$ の巡回群である．

第2問 (1) 前問の(1)での計算により

$$\zeta_{2n}-\zeta_{2n}{}^{-1}=2i\sin(\pi/n) \qquad ①$$

$$\zeta_{2n}{}^{a}-\zeta_{2n}{}^{-a}=2i\sin(a\pi/n) \quad ②$$

ゆえに $E=(\zeta_{2n})^{1-a}\sum_{i=0}{}^{a-1}\zeta_{2n}{}^{2i})$ ③

a が奇数ならば，上の式の右辺から，$E\in \boldsymbol{Q}(\zeta_{2n}{}^{2})=\boldsymbol{Q}(\zeta_n)$

a が偶数ならば，n は奇数で，$-\zeta_n$ は1の原始 $2n$ 乗根で，$\boldsymbol{Q}(\zeta_n)=\boldsymbol{Q}(\zeta_{2n})$ であり，いずれにしても，$E\in \boldsymbol{Q}(\zeta_n)$

(2) n が偶数ならば，a,t は奇数である．

$\zeta_{2n}{}^{2}=\zeta_n$ であるから，ζ_{2n} への $\sigma(t)$ の作用は $\zeta_{2n}\to\zeta_{2n}{}^{t}$ で，③の分母・分子①・②に $\sigma(t)$ を作用させれば，

$$\zeta_{2n}{}^{t}-\zeta_{2n}{}^{-t}=2i\sin(t\pi/n) \quad ④$$

$$\zeta_{2n}{}^{ta}-\zeta_{2n}{}^{-ta}=2i\sin(ta\pi/n) \quad ⑤$$

ゆえに，この場合 $E^{\sigma(t)}=\dfrac{\sin(at\pi/n)}{\sin(t\pi/n)}$

n が奇数の場合でも，t が奇数ならば，同じ結果が得られる．

n が奇数で t が偶数の場合には，$\sigma(t)$ の ζ_{2n} への作用は $\zeta_{2n}\to-\zeta_{2n}{}^{t}$ である可能性がある．すると，④に対応する式は，左辺が $\times(-1)$ に変わり，⑤に対応する式では不変である．したがって，この場合，結果が -1 倍になる可能性がある．

次の問題は，見方のよっては易しいが，場合を見落とす可能性が高い問題である．

問題 9.5 有理数体に関してガロア群が位数4の巡回群となる円周 m 等分体とその2次部分体を決定せよ． (九大)

解説 1の原始 m 乗根 ζ_m を有理数体 $\boldsymbol{Q}$ につけ加えた体 $\boldsymbol{Q}(\zeta_m)$ のガロア群は環 $\boldsymbol{Z}/m\boldsymbol{Z}$ の乗法群と同型であることは証明なしで使ってよいだろう．$m=ab$ と，a,b に共通因数のないように分解したとき，環の乗法群は $\boldsymbol{Z}/a\boldsymbol{Z}$ の乗法群と $\boldsymbol{Z}/b\boldsymbol{Z}$ の乗法群との直積になるので，m としては素数のべきの場合と，$2\times$奇数の場合とがありうる．

素数のべきでは 2^r の形なら，$r\geqq 3$ ならばガロア群は巡回群にならず不適で，他は $m=5$ である．したがって，残る場合は $m=2\times5=10$ である．

$m=5$ の場合，$\boldsymbol{Z}/5\boldsymbol{Z}$ は体であるから，適する．元 a の作用は $\zeta_5\to\zeta_5{}^{a}$ であるから，$\zeta_5+\zeta_5{}^{-1}$ が $\{1,-1\}$ で不変であり，$\boldsymbol{Q}(\zeta_5+\zeta_5{}^{-1})$ が2次拡大である．

$m=10$ の場合 $\boldsymbol{Z}/2\boldsymbol{Z}$ の乗法群は $\{1\}$ ゆえ，$\boldsymbol{Z}/10\boldsymbol{Z}$ の乗法群は $\boldsymbol{Z}/5\boldsymbol{Z}$ の乗法群と同型で，位数4の巡回群である．ガロア群の元の代表元は $\{1,3,7,9\equiv-1\}$ で，$3^2\equiv7^2\equiv-1 \pmod{10}$ ゆえ，3または7の類で生成される巡回群である．

$\zeta_{10}+\zeta_{10}{}^{-1}$は$\{-1\}$不変なので，$\boldsymbol{Q}(\zeta_{10}+\zeta_{10}{}^{-1})$が2次拡大である．

次は円分体と実数体との共通部分を問う問題である．

問題 9.6　複素数ζは1の原始85乗根とする．$K=\boldsymbol{Q}(\zeta)\cap\boldsymbol{R}$とするとき，$K$の$\boldsymbol{Q}$上のガロア群$\mathrm{Gal}(K/\boldsymbol{Q})$を求めよ．　(京大)

解説　$\zeta+\zeta^{-1}$は実数だから，$\zeta+\zeta^{-1}\in K$．$\boldsymbol{Q}(\zeta+\zeta^{-1})$上$\zeta$は2次であるから，$K=\boldsymbol{Q}(\zeta+\zeta^{-1})$である．$\boldsymbol{Q}(\zeta)$の$\boldsymbol{Q}$上のガロア群は$\boldsymbol{Z}/85\boldsymbol{Z}$の正則元のなす乗法群と同型で，$85=5\times17$ゆえ，$\boldsymbol{Z}/5\boldsymbol{Z}, \boldsymbol{Z}/17\boldsymbol{Z}$の乗法群，それぞれ，位数4，16の巡回群$C_4, C_{16}$，の直積である．$\zeta$を$\zeta^{-1}$に写すのは，$-1$の類の組であるから，ガロア群は$C_4\times C_{16}/\{(1,1),(-1,-1,16)\}$で，この中に$\{1\}\times C_{16}$は同型に写されるから，群の構造は，位数2の群$C_2$を用いて，$C_2\times C_{16}$と同型である．

円分体は標数0の話である．円分多項式なら標数$\neq 0$でも考え得るが様子は違うので，その注意として次の問題をつけ加えよう．

問題 9.7　元数qの有限体Kを考える．qと素な自然nについて，1の原始n乗根全体を根とする円周等分多項式を$\Phi_n(X)$で表す．

(1)　$\Phi_n(X)$がK上既約であるための必要十分条件は$q^m\equiv1 \pmod n$となる自然数mの最小m_0が$\varphi(n)$と一致することである．

(2)　qが奇数で，$n=2^s$ (sは3以上の自然数)であれば，$\Phi_n(X)$はK上可約である．

(都立大)

解説　(1)：$(\boldsymbol{Z}/n\boldsymbol{Z})^\times$が位数$\varphi(n)$の群であるから，$m_0$が$\varphi(n)$の約数であることは明白である．$m_0=\varphi(n)$ということは$(\boldsymbol{Z}/n\boldsymbol{Z})^\times$が巡回群で，$(q \bmod n)$がその生成元であることを意味する．

他方，Kの有限次拡大体Lを考えたとき，Lは必ずKの Galois 拡大であり，Galois 群$\mathrm{Gal}(L/K)$は

$$\sigma:\quad x\mapsto x^q$$

で生成される．(証明：σがLのK同型であることは明白．σの位数が$s\Leftrightarrow s$は$x^{q^s}=x$ $(\forall x\in L)$となる最小の自然数$\Leftrightarrow$ $q^s=(L\text{の元数})$ $\Leftrightarrow$ $s=[L:K]$ $\Leftrightarrow$ $\{\sigma,\sigma^2,\cdots,\sigma^s=1\}=\mathrm{Gal}(L/K)$.)

この二つの事実から (1) が得られる．

(2)：p が素数，s が自然数のとき，$(\boldsymbol{Z}/p^s\boldsymbol{Z})^\times$ の構造はよく知られている．すなわち，(i) p が奇数，または $s \leq 2$ ならば巡回群 (ii) $p=2, s \geq 3$ ならば(位数 2 の巡回群)×(位数 2^{s-2} の巡回群)．(2) は，この (ii) を利用すると，$(\boldsymbol{Z}/n\boldsymbol{Z})^\times$ が巡回群ではないのだから，(1)により $\Phi_n(X)$ が可約ということがわかる．答案には，上の結果の引用よりは，直接証明 ($q=4t\pm1$ と表してみると，$m=2^{s-2}$ について q^m を計算すれば，$q^m \equiv 1 \pmod{2^s}$ はすぐわかる) をつけた方がよいだろう．

〔練習問題〕

練習 9.1 複素数 ω が 1 の原始 8 乗根の一つであるとき，体 $\boldsymbol{Q}(\omega)$ の部分体をすべて決定せよ．また，それらのうち $\boldsymbol{R}$ に含まれるものはどれだけか．　(名大)

練習 9.2 次の命題は正しいか．

(1) $\boldsymbol{Q}$ に 1 の原始 n 乗根 ζ $(n \geq 2)$ を添加した体 $\boldsymbol{Q}(\zeta)$ は $\boldsymbol{Q}$ 上巡回拡大体である．

(2) $f(x)$ が $\boldsymbol{Z}[x]$ で既約な多項式であれば，適当な素数 p をとれば，$f(x) \bmod p$ は $\boldsymbol{Z}/p\boldsymbol{Z}$ 上の多項式として既約である．　(京大)

練習 9.3 有理数体 $\boldsymbol{Q}$ のガロア拡大で，そのガロア群が次のような群になる例を一つずつあげ，簡単に理由を述べよ．

(1) 6 次巡回群，　(2) 8 次巡回群．　(京大)

練習 9.4 1 の原始 12 乗根 α を根にもつ，有理数体 $\boldsymbol{Q}$ 上の既約多項式 $f(x)$，および $f(x)$ の Galois 群，さらに $\boldsymbol{Q}(\alpha)$ と実数体との共通部分を求めよ．　(立教大)

練習 9.5 $\rho=e^{\frac{2\pi\sqrt{-1}}{7}}$ とおく．このとき，$\rho+\rho^2+\rho^4=\dfrac{-1+\sqrt{-7}}{2}$ $(\sqrt{-7}=\sqrt{7}\,e^{\frac{\pi\sqrt{-1}}{2}})$ であることを示せ．

つぎに，$k=\boldsymbol{Q}(\rho)$ と $\boldsymbol{Q}$ との真の中間体は $\boldsymbol{Q}(\sqrt{-7})$ と $\boldsymbol{Q}(\cos(2\pi/7))$ に限られることを示せ．　(北大)

練習 9.6 p は奇素数，K は有理数体 $\boldsymbol{Q}$ 上の $p(p-1)$ 次の Galois 拡大で，K は 1 の原始 p 乗根 $\zeta=e^{\frac{2\pi i}{p}}$ を含むものとする．このとき，次の(i)，(ii)は互いに同値であることを証明せよ．

(i) $\exists\alpha \in K$, $\alpha^p \in \boldsymbol{Q}$ かつ $K=\boldsymbol{Q}(\zeta, \alpha)$

(ii) $\exists\sigma, \tau \in \mathrm{Gal}\,(K/\boldsymbol{Q})$, ($\sigma$ の位数)$=p$, $\tau^{-1}\sigma\tau=\sigma^d$, $\zeta^\tau=\zeta^d$ (ただし，d は $1<d<p$ なる

適当な有理整数), $\mathrm{Gal}\,(K/\boldsymbol{Q})=<\sigma,\tau>$. (京大)

練習 9.7 有理数体 $\boldsymbol{Q}$ に1の原始9乗根 ζ および2の3乗根 $\sqrt[3]{2}$ をつけて得られる体を K とする.

(1) K の部分体 k で, $[k:\boldsymbol{Q}]=6$ であるものの個数を求めよ.

(2) (1)をみたす k のうちで, $\boldsymbol{Q}$ 上正規であるものの個数を求めよ.

(3) K の実部分体(実数体に含まれるもの)をすべて求め, それらの間の包含関係を図示せよ. (東大)

練習 9.8 (1) m は1より大きい自然数で, 体 K は, 標数は m の約数でなく, 1の原始 m 乗根を含むものとする. α,β が K の元で, $K(\sqrt[m]{\alpha})=K(\sqrt[m]{\beta})$ であり, この体が K の m 次巡回拡大であれば, m と素な自然数 i と, 体 K の元 γ とを適当にとれば, $\beta=\alpha^i\gamma^m$ となることを示せ.

(2) 有理数体 $\boldsymbol{Q}$ に1の原始3乗根 ω をつけた体 $\boldsymbol{Q}(\omega)$ の元 α に対し, $L=\boldsymbol{Q}(\omega,\sqrt[3]{\alpha})$ が $\boldsymbol{Q}$ 上アーベル拡大であるならば, $\boldsymbol{Q}(\omega)$ の適当な元 β をとれば, $\alpha'=\alpha^2\beta^3$ となることを示せ. ただし, α' は α の共役 $(\neq\alpha)$ である. (東北大)

[ヒント, 略解等]

9.1 $\boldsymbol{Q}(\omega)$ のガロア群 G は $\boldsymbol{Z}/8\boldsymbol{Z}$ の乗法群と同型であるから, $G=\langle\sigma,\tau\rangle$, $\sigma\omega=\omega^5$, $\tau\omega=\omega^{-1}$, $\sigma^2=\tau^2=1$, $\sigma\tau=\tau\sigma$. G の部分群は $\{1\}$, $\langle\sigma\rangle$, $\langle\tau\rangle$, $\langle\sigma\tau\rangle$, G の五つであり, 対応する部分体はそれぞれ $\boldsymbol{Q}(\omega)$, $\boldsymbol{Q}(\omega^2)=\boldsymbol{Q}(\sqrt{-1})$, $\boldsymbol{Q}(\omega+\omega^{-1})=\boldsymbol{Q}(\sqrt{2})$, $\boldsymbol{Q}(\omega+\omega^3)=\boldsymbol{Q}(\sqrt{-2})$, $\boldsymbol{Q}$. 実数体 $\boldsymbol{R}$ に含まれるものは $\boldsymbol{Q}$, $\boldsymbol{Q}(\sqrt{2})$ の二つだけ.

9.2 [ヒント] (1), (2)ともに誤り.

[略解] (1)の反例は前問でもよいが, $\boldsymbol{Q}(\zeta)$ が巡回拡大になるのは $n=2,4$, 奇素数のべき, $2\times$ (奇素数のべき)のときである.

(2) 前問の ω の最小多項式は X^4+1 であるが, これは mod 2 では $(X+1)^4$ に分解する. p が奇素数ならば, $p^2-1\equiv 0\pmod 8$ ゆえ, $\boldsymbol{Z}/p\boldsymbol{Z}$ の2次拡大で X^4+1 は根をもつ. したがって, mod p では1次か2次の因子をもつ.

9.3 (1) 1の原始9乗根をつけた体が一例.

(2) 1の原始32乗根 ζ をとると, $\boldsymbol{Q}(\zeta+\zeta^{-1})$ が例になる. [$\boldsymbol{Q}(\zeta)$ の Galois 群 $G=\langle\sigma,\tau\rangle$, $\sigma\zeta=\zeta^5$, $\tau\zeta=\zeta^{-1}$, (σ の位数)$=8$. $\boldsymbol{Q}(\zeta+\zeta^{-1})$ は τ 不変元全体.]

9.4 $f(X)=(X^6+1)/(X^2+1)=X^4-X^2+1$. ガロア群 $G\cong(\boldsymbol{Z}/12\boldsymbol{Z}$ の乗法群)ゆえ，$G=\langle\sigma,\tau\rangle$, $\sigma\alpha=\alpha^5$, $\tau\alpha=\alpha^{-1}$, $\sigma^2=\tau^2=1$, $\sigma\tau=\tau\sigma$. $\boldsymbol{Q}$ 上 2 次の部分体は，(i) σ の不変体 $\cdots\boldsymbol{Q}(\alpha^3)=\boldsymbol{Q}(\sqrt{-1})$, (ii) τ の不変体$\cdots\boldsymbol{Q}(\alpha+\alpha^{-1})=\boldsymbol{Q}(\sqrt{3})$. [この計算には，1の虚立方根を ω とすると，$-\omega$ が1の原始6乗根であるから，$\alpha^2=-\omega$ と仮定してよく，すると $(\alpha+\alpha^{-1})^2=-\omega-\omega^2+2=3$ を利用]. (iii) $\sigma\tau$ の不変体$\cdots$ $\boldsymbol{Q}(\alpha^2)=\boldsymbol{Q}(\omega)$. ゆえに，実数体との共通部分は $\boldsymbol{Q}(\sqrt{3})$.

9.5 [ヒント] $\boldsymbol{Q}(\rho)$ のガロア群は $\sigma\rho=\rho^3$ であるような元 σ で生成される. $\alpha=\rho+\rho^2+\rho^4$ とおくと，$\sigma\alpha=\rho^3+\rho^{-1}+\rho^{-2}$, $\sigma^2\alpha=\alpha$.

[略解] $\alpha+\sigma\alpha=-1$, $\alpha\cdot(\sigma\alpha)=2$ は $1+\rho+\rho^2+\cdots+\rho^6=0$ から出る. ゆえに，$\alpha,\sigma\alpha$ は X^2+X+2 の2根 $(-1\pm\sqrt{-7})/2$ である. $\rho+\rho^2+\rho^4$ が+の方であることは，ガウス平面で作図してみれば明白. $\langle\sigma\rangle$ は位数6の巡回群ゆえ，真部分群は $\langle\sigma^2\rangle$ と $\langle\sigma^3\rangle$ とである. σ^2 の不変体は $\boldsymbol{Q}(\alpha)=\boldsymbol{Q}(\sqrt{-7})$, σ^3 の不変体は $\boldsymbol{Q}(\rho+\rho^{-1})=\boldsymbol{Q}(\cos(2\pi/7))$.

9.6 (i)⇒(ii): $\mathrm{Gal}(K/\boldsymbol{Q}(\zeta))=\langle\sigma\rangle$, $\alpha^\sigma=\zeta\alpha$ σ の位数 p. $\mathrm{Gal}(K/\boldsymbol{Q}(\alpha))=\langle\tau\rangle$, $\zeta^\tau=\zeta^d$. すると $\mathrm{Gal}(K/\boldsymbol{Q})=\langle\sigma,\tau\rangle$ で $\langle\sigma\rangle$ は正規部分群，$\therefore$ $\tau^{-1}\sigma\tau=\sigma^m$. 両辺を α に作用させて $\zeta^d\alpha=\zeta^m\alpha$ を得る. (ii)⇒(i): K は $\boldsymbol{Q}(\zeta)$ の p 次巡回拡大. $\exists\beta\in K$, $\beta^p\in\boldsymbol{Q}(\zeta)$, $\beta^\sigma=\beta\zeta$. $\sigma\tau=\tau\sigma^d$ ゆえ，$\sigma^d:\beta^\tau\to\beta^\tau\zeta^d$. $\therefore$ $\beta/\beta^\tau\in\boldsymbol{Q}(\zeta)$. Hilbert の定理 90 により，$\exists\gamma\in\boldsymbol{Q}(\zeta)$, $\beta/\beta^\tau=\gamma/\gamma^\tau$. $\alpha=\beta/\gamma$ とおけばよい.

9.7 $\mathrm{Gal}(\boldsymbol{Q}(\zeta)/\boldsymbol{Q})=\langle\sigma\rangle$, $\sigma\zeta=\zeta^2$, $\sigma^6=1$. $\mathrm{Gal}(K/\boldsymbol{Q})=\langle\sigma,\tau\rangle$, $\sigma(\sqrt[3]{2})=\sqrt[3]{2}$, $\tau\zeta=\zeta$, $\tau(\sqrt[3]{2})=\sqrt[3]{2}\,\omega\ (\omega=\zeta^3)$, $\tau^3=1$, $\sigma^{-1}\tau\sigma=\tau^{-1}$ (したがって $\sigma^2\tau=\tau\sigma^2$). $[K:\boldsymbol{Q}]=18$.

(1)の k に対応する部分群の条件は，位数3. そこで $G=\mathrm{Gal}(K/\boldsymbol{Q})$ の 3 Sylow 群 S_3 を調べる必要がある. $[G:S_3]=2$ ゆえ，S_3 は正規部分解. $\therefore$ $S_3=\langle\sigma^2,\tau\rangle$. これは (3, 3) 型アーベル群. ゆえに，位数3の部分解は $\langle\sigma^2\rangle,\langle\tau\rangle,\langle\sigma^2\tau\rangle,\langle\sigma^2\tau^2\rangle$ の四つであり，(1)の答は 4. $\langle\sigma^2\rangle,\langle\tau\rangle$ は正規部分群であり，$\langle\sigma^2\tau\rangle$ と $\langle\sigma^2\tau^2\rangle$ とは互いに共役な部分群であるから，(2)の答は2である.

(3): σ^3 は ζ を ζ^{-1} にうつし，$\sqrt[3]{2}$ を $\sqrt[3]{2}$ にうつす. ζ と ζ^{-1} とは複素共役であり，$\sqrt[3]{2}$ は実数であるから，σ^3 は K の各元をその複素共役にうつす. ゆえに，K と実数体 $\boldsymbol{R}$ との共通部分は σ^3 不変元全体である. したがって，K の実数部分体は，σ^3を含む部分群に対応する体である. σ^3 を含む部分群を列記すると: 位数2$\cdots\langle\sigma^3\rangle$; 位数6$\cdots\langle\sigma\rangle,\langle\sigma^3,\tau\rangle$; 位数18$\cdots G$. 対応する部分体は $\boldsymbol{Q}(\sqrt[3]{2},\zeta+\zeta^{-1})$, $\boldsymbol{Q}(\sqrt[3]{2})$, $\boldsymbol{Q}(\zeta+\zeta^{-1})$, $\boldsymbol{Q}$. 包含関係は明らか

であろう．

9.8 ［ヒント］ (1)： $\theta=\sqrt[m]{\alpha}$ とおく．$\mathrm{Gal}(K(\theta)/K)=\langle\sigma\rangle$, $\sigma\theta=\zeta\theta$ (ζ は1の原始 m 乗根) であることを，$\sigma(\sqrt[m]{\beta})$ に利用．

(2)： (1)がヒント．

［略解］ (1)： 上のように θ,σ,ζ をとる．$\sqrt[m]{\beta}=c_0+c_1\theta+\cdots+c_{m-1}\theta^{m-1}$ $(c_i\in K)$ ゆえ，$\sigma(\sqrt[m]{\beta})=c_0+c_1\theta\zeta+\cdots+c_{m-1}\theta^{m-1}\zeta^{m-1}$, $\sqrt[m]{\beta}$ の共役 は $\sqrt[m]{\beta}\,\zeta^i$ の形ゆえ，上の等式は $\sqrt[m]{\beta}=c_i\theta^i$ であることを示す．$\gamma=c_i$ とおいて，$\beta=\alpha^i\gamma^m$ がえられる．

(2)： $K=\boldsymbol{Q}(\omega)$ とおく．$K(\sqrt[3]{\alpha})=K(\sqrt[3]{\alpha'})$ であるから，これに(1)を適用して $\alpha'=\alpha^i\beta^3$ $(\exists\beta\in K)$．

［蛇足1］ この問題の言い方は K の元 α に対して $\sqrt[3]{\alpha}$ を考えるのであるから，$X^3-\alpha$ は K 上既約というのが通常の了解である．この了解を認めない立場での話は後で述べる．

もとへ帰ろう．$i=2$ ならよい．$i=1$ とすると $\alpha'=\alpha\beta^3$. $\sqrt[3]{\alpha}=\theta$ とおくと，$\sqrt[3]{\alpha'}=\theta\beta$ としてよいから，θ を $\theta\beta$ にうつす $\mathrm{Gal}(L/\boldsymbol{Q})$ の元 τ をとると，$\tau\beta=\beta$ ならば，$\tau^i\theta=\theta\beta^i$．$\tau$ の位数は2，3，6のいずれか．2なら，$\beta^2=1, \beta=-1, \alpha'=-\alpha$, $\therefore\ \alpha=\pm\sqrt{-3}$ このとき L は $\boldsymbol{Q}$ のアーベル拡大ではない． 3または6のときは $\sqrt[3]{\alpha'}\in L$ ゆえ，$\sqrt[3]{\omega}\in L$．ゆえに $L=\boldsymbol{Q}(\sqrt[3]{\omega})$ で，$\alpha=\omega^j\gamma^3$ $(\gamma\in K)$．$\alpha'=\omega^{2j}\gamma'^3$ (γ' は γ の共役)ゆえ，$\alpha'=\alpha^2(\gamma'/\gamma)^3$ となって，この場合もよい．

$$\sigma(\sqrt[3]{\alpha'})=\sqrt[3]{\alpha'}\,\omega \text{ ゆえ，} \sigma(\beta^3)=\beta^3.$$

$\therefore\ \beta^3\in\boldsymbol{Q}$. $\therefore\ \beta^3=\pm1$. ゆえに残りの場合も同様

［蛇足2］ $X^3-\alpha$ が K 上可約としてみよう． すると $X^3-\alpha$ は一次因子をもつから，$\alpha=\gamma^3$ $(\exists\gamma\in K)$．$\therefore\ \alpha'=\gamma'^3=\alpha^2(\gamma'/\gamma^2)^3$．したがって，この場合もよい．

［注意］ 蛇足1で述べた理由により， 蛇足2の内容は答案に書なくてもよいが，書かない理由として，蛇足1の内容を述べておいた方が無難であろう． 気になるなら，蛇足2の内容も答案に盛り込んでよい．

第10章

多項式のガロア群

この章ではガロア理論に関する問題のうち，多項式に縁の深いものを考えよう．

非常に多い出題タイプから始めよう．第1問は難問であるが，第3問を知るとヒントになる．

問題 10.1　$x^4+2x^2-2=0$ の最小分解体 K の有理数体 $\boldsymbol{Q}$ 上の Galois 群を求めよ．また，そのすべての部分群とそれに対応する K の部分体を求めよ．（北大）

問題 10.2　$f(x)=x^4+1$ とし，体 K について L を $f(x)$ の K 上の最小分解体とする．次の2つの場合に L/K のガロア群の構造を決定せよ．

(1)　$K=F_p$ (有限体，p：素数)

(2)　$K=\boldsymbol{Q}$ (有理数体)（東大）

問題 10.3　$f(x)=x^4+ax^2+b$ は $\boldsymbol{Q}$ 上の既約多項式で，また，$\boldsymbol{Q}$ 上での $f(x)$ のガロア群を G とする．このとき次を証明せよ．

(1)　もし b が $\boldsymbol{Q}$ において平方数ならば，$G\cong \boldsymbol{Z}/2\boldsymbol{Z}\times\boldsymbol{Z}/2\boldsymbol{Z}$ である．

(2)　$\boldsymbol{Q}$ において b は平方数ではないが $b(a^2-4b)$ が平方数である場合には $G\cong\boldsymbol{Z}/4\boldsymbol{Z}$ である．

(3)　もし，$b, b(a^2-4b)$ のいずれも $\boldsymbol{Q}$ において平方数でなければ，G は位数8の群である．（京大）

解説　第1問　方程式から　$x^2=-1\pm\sqrt{3}$

ゆえに，$\alpha=\sqrt{-1+\sqrt{3}}$，$\beta=\sqrt{-1-\sqrt{3}}$ とおけば，4根は $\pm\alpha, \pm\beta$ であり，

$$\alpha\beta=\sqrt{2}\,i\ \ (i\text{ は虚数単位})$$

$L=\boldsymbol{Q}(\sqrt{2}\,i,\sqrt{3})$ は K の部分体であり，$[K:L]=2$，$[L:\boldsymbol{Q}]=4$

L のガロア群は，次の σ,τ で生成される位数4のアーベル群：

$$\sigma(\sqrt{3},\sqrt{2}\,i)=(\sqrt{3},-\sqrt{2}\,i)$$

$$\tau(\sqrt{3},\sqrt{2}\,i)=(-\sqrt{3},\sqrt{2}\,i)$$

σ,τ を K に拡張するとき，$\sigma(\alpha,\beta)=(\alpha,-\beta),\tau(\alpha,\beta)=(\beta,\alpha)$ とすることができる．σ^2,τ^2 は単位元であるが，$\langle\sigma,\tau\rangle$ はアーベル群ではない．

すなわち，$\sigma\tau(\alpha,\beta)=\sigma(\beta,\alpha)=(-\beta,\alpha)$

$\tau\sigma(\alpha,\beta)=\tau(\alpha,-\beta)=(\beta,-\alpha)$

$\sigma\tau\sigma\tau$ では $(\alpha,\beta)\to(-\beta,\alpha)\to(-\alpha,-\beta)$

$\tau\sigma\tau\sigma$ では $(\alpha,\beta)\to(\beta,-\alpha)\to(-\alpha,-\beta)$ で $\sigma\tau\sigma\tau=\tau\sigma\tau\sigma$

σ,τ の位数が2であるから，$(\sigma\tau)^{-1}=\tau\sigma$ となり $\langle\tau\sigma\rangle=\langle\sigma\tau\rangle$

σ による内部自己同型では，$\sigma\tau$ と $\tau\sigma$ とが入れ替わるので，求めるガロア群 G は，位数4の元 $\sigma\tau$ と位数2の元 σ とで生成され，基本関係は

$$(\sigma\tau)^4=1,\ \ \sigma^2=1,\ \ \sigma(\sigma\tau)\sigma=(\sigma\tau)^{-1}$$

G の元は $(\sigma\tau)^i,\sigma(\sigma\tau)^i\ (i=1,\cdots,4)$ の形に表される．

$\sigma(\sigma\tau)^i\sigma(\sigma\tau)^i=(\sigma\tau)^{-i}(\sigma\tau)^i=1$

ゆえに，$\langle\sigma\tau\rangle$ に属さない元はすべて位数2であるから，位数2の元は次の5個

$\sigma,\sigma\sigma\tau=\tau,\tau\sigma\tau,(\tau\sigma)^2\tau=\sigma\tau\sigma,(\sigma\tau)^2$

位数4の元は $\sigma\tau,\tau\sigma$ の2個

部分群を考えよう．位数2の元により，5個の位数2の部分群を得る．

位数4の部分群は，$\langle\sigma\tau\rangle,\langle(\sigma\tau)^2,\sigma\rangle,\langle(\sigma\tau)^2,\tau\rangle$ の3個

($G/\langle(\sigma\tau)^2\rangle$ が位数4の非巡回群ゆえ，その位数2の部分群は3個)

部分群に対応する部分体を調べよう．$\{1\}$ と G に対応するものは明白だから省く．

位数2　$\langle\sigma\rangle\leftrightarrow\boldsymbol{Q}(\alpha)$；$\langle\tau\rangle\leftrightarrow\boldsymbol{Q}(\alpha+\beta)$（これは $\boldsymbol{Q}(\sqrt{2}\,i)$ の2次拡大）$\langle\tau\sigma\tau\rangle\leftrightarrow Q(\beta)$；$\langle\sigma\tau\sigma\rangle\leftrightarrow Q(\alpha-\beta,\alpha\beta)$（これも $\boldsymbol{Q}(\sqrt{2}\,i)$ の2次拡大）；$\langle(\sigma\tau)^2\rangle\leftrightarrow Q(\alpha^2-\beta^2,\alpha\beta)=Q(\sqrt{3},\sqrt{2}\,i)$

位数4　$\langle\sigma\tau\rangle\leftrightarrow\boldsymbol{Q}((\alpha^2-\beta^2)/\alpha\beta)=\boldsymbol{Q}(\sqrt{6}\,i)$；$\langle(\sigma\tau)^2,\sigma\rangle\leftrightarrow\boldsymbol{Q}(\sqrt{3})$；$\langle(\sigma\tau)^2,\tau\rangle\leftrightarrow\boldsymbol{Q}(\sqrt{2}\,i)$

第2問 (1)（i）$p-1$ が8の倍数の場合，F_p の乗法群の位数が8の倍数だから，$L=K$ であり，ガロア群は $\{1\}$．

（ii）p が奇素数で，$p-1$ が8の倍数でなく4の倍数の場合，1の原始4乗根 $\alpha\in K$ を

とると，$g(x)=x^2-\alpha$ の根は1の原始8乗根であり，x^4+1 の根は $K(\alpha)$ に属するから，$L=K(\alpha)$．ゆえに，ガロア群は位数2の巡回群である．

(iii)　p が奇素数で，$p-1$ が4の倍数でない場合は，x^4+1 の根の一つ α をとり，$K(\alpha)$ を考える．$K(\alpha)$ の元数は p^4 であり，乗法群の位数 p^4-1 は8の倍数（理由は，α が1の原始8乗根であること，あるいは，p^4-1 の因数分解による）であるから，1の原始8乗根は，すべて $K(\alpha)$ に属する．ゆえに，$L=K(\alpha)$ である．

ガロア群 G を考えよう．位数4だから，巡回群か(2,2)型のアーベル群である．後者ならば，K の2次拡大が2個あることになり，有限体は元数で決まることに反する．ゆえに，G は位数4の巡回群である．

(iv)　$p=2$ の場合は，$x^4+1=(x+1)^4$ であるから，$L=K$ で，ガロア群は $\{1\}$ である．

(2)　複素数体に属する，1の原始8乗根 ζ をとれば，$L=K(\zeta)$ であって，ガロア群は $\boldsymbol{Z}/8\boldsymbol{Z}$ の乗法群と同型であることは，よく知られている．

$\boldsymbol{Z}/8\boldsymbol{Z}$ の可逆元は，1,3,5,7 を含む類で，(2,2)型のアーベル群である．

第3問　$f(x)$ の根は，$\pm\alpha, \pm\beta$，ただし，$2\alpha^2=-a+\sqrt{a^2-4b}$，$2\beta^2=-a-\sqrt{a^2-4b}$ であるから，$4\alpha^2\beta^2=4b$ すなわち，$b=\alpha^2\beta^2$．

最小分解体 $K=\boldsymbol{Q}(\alpha,\beta)$ は $\sqrt{b}, \sqrt{a^2-4b}$ を元としていることに注意．

(1)　$\sqrt{b}=c$ とすると，4根は $\pm\alpha, \pm c/\alpha$ である．ガロア群の元は α をどの根に写すかによって決まる．どれについても，2乗すれば恒等写像であることはすぐわかる．ゆえに，群は $\boldsymbol{Z}/2\boldsymbol{Z}\times\boldsymbol{Z}/2\boldsymbol{Z}$ と同型である．

(2)　b が平方数でないから，$\sqrt{b}$ を $-\sqrt{b}$ に写すガロア群の元がある．その一つを ρ とする．$b(a^2-4b)=d^2$ $(d\in\boldsymbol{Q})$ であるから，$\rho(\alpha)$ は β または $-\beta$ であるが，β であるとしてよい．α を ρ で順次写すと $\alpha\to\beta=b/\alpha\to-b/(b/\alpha)=-\alpha$ となるから，ρ の位数は4で，ガロア群は $\boldsymbol{Z}/4\boldsymbol{Z}$ と同型である．

(3)　最小分解体 K は $\sqrt{b}, \sqrt{a^2-4b}$ を含むが，仮定により，この2元を $\boldsymbol{Q}$ につけ加えた体 T は $\boldsymbol{Q}$ の4次のガロア拡大であり，ガロア群は，次の2元 σ, τ で生成される：

$$\sigma(\sqrt{b}, \sqrt{a^2-4b})=(\sqrt{b}, -\sqrt{a^2-4b})$$
$$\tau(\sqrt{b}, \sqrt{a^2-4b})=(-\sqrt{b}, \sqrt{a^2-4b})$$

σ, τ を K の自己同型に拡張する．

$\sigma(\alpha,\beta)=(\beta,\alpha)$, $\tau(\alpha,\beta)=(\alpha,-\beta)$ としてよい．

$\sigma\tau(\alpha,\beta)=\sigma(\alpha,-\beta)=(\beta,-\alpha)$

$\tau\sigma(\alpha,\beta)=\tau(\beta,\alpha)=(-\beta,\alpha)$

ゆえに，$\sigma\tau\neq\tau\sigma$ であって，ガロア群は非可換．ゆえに，K は $\boldsymbol{Q}$ の4次拡大ではありえない．$T(\sqrt{\alpha})=K$ であるから，$[K:\boldsymbol{Q}]=8$ で，ガロア群の位数は 8．

上の 3 題は 4 次式関連であったので，3 次式・5 次式関連の問題を考えよう．

問題 10.4　複素数全体の集合を $\boldsymbol{C}$ とし，有理数全体の集合を $\boldsymbol{Q}$ とする．このとき，変数 X についての多項式

$$f(X)=X^3-nX^2+(n-3)X+1 \quad (n \text{ は整数})$$

に対して，次の問に答えよ．

(1)　$\alpha\in\boldsymbol{C}$ に対して，$f(\alpha)=0$ ならば $f\left(\dfrac{1}{1-\alpha}\right)=0$ となることを示せ．

(2)　$f(X)$ は $\boldsymbol{Q}$ 上既約になることを示せ．

(3)　$f(X)=0$ の根 α に対して，$\boldsymbol{Q}(\alpha)/\boldsymbol{Q}$ がガロア拡大になることを示し，そのガロア群を求めよ．　　　　（山形大）

問題 10.5　$f(x)=x^5-4x+2$ とするとき，次の問に答えよ．

(1)　$f(x)=0$ は丁度 3 つの実数解を持つことを証明せよ．

(2)　p は素数とする．a, b は p 次対称群 S_p の元で，a は長さ p の巡回置換，b は互換であるとき，S_p は a と b で生成されることを示せ．

(3)　$f(x)$ は $\boldsymbol{Q}[x]$ で既約であることを証明せよ．

(4)　$f(x)$ の $\boldsymbol{Q}$ 上の最小分解体を K とするとき，K の $\boldsymbol{Q}$ 上のガロア群 $\mathrm{Gal}(K/\boldsymbol{Q})$ は S_5 と同型であることを証明せよ．　　　　（都立大）

解説　第 1 問　(1)　$g(X)=X^3f(X^{-1})=1-nX+(n-3)X^2+X^3$ を考える．

$$\begin{aligned}g(1-\alpha)&=1-n(1-\alpha)+(n-3)(1-\alpha)^2+(1-\alpha)^3\\&=1-n+n-3+1+\alpha(n-2n+6-3)+\alpha^2(n-3+3)-\alpha^3\\&=-1-(n-3)\alpha+n\alpha^2-\alpha^3=0\end{aligned}$$

(2)　$f(X)$ が $\boldsymbol{Q}$ 上可約ならば，有理数根をもつ．係数から，有理数根は $1, -1$ のいずれかであるが，

$f(1)=1-n+n-3+1=-1$，$f(-1)=-1-n-n+3+1=3-2n$ で，いずれも 0 にならないから，$f(X)$ は有理数根をもたない．ゆえに $f(X)$ は $\boldsymbol{Q}$ 上既約である．

(3)　α が $f(X)$ の 1 根とする．(1)により，$(1-\alpha)^{-1}$ も $f(X)$ の根であるから，α を $(1-\alpha)^{-1}$ に写す $\boldsymbol{Q}(\alpha)$ の自己同型 σ がある．$\sigma(1-\alpha)^{-1}=1-\alpha^{-1}, \sigma(1-\alpha^{-1})=\alpha$ となるから，ガロア群は $\{1, \sigma, \sigma^2\}$ で，位数 3 の巡回群．

第 2 問　(1)　$\boldsymbol{f(x)}$ の導函数 $\boldsymbol{f'(x)}=5\boldsymbol{x}^4-4$ が値 0 をとるのは $\boldsymbol{x}^4=4/5$ のときで，2 個所

である．$f(0)=2>0$, $f(1)=-1<0$ であり，x が負の範囲で極大を１回，x が正の範囲で極小を１回とる．したがって，$f(x)=0$ となる実数は，負の範囲に１個，０と１の間に１個，１より大きい範囲に１個の３個である．

(2)　$a=(1,2,\cdots,p)$，$b=(1,j)$ であるとして一般性を失わない．

（ i ）　$p=2$ のときは，S_2 の位数２ゆえ，正しい．

（ii）　$p=3$ のとき，a, b の位数から，$\langle a, b\rangle$ の位数は６の倍数．S_3 の位数は６であるから，この場合も正しい．

（iii）　$p>3$ のとき：a^s によって，１は $1+s$ に写されるので，a^s と b とを考えて，$b=(1,2)$ であるとしてよい．

$a^{-1}ba=(2,3)$, $a^{-2}ba^2=(3,4)$, $\cdots$, $a^{-t}ba^t=(1+t, 2+t)$

$(2,3)(1,2)(2.3)=(1,3)$, $(3,4)(1,3)(3,4)=(1,4)$ などによって，$n=2,\cdots,p$ について，$(1,n)\in\langle a, b\rangle$

これら $(1,n)$ を用いて，$a^{-s}(1,n)\,a^s$ の形ですべての互換が得られるから，$\langle a, b\rangle=S_p$ である．

(3)　$f(x)$ が有理数根をもてば，それは $\pm1, \pm2$ のどれかであるか，それらは根ではないので，$f(x)$ は $\boldsymbol{Q}$ 上で１次因子を持つことはない．したがって，$f(x)$ が $\boldsymbol{Q}$ 上で分解するとしたら，２次因子と３次因子の積になるので

$$x^5-4x+2=(x^2+cx+d)(x^3+ex^2+hx+k)$$

と分解したと仮定しよう．ただし，係数 $c\sim k$ は有理数とする．x^5 の係数が１だから，$c\sim k$ は整数である．

x^4 の係数：　$c+e=0$，$e=-c$　①

x^3 の係数：　$h+ce+d=0$，　$h=c^2-d$　②

x^2 の係数：　$k+ch+de=0$，$k=-c^3+cd+cd=-c^3+2cd$　③

x の係数：　$ck+dh=4$，$4=-c^4+2c^2d+c^2d-d^2$

$c^4-3c^2d+d^2+4=0$　④

定数項：　$2=dk$　⑤

$2=dk$ から (d,k) は $(1,2)$, $(2,1)$, $(-1,-2)$, $(-2,-1)$ で，これらを③にあてはめ：

$(d,k)=(1,2)$ のとき：$2=-c^3+2c$　これをみたす整数 c はない．

$(d,k)=(2,1)$ のとき：$1=-c^3+4c$　これをみたす整数 c はない．

$(d,k)=(-1,-2)$ のとき：$-2=-c^3-2c$　この場合も同様．

$(d,k)=(-2,-1)$ のとき：$-1=-c^3-4c$　この場合も同様．

以上により，$f(x)$ は $\boldsymbol{Q}$ 上既約である．

(4) $f(x)$ の根のうち，虚数であるものは2個であるから，その2個は共役複素数である．それらを，α,β とする．他の3根を $\varkappa,\mu,\nu$ とする．

K の各元をその複素共役に写す写像は，α と β とを入れ替える互換（$\boldsymbol{Q}(\varkappa,\mu,\nu)$ 上の自己同型）でガロア群の元である．ガロア群の元で，5根の巡回置換になるものがあれば，(2) によって，ガロア群が S_5 全体であることがわかる．ガロア群の元で引き起こされる巡回置換のうち，一番長いものを一つとり，その長さを n とする．

準備として，次の事実に注目しよう：a,b がある群 H の元で，$ab=ba$ かつ a の位数と b の位数とが互いに素であれば，巡回群 $\langle ab\rangle$ は a,b を含む．

今考えている群の場合，元を共通文字を含まない巡回置換の積に表した場合，巡回置換の長さが2と3であれば，両巡回置換がガロア群に属するのである．

（i） $n=2$ のとき：α を $\varkappa$ に写すガロア群の元では，$n=2$ の仮定により，$(\alpha,\varkappa)$ である．$(\alpha,\beta)(\alpha,\varkappa)=(\alpha,\beta,\varkappa)$ ゆえ，最長 $n=2$ は誤り．

（ii） $n=3$ のとき：ガロア群の元が引き起こす，長さ3の巡回置換の一つをとる．それに，α,β の一方だけが現れるならば，それと (α,β) との積を考えて矛盾．そこで，あと吟味すべき場合は，長さ3の巡回置換には，必ず α,β が同時に現れるか，または，$(\varkappa,\mu,\nu)$ に限られる場合である．

第1の場合，$(\alpha,\beta,\varkappa)$ がガロア群に属するとしてよい．$\varkappa$ を μ に写す置換がガロア群に属しているが，仮定により，それは $(\varkappa,\mu)$ であるか $(\varkappa,\mu,\nu)$ である．

$(\varkappa,\mu)$ なら $(\alpha,\beta,\varkappa)(\varkappa,\mu)=(\alpha,\beta,\mu,\varkappa)$ となり矛盾

$(\varkappa,\mu,\nu)$ の場合も，$(\alpha,\beta,\varkappa)(\varkappa,\mu,\nu)$ を考えて同様である．

第2の場合，α を $\varkappa$ に写すガロア群の元がある．それは，この場合についての最初で述べたことにより，$(\alpha,\varkappa)$ または $(\alpha,\varkappa,\beta)$ である．後者ならば上で済んでいる．前者ならば，$(\alpha,\varkappa)(\varkappa,\mu,\nu)$ を考えれば済む．

(iii) $n=4$ の場合：ガロア群の元が引き起こす長さ4の巡回置換を考える．それに現れる根のうちに，α,β の一方だけが現れるのであれば，それと (α,β) の積を考えて矛盾．したがって，長さ4の巡回置換には，α,β が同時に現れる．$(\alpha,\beta,\varkappa,\mu)$ の場合と $(\alpha,\varkappa,\beta,\mu)$ の場合とを考えればよい．

μ を ν に写すガロア群の元がある．それは，(μ,ν)，$(\mu,\nu,*)$（$*$ は μ,ν 以外の根），$(\mu,\nu,*,*)$（$*$ は同様），$(\mu,\nu)(*,*)$（$*$ は同様）

(μ,ν) ならば，前と同様，最長4に反する．これ以外の場合を順次考える．

$(\alpha,\beta,\varkappa,\mu)$ がガロア群に属する場合：

$(\alpha,\beta,\varkappa,\mu)^2=(\alpha,\varkappa)(\beta,\mu)$ である．

μ を ν に写すガロア群の元が

(μ,ν,κ) の場合は $(\alpha,\beta,\kappa,\mu)^2(\mu,\nu,\kappa)=(\alpha,\mu,\beta,\nu,\kappa)$

(μ,ν,α) の場合は $(\alpha,\beta,\kappa,\mu)^2(\mu,\nu,\alpha)=(\alpha,\kappa,\mu,\beta,\nu)$

(μ,ν,β) の場合は $(\mu,\nu,\beta)(\alpha,\beta,\kappa,\mu)=(\alpha,\beta)(\mu,\nu,\kappa)$

で，(μ,ν,κ) の場合に帰する．

(μ,ν,α,β) の場合 $(\alpha,\beta,\kappa,\mu)^2(\mu,\nu,\alpha,\beta)^2=(\alpha,\kappa,\mu,\nu,\beta)$ が長さ5．

(μ,ν,β,α) の場合 $(\alpha,\beta,\kappa,\mu)^2(\mu,\nu,\alpha,\beta)^2=(\alpha,\kappa,\mu,\nu,\beta)$ が長さ5．

$(\mu,\nu,*,*)$ で $*$ の中に κ が現れる場合は済んでいる．

$(\mu,\nu)(*,*)$ の形の場合，$(*,*)=(\alpha,\beta)$ ならば (μ,ν) の場合に帰するので，$(*,*)$ は (κ,α) または (κ,β) である．

$(\mu,\nu)(\kappa,\alpha)$ の場合，$(\alpha,\beta,\kappa,\mu)^2(\mu,\nu)(\kappa,\alpha)=(\beta,\nu,\mu)$
で，上で済んだ場合に帰する．

$(\mu,\nu)(\kappa,\beta)$ の場合，$(\alpha,\beta,\kappa,\mu)^2(\mu,\nu)(\kappa,\beta)=(\alpha,\beta,\nu,\mu,\kappa)$ が長さ5．

$(\mu,\nu)(\kappa,\beta)$ の場合，$(\alpha,\kappa,\beta,\mu)(\mu,\nu,\kappa)=(\alpha,\mu)(\kappa,\beta,\nu)$

$(\alpha,\kappa,\beta,\mu)$ がガロア群に属する場合について，μ を ν に写すガロア群の元が何であるかにしたがって考えよう．

(μ,ν,α) の場合：$(\alpha,\kappa,\beta,\mu)(\mu,\nu,\alpha)^{-1}=(\alpha,\kappa,\beta)(\nu,\mu)$ で (μ,ν) がガロア群の属し，その場合は済んでいる．

(μ,ν,β) の場合：$(\alpha,\kappa,\beta,\mu)^2(\mu,\nu,\beta)=(\alpha,\mu,\kappa,\nu,\beta)$
で，これは長さ5．

(μ,ν,κ) の場合：$(\alpha,\kappa,\beta,\mu)(\mu,\nu,\kappa)^{-1}=(\alpha,\nu,\mu)(\kappa,\beta)$
で，(μ,ν,α) が属する場合に帰する．

$(\mu,\nu)(\kappa,\alpha)$ の場合：$(\alpha,\kappa,\beta,\mu)^2(\alpha,\beta)=(\kappa,\mu)$

$(\kappa,\mu)(\mu,\ ,)(\kappa,\alpha)=(\alpha,\kappa,\nu,\mu)$ で，吟味済みの場合に帰する．

$(\mu,\nu)(\kappa,\beta)$ の場合は同様．

以上のより，ガロア群には長さ5の元があり，互換 (α,β) もあるから，S_5 全体のなる．

〔練習問題〕

練習 10.1　L は体 K の有限次正規拡大体であるものとする．$K[X]$ の既約多項式 $f(X)$ が $L[X]$ において既約多項式 $g_1(X), \cdots, g_n(X)$の積に分解すれば，$g_1(X), \cdots, g_n(X)$ の次数は同一であることを示せ．　（岡山大）

練習 10.2　L が体 K の有限次ガロア拡大で，L の元 θ により，$L=K(\theta)$ であるものとする．θ を根にもつ$K[X]$ の既約多項式を $F(X)$ とする．Ω が K の拡大体であれば，$\Omega[X]$ における $F(X)$ の既約因子の次数は互いに等しいことを証明せよ．

（お茶の水女子大）

練習 10.3　有理数体 $\boldsymbol{Q}$ 上の一変数の多項式 $f(X)$ に対して，そのガロア群を $G(f)$ で表すことにする．

$f(X)$ が $\boldsymbol{Q}$ 上既約な 4 次の多項式全体を動くとき，$G(f)$ として現れてくる有限群 G（同型なものは同一視する）のなかで，位数12以外のものをすべてあげよ．また，そのおのおのの G に対し，$G \cong G(f)$ となる多項式 $f(X)$ の例を作れ．　（都立大）

練習 10.4　有理数体 $\boldsymbol{Q}$ 上既約な 4 次の多項式 $f(X)$について，その根を $\alpha_1, \alpha_2, \alpha_3, \alpha_4$ とし，

$$d=\prod_{i<j}(\alpha_i-\alpha_j), \quad \theta_1=\alpha_1\alpha_2+\alpha_3\alpha_4,$$
$$\theta_2=\alpha_1\alpha_3+\alpha_2\alpha_4, \quad \theta_3=\alpha_1\alpha_4+\alpha_2\alpha_3$$

がすべて $\boldsymbol{Q}$ に含まれるとき，

(1)　$f(X)$ の $\boldsymbol{Q}$ 上の最小分解体 K の次数 $[K:\boldsymbol{Q}]$ は 2 のべきであることを証明せよ．

(2)　$f(X)$ のガロア群を求めよ．　（筑波大）

練習 10.5　$f(x)$ は有理数体 $\boldsymbol{Q}$ に係数をもつ 2 次式（最高次の係数$\neq 0$）であって，8 次式

$$F(x)=f(f(f(x)))-x$$

は重根をもたないものとする．

(1)　$a \to f(a)$ は $F(x)$ の根の置換をひきおこすことを示せ．

(2)　$\boldsymbol{Q}$または $\boldsymbol{Q}$ の適当な 2 次拡大体において，$F(x)$は一つの 2 次式と，二つの 3 次式の積に分解することを示せ．　（東大）

練習 10.6　有理整数係数の多項式 $f(x)=x^5-3x-1$ について，つぎの問いに考えよ．

(1)　$f(x)=0$ の実根の個数を求めよ．

(2)　有理数体 $\boldsymbol{Q}$ 上での $f(x)$ の既約性を判定せよ．

(3)　$f(x)$ のガロア群 G を求めよ．　(九大)

練習 10.7　p は素数，k は複素数体 $\boldsymbol{C}$ の部分体，$\zeta(\in\boldsymbol{C})$ は1の原始 p 乗根であるものとする．さらに，K は k の p^n 次 Galois 拡大体$(\subseteq\boldsymbol{C})$で，$\zeta$ を含むものとし，$a\in K$, X^p-a が K 上既約で，$\boldsymbol{C}$ の元 α が X^p-a の一つの根であるものとする．$L=K(\alpha)$ を含む k 上の最小の Galois 拡大体 M をとり，拡大 M/k, M/K, M/L の Galois 群をそれぞれ G, N, H とする．つぎのことを証明せよ．

(1)　N は有限個の p 次巡回群の直積と同型である．

(2)　$N_0=\{n\in N\,|\,gng^{-1}=n\ (\forall g\in G)\}$ とおけば，(イ) $N_0\neq\{1\}$，(ロ) $n\in N_0$ かつ n が L の k 上のある共役体 L_1 の元を不変にすれば，$n=1$．　(東工大)

[ヒント，略解等]

10.1　$g_i(X)$ と $g_j(X)$ とは K 上共役である．

10.2　$F(X)$ の根 α は K 上 θ と共役で，$K(\theta)=K(\alpha)$．αを根にもつ，Ω上の既約因子の次数は$[\Omega(\alpha):\Omega]=[\Omega(\theta):\Omega]$ で，これは α によらない．

10.3　G の位数は4の倍数で $4!$ の約数．それらは 4, 8, 12, 24．12を除くのだから，4次対称群S_4 の transitive な部分群で，位数 4, 8, 24 のものを求める．位数 4 …$\langle(1,2,3,4)\rangle$，位数 8 …S_4 の 2 Sylow 群 S，位数24…S_4，f の例は：

$\langle(1,2,3,4)\rangle\cdots(X^5-1)/(X-1)=X^4+X^3+X^2+X+1$.

$S\cdots\quad X^4-2$

$S_4\cdots\quad X^4+X+1$

[X^4+X+1 についての証明：既約性．一次因子のないことは容易．可約とすれば2次因子をもつ．mod 2 で考えると，根 α は元数4の体の元であるから $\alpha=\alpha^4=1+\alpha$．　$\therefore\ 0=1$ となり矛盾，ゆえに既約である．mod 2 で 4次巡回拡大を与えるから，Gは長さ4の巡回置換を含む．mod 3 では $(X-1)(X^3+X^2+X-1)$ と分解するから，G は位数3の元を含む．ゆえに，G の位数は12または24．もしも12とすると，G は S_4 の正規部分解．ゆえに$(1,2,3,4)$, $(1,2,3)$を含む．$(1,2,3,4)(3,2,1)=(1,4)$ゆえ，$G=S_4$.]

10.4 ［ヒント］ $f(X)$ のガロア群 G は，$\alpha_1, \alpha_2, \alpha_3, \alpha_4$ の置換で，$d, \theta_1, \theta_2, \theta_3$ を不変にする元全体 H か，H の部分群である．したがって，まず H を求めよ．

［略解］ d を不変にするのは交代群 A_4 であるから，$H \subseteq A_4$. したがって θ_1 を不変にすることから，$H = \langle(\alpha_1, \alpha_2)(\alpha_3, \alpha_4), (\alpha_1, \alpha_3)(\alpha_2, \alpha_4)\rangle$. H の位数は 4 である．$f(X)$は既約ゆえ，(G の位数)$\geqq 4$. $\therefore$ $H = G$ というわけで，$[K:\boldsymbol{Q}]=4$.

10.5 (1) α が $F(x)$ の根ならば，$\alpha = f(f(f(\alpha)))$. $\therefore$ $f(\alpha) = f(f(f(f(\alpha))))$. すなわち，$f(\alpha)$ も $F(x)$ の根である．

(2) ［ヒント］ (1)で与えられた根の置換を σ とすると，α が根 $\Rightarrow \sigma^3\alpha = \alpha$.

［略解］ α が根で $\sigma^2\alpha = \alpha \Rightarrow \alpha = \sigma\alpha$. したがって，（イ）$\sigma^i\alpha = \alpha\ (\forall i)$ か，（ロ）$\alpha, \sigma\alpha, \sigma^2\alpha$ は互いに異るか，いずれかである．（イ）をみたす根全体を P，（ロ）をみたす根全体を Q としよう．

$$\alpha \in P \Leftrightarrow f(\alpha) = \alpha \Leftrightarrow 「\alpha \text{ は } f(x)-x \text{ の根}」$$

ゆえに，$F(x)$ は $\boldsymbol{Q}$ 上で 2 次式 $f(x)-x$ でわりきれる．さらに，P の元数は 2 であるから，Q の元数は 6 である．ゆえに，$\exists \beta, \gamma \in Q$, $Q = \{\beta, \sigma\beta, \sigma^2\beta, \gamma, \sigma\gamma, \sigma^2\gamma\}$

$$g(x) = (x-\beta)(x-\sigma\beta)(x-\sigma^2\beta)$$

とおく．$g(x)$ が $\boldsymbol{Q}$ または $\boldsymbol{Q}$ の適当な 2 次拡大体に係数をもつ多項式であればよいことはもちろんである．

β は 6 次式 $h(x) = F(x)/(f(x)-x)$ の根であるから，$K = \boldsymbol{Q}(\beta)$ の次数は 6 以内．σ の作り方から，$\boldsymbol{Q}(\beta)$ は $\sigma\beta, \sigma^2\beta$ を含む．

(i) $K = \boldsymbol{Q}$ のとき: $g(x)$ は $\boldsymbol{Q}$ 上の多項式.

(ii) $[K:\boldsymbol{Q}]=2$ のとき: $g(x)$ は K 上の多項式であるから，この場合もよい．

(iii) $[K:\boldsymbol{Q}]=3$ かつ (β の共役全体)$\neq\{(\beta, \sigma\beta, \sigma^2\beta)\}$ のとき: $\gamma, \sigma\gamma, \sigma^2\gamma$ のうち少くとも一つが β と共役．$\boldsymbol{Q}(\gamma) = \boldsymbol{Q}(\sigma\gamma) = \boldsymbol{Q}(\sigma^2\gamma)$ ゆえ，これらも 3 次拡大．したがって，β と γ とが共役でないように γ をえらべば，$h(x)$ は(β の最小多項式)$\times$(γ の最小多項式) となり，この場合もよい．（この場合，$g(x)$ は $\boldsymbol{Q}$ の二次拡大体上の多項式ではないかも知れない．）

(iv) $[K:\boldsymbol{Q}]=3$ かつ (β の共役全体)$=\{\beta, \sigma\beta, \sigma^2\beta\}$ のとき: この場合，$g(x)$ は $\boldsymbol{Q}$ 上の多項式であるからよい．

(v) $[K:\boldsymbol{Q}]=4$ のとき: β の共役は 4 個しかない．したがって，$h(x)$ の根の中には，共役が 2 個以内のものがあり，それをあらためて β とすれば，(i)または(ii)の場合になる．

(vi)　$[K:\boldsymbol{Q}]=5$ のときも，(v)と同様である．

(vii)　$[K:\boldsymbol{Q}]=6$ のとき：この場合，$\beta, \sigma\beta, \sigma^2\beta, \gamma, \sigma\gamma, \sigma^2\gamma$ は互いに共役である．$[K(\gamma):K]\leq 3$,

（イ）　$K(\gamma)=K$ のとき：K は $\boldsymbol{Q}$ 上6次のガロア拡大であり，したがって，唯一の2次拡大 M を含む．M 上 K は3次拡大ゆえ，この場合はよい．

（ロ）　$[K(\gamma):K]=3$ のとき：$h(x)$ の最小分解体 $\boldsymbol{Q}(\alpha,\beta)$ のガロア群の位数は18．したがって，$\boldsymbol{Q}(\alpha,\beta)$ は2次の拡大体 M を含み，M 上 α は3次．

（ハ）　$[K(\gamma):K]=2$ のとき：$\gamma, \sigma\gamma, \sigma^2\gamma$ のうち，互いに共役でないものがある．それが $\sigma^2\gamma$ とすると，$\sigma^2\gamma\in K$ すると $K(\sigma^2\gamma)=K(\beta)$ により，$K(\gamma)=K$ となり，この場合はない．

というわけで，証明は完了した．

10.6　(1)　答は3　　(2)　答は既約．

(3)：mod 2 で考えると，$f(x)\equiv(x^2+x+1)(x^3+x^2+1)$ ゆえ，このガロア群は位数6の巡回群．ゆえに G は $(1,2)(3,4,5)$ を含むとしてよい．ゆえに G は対称群．

10.7　(1)　k 上の L の共役は K の p 次巡回拡大体で，Mはそれらの拡大体で生成されることから明らか．

(2)　（イ）　$n\in N$ に対し，$C_n=\{gng^{-1}|g\in G\}$ とおくと，C_n の元数は p のべき．$\bigcup C_n=N$ ゆえ，元数が1であるような C_n の個数 m は p の倍数．C_1 の元数が1なので，$m\geqslant p$．N_0 の元数は明らかに m．

（ロ）　L の共役は σL ($\exists\sigma\in G$)．σL の元すべてを不変にする元全体は $\sigma H\sigma^{-1}$．$n\in N_0\cap\sigma H\sigma^{-1}$．ゆえに，$n=gng^{-1}\in g\sigma H\sigma^{-1}g^{-1}$ ($\forall g\in G$)．ゆえに $n\in\bigcap_{g\in G}gHg^{-1}$．$\bigcap_{g\in G}gHg^{-1}$ は H に含まれる最大の正規部分群であり，これに対応する体はKを含む最小のガロア拡大体，すなわち M．$\therefore$ $\bigcap_{g\in G}gHg^{-1}=\{1\}$．$\therefore$ $n=1$

第11章

ガロア理論続論

ガロア理論に関しては，非常に多くのタイプの問題が出題されているので，この章ではガロア理論に関する問題であって，今までに紹介した，典型的といえる型の問題とは異なる型の問題を考えよう．

次の問題は，5次対称群の構造に関する面が強いと言えよう．

問題 11.1　可換体 K の5次拡大体 $K(\theta)$ で，$K(\theta)$ を含む K の最小の Galois 拡大体が K 上40次になるものは存在しないことを示せ．　　(京大)

解説　$K(\theta)$ を含む K の最小のガロア拡大体は，K に θ の共役全部をつけ加えた体である．したがって，そのガロア群 G は5次対称群 S_5 の部分群である．

置換 σ を置換 τ で変換した $\tau^{-1}\sigma\tau$ は，σ の文字を τ で写したものであることに注意．

S_5 の5-Sylow 群の位数は5であるから，長さ5の巡回置換で生成される巡回群 C が5-Sylow 群で，長さ5の巡回置換を選ぶことにより，すべての5-Sylow 群が得られる．

G の位数が40ならば，G は S_5 のある2-Sylow 群をふくまなくてはならない．4次対称群の位数は4! であるから，S_5 の元で5を動かさないもの全体が S_4 であるとみなせば，その S_4 の2-Sylow 群 H は S_5 の2-Sylow 群の一つになる．S_5 の2-Sylow 群は H と共役であるから，上の注意により，S_5 のどの2-Sylow 群も，4個の文字の間の置換からなるのであり，ある4文字についての対称群の2-Sylow 群なのである．

G は，ある5-Sylow 群と，ある2-Sylow 群とを含むのであるが，文字の対称性から，H を含むとして一般性を失わない．G に含まれる5-Sylow 群 C の生成元を σ としよう．

CH の元数が40であるから，$G=CH$ である．すると，G は長さ5の巡回置換と互換を含むので，問題10.5でみたように，$G=S_5$ でなくてはならない．ゆえに，ここで考えた G

は存在せず，$K(\theta)$ を含む K の40次ガロア拡大は存在しない．

次の問題は，標数 $p>0$ の素体の性質に関するものと言えよう．

問題 11.2　標数 $p>0$ の体 K 上の多項式

$$g(X)=X^{p^2}-(a+1)X^p+aX \quad (a\in K, a\neq 0),\quad h(X)=X^p-X$$

について，次の各問に答えよ．

(1)　$g(X)$ は $h(X)$ で整除されることを示せ．

(2)　$f(X)=g(X)/h(X)$ とおく．方程式 $f(X)=0$ の 1 根を θ とするとき，他の根は $x\theta+y$　$(x, y\in F_p, x\neq 0)$ で与えられることを示せ．ただし，F_p は K の素体（p 個の元からなる体）である．

(3)　$f(X)=0$ の Galois 群 G は行列群 $\left\{\begin{pmatrix} x & 0 \\ y & 1 \end{pmatrix} \middle| x, y\in F_p, x\neq 0\right\}$ の部分群に同型であることを示せ．　（東北大）

解説　(1)　$g(X)=X^{p^2}-X^p-aX^p+aX=(X^p-X)^p-a(X^p-X)$

$$=(X^p-X)((X^p-X)^{p-1}-a)$$

(2)　$f(X)=(X^p-X)^{p-1}-a$ であるから，θ は

$$(\theta^p-\theta)^{p-1}=a$$

で特長づけができる．

$(x\theta+y)^p-(x\theta+y)=x^p\theta^p+y^p-x\theta-y=x\theta^p-x\theta$　$(x, y\in F_p$ ゆえ$)$

$(x\theta^p-x\theta)^{p-1}=x^{p-1}(\theta^p-\theta)^{p-1}=(\theta^p-\theta)^{p-1}$　$(0\neq x\in F_p$ ゆえ$)$

したがって，$p(p-1)$ 個の $x\theta+y$ が $f(X)$ の根全体である．ゆえに，$K(\theta)$ のガロア群は，これら $p(p-1)$ 個の根の置換で得られる．

$$(x\theta+y\ \ 1)=(\theta\ \ 1)\begin{pmatrix} x & 0 \\ y & 1 \end{pmatrix}$$

$$(x(c\theta+d)+y\ \ 1)=(c\theta+d\ \ 1)\begin{pmatrix} x & 0 \\ y & 1 \end{pmatrix}=(\theta\ \ 1)\begin{pmatrix} c & 0 \\ d & 1 \end{pmatrix}\begin{pmatrix} x & 0 \\ y & 1 \end{pmatrix}=(\theta\ \ 1)\begin{pmatrix} cx & 0 \\ dx+y & 1 \end{pmatrix}$$

であるから，ガロア群での積と行列の積とが対応するので，問題にある行列群がガロア群であると言える．（問題には部分群とあるが，元数は $p(p-1)$ で，全体である．）

次は有理数体の 2 次拡大体についての，少し変わった問題である．

問題 11.3　$\boldsymbol{Q}$ は有理数体で，$d\in\boldsymbol{Q}, k=\boldsymbol{Q}(\sqrt{d})$ とし，素数 p に関する次の命題 $P(p)$

を考える．

$P(p)$：k の任意の元 a の任意の p 乗根 $\sqrt[p]{a}$ に対して，$k(\sqrt[p]{a})$ は k 上のガロア拡大である．

(1) $P(2)$ が成立することを示せ．

(2) $P(3)$ が成立するような d を決定せよ．

(3) $P(p)$ が成立するのは，(1),(2)の場合に限ることを示せ． (都立大)

解説 (1)は易しいことですから省きます．

(2) 1の虚立方根の一つを ω とする．普通は $\sqrt[3]{a}$ と共役なものに $\sqrt[3]{a}\,\omega$ があるので $P(3)$ の成立のためには，$\omega\in k$ が必要である．これが充分であることは易しい．そのための d としては，-3 あるいは $-3b^2$ $(0\neq b\in \boldsymbol{Q})$ であり，これが答です．

(3) $a=2$ のときの $\sqrt[p]{2}$ を考えると，その共役は，1の p 乗根 ζ（複素数）による $\sqrt[p]{2}\,\zeta^i$ $(i=1,2,\cdots,p)$ であるから，$k(\sqrt[p]{2})$ が k のガロア拡大であるためには，$k(\sqrt[p]{2})$ が ζ を含まなくてはならない．$Q(\sqrt[p]{2},\zeta)$ の拡大次数は $p(p-1)$ であるから，$[k(\sqrt[p]{2}):k][k:Q]\geqq p(p-1)$

しかし，この不等式の左辺は $2p$ 以内であるから，$k(\sqrt[p]{2})$ が k のガロア拡大ではない．

非常に変わったと思える問題は以上で終えて，やや普通に近い問題を順次考えよう．

問題 11.4 $f(X)\in\boldsymbol{Q}[X]$ が有理数体 $\boldsymbol{Q}$ 上既約な4次多項式で，丁度2つの実根をもつとき，そのガロア群 G は非可換で，その位数 $|G|$ は8で割りきれることを証明せよ． (名大)

解説 $f(X)$ の2つの実根を a,b とすると，他の二根 α,β は虚数であるから，当然互いに複素共役である．このことは $\boldsymbol{Q}(a,b)$ 上で，$f(X)$ は2次の既約因子 $g(X)=(X-\alpha)(X-\beta)$ をもつことを意味する．したがって，$f(X)$ の最少分解体 K は $\boldsymbol{Q}(a,b)$ 上2次拡大である．$\boldsymbol{Q}(a)$ は $\boldsymbol{Q}$ の4次拡大ゆえ，$[K:\boldsymbol{Q}]$ は8の倍数である．したがって $|G|$ は8で割りきれる．ところで，G の元は，それがひきおこす $\{a,b,\alpha,\beta\}$ の上の置換に対応させることにより，4次対称群 S_4 の部分群と考えられる．S_4 の位数は $4!=24=3\times 8$ であるから，$|G|$ が8の位数であるということは，G が S_4 自身であるか，S_4 のシロー 2-群 S であるかどちらかということである．S_4 においては $N=\{(1,2)(3,4),(1,3)(2,4),(1,4)(2,3),1\}$ が正規部分群であるから，S は N と $(1,2)$ とで生成した群と共役である．したが

って S は非可換であり，G は非可換であることがわかる．

問題 11.5　有理数体 $\boldsymbol{Q}$ の代数的閉包 $\bar{\boldsymbol{Q}}$ の元で，$\boldsymbol{Q}$ に属さないもの α をとる．このとき，次のことを証明せよ．

(i)　$\boldsymbol{Q}$ を含み，α を含まない $\bar{\boldsymbol{Q}}$ の部分体のうち，極大なもの E がある．

(ii)　$[E(\alpha):E]=p$ は素数であり，E の任意の有限次拡大は Galois 拡大であり，またその Galois 群は p のべきを位数とする巡回群である．　(広島大)

解説　(i) は Zorn の補題を使えばよい．

(ii)　K が E の有限次の代数拡大で，$K\neq E$ としよう．K を含む最小の E の Galois 拡大体 L をとり，その Galois 群を G とする．問題の条件は，L の部分体で E と異なるものは，すべて $E(\alpha)$ を含んでいることを示している．$E(\alpha)$ に対応する G の部分群 $H=\{\sigma\in G\,|\,\sigma\alpha=\alpha\}$ をとると，上のことは，G の真部分群はすべて H に含まれることを意味する．してみると，$G\ni\sigma\notin H$ なる σ をとれば，$\langle\sigma\rangle\not\subseteq H$ ゆえ，$\langle\sigma\rangle=G$ が得られる．σ の位数が二つの異なる素因子 p, q をもてば，$\langle\sigma^p\rangle, \langle\sigma^q\rangle$ ともに極大部分群になり，H が唯一つの極大部分群であることに反し，G の位数は素数 p のべきになる．(このあたりの議論は，問題 1.1 で行なった.) L の Galois 群が巡回群ゆえ，中間体は Galois 拡大になり，$L=K$．また，H が極大部分群ゆえ，$[G:H]=p$．というわけで (ii) の証明ができた．

問題 11.6　有理数体 $\boldsymbol{Q}$ に代数的数 $\alpha=\sqrt{2}+\sqrt{3}+\sqrt{5}$ を添加して得られる体 $F=\boldsymbol{Q}(\alpha)$ は $\boldsymbol{Q}$ 上ガロア拡大になるか．もしガロア拡大体であれば，その拡大次数 $n=[F:\boldsymbol{Q}]$ およびガロア群 $G=\mathrm{Gal}(F/\boldsymbol{Q})$ を求めよ．　(名大)

解説　$K=\boldsymbol{Q}(\sqrt{2},\sqrt{3},\sqrt{5})$ は $(2,2,2)$ 型のアーベル群をガロア群にもつアーベル拡大であるから，その部分体 F は当然ガロア拡大である．したがって，問題は，この K と F との関係だといえよう．K のガロア群 H は，

$$\left.\begin{aligned}\sigma&:\ (\sqrt{2},\sqrt{3},\sqrt{5})\to(-\sqrt{2},\sqrt{3},\sqrt{5})\\ \tau&:\ (\sqrt{2},\sqrt{3},\sqrt{5})\to(\sqrt{2},-\sqrt{3},\sqrt{5})\\ \theta&:\ (\sqrt{2},\sqrt{3},\sqrt{5})\to(\sqrt{2},\sqrt{3},-\sqrt{5})\end{aligned}\right\}\text{により}$$

$$H=\langle\sigma\rangle\times\langle\tau\rangle\times\langle\theta\rangle$$

$i, j, k \in \{0, 1\}$ により，$\sigma^i\tau^j\theta^k(\alpha)$ を考えてみれば，$=\alpha$ となるのは $i=j=k=0$ のときに限ることがわかる．ゆえに $F=K, G=H, [F:\boldsymbol{Q}]=8$.

問題 11.7 有限体 F の上の一変数の有理函数体 $K=F(x)$ の部分体 L であって，与えられた正数 N について $[K:L]<N$ となるものの個数は有限であることを示せ．

（名大）

解説 Lüroth の定理によれば，K の部分体は $F(y)$ の形でえられる．一寸むつかしい定理であるが，引用して使うことにしよう（拙著，可換体論，裳華房，参照）．

$y=f(x)/g(x)$ と既約分数の形に表す，$g(X)y-f(X)$ とは $F[X, y]$ の多項式として既約で，$F(y)$ が素元分解環であるから，$F(y)$ 上の多項式としても既約になる．したがって，$[F(x):F(y)]=\max\{\deg f(x), \deg g(x)\}$．（上記書物の Lüroth の定理のための補題参照）．そして，条件をみたす L を生成する y としては，分母，分子が N より低次の多項式であるものは限られ，F が有限体であるから，y のえらび方が有限しかない．したがって L は有限個しかない．

〔練習問題〕

練習 11.1 K, L が有理数体 $\boldsymbol{Q}$ の有限次アーベル拡大体であれば，K と L の合併体 $K \cdot L$ も $\boldsymbol{Q}$ 上有限次アーベル拡大体であることを証明せよ．（上智大）

練習 11.2 K は体 k の有限次ガロア拡大体であるものとする．

(1) K/k の中間体 L で，L/k がアーベル拡大となる最大な L は存在するか．

(2) K/k の中間体 L で，K/L がアーベル拡大となる最小な L は存在するか．

（熊本大）

練習 11.3 p は素数，$f(X)$ は体 k 上の p 次既約多項式で，その二根 α, β を k に添加した体 $K=k(\alpha, \beta)$ が k 上 Galois 拡大であるとき，その Galois 群 G が可解群であることを，次の順に証明せよ．

(1) G の p-Sylow 群 P に対応する中間体 M は k の Galois 拡大である．したがって，P は正規部分群である．（$[M:k]<p$ に注意）．

(2)　Pのすべての元と可換なGの元はPに含まれる．

(3)　M/k の Galois 群はアーベル群である．　(東北大)

練習 11.4　体 k 上の有限次ガロア拡大体 K_1, K_2 の合成体が K で，$K_1 \cap K_2 = k$ とする．K と k の中間体 Lに対し，L_i は K_i と L との合成体を表すものとする．

$K_1 \cap L = K_1 \cap L_2$ および $K_2 \cap L = K_2 \cap L_1$ が，K と kの任意の中間体Lに対して成り立つためには，拡大次数$[K_1 : k]$, $[K_2 : k]$ が互いに素であることが必要充分であることを証明せよ．　(金沢大)

練習 15.5　K が体 k の有限次 Galois 拡大で，そのGalois 群がG であり，$K_1, \cdots, K_n$ はK に含まれる k のGalois 拡大で，$K = K_1 \cdots K_n$ であるものとする．

K_i/k の Galois 群を G_i とすれば，G は $G_1, \cdots, G_n$ の直積のある部分群に同型であることを示せ．

また，有理数体 $\boldsymbol{Q}$ の Galois 拡大 $\boldsymbol{Q}(\sqrt{-3}, \sqrt[3]{2}, \sqrt[3]{3})$ の Galois 群を $S_3 \times S_3$ の部分群として表せ．ただし S_3 は3次対称群を表す．　(東北大)

練習 11.6　K_1, K_2 が体 k の有限次ガロア拡大体で，$K = K_1 \cdot K_2$, $D = K_1 \cap K_2$ とする．k 上の，K_1, K_2, K のガロア群を G_1, G_2, G とする．

G の元σと K/k の中間体 F に対して，σ の F への制限を $\sigma|_F$ で表す．このとき，

$$G \cong \{(\sigma_1, \sigma_2) \in G_1 \times G_2 | \ \sigma_1|_D = \sigma_2|_D\}.$$

であることを示せ．　(金沢大)

練習 11.7　Kが体，xが変数のとき，$K(x^3)$ 上の $K(x)$の自己同型群を求めよ．

(早大)

練習 11.8　体 L は体 K の3次の拡大体で，a は L の0でない元で，a と $2a$ とは K と共役であるものとする．

(1)　a の残りの共役元を求めよ．

(2)　L の標数および a の K 上の最小多項式を求めよ．　(東海大)

練習 11.9　体Kの有限次正規拡大体Lにおける，K の分離閉包 L_s，純非分離閉包 L_i をとれば，$L = L_s L_i$ であることを証明せよ．　(岡山大)

練習 11. 10　標数 0 の体 F の有限次拡大体 $F(\alpha,\beta)$ において，$F(\alpha)$ はガロア拡大，$F(\alpha)\cap F(\beta)=F$ とする．$[F(\alpha,\beta):F]=[F(\alpha):F][F(\beta):F]$, $F(\alpha,\beta)=F(\alpha+\beta)$ を証明せよ．

(熊本大)

[ヒント，略解等]

11. 1　K, L のガロア群 G の部分群で K, L に対応するもの H, N をとると，G/H, G/N かアーベル群ゆえ，H, N は $[G, G]$ を含み，$H\cap N=\{1\}$.

11. 2　(1)　前問により，存在がわかる．

(2)　必ずしも存在するとは限らない．［例］$k=\boldsymbol{Q}$, $K=\boldsymbol{Q}(\sqrt[3]{2}, \omega)$ (ω は 1 の虚立方根).

11. 3　(1)　P の共役の数 m は (i) $[G:P]=[M:k]$ の約数であり，(ii) $m\equiv 1 \pmod{p}$.

$\therefore\ m=1$.

(2)　$Z(P)=\{x\in G | x\sigma=\sigma x\ (\forall\sigma\in P)\}$ は正規部分群である．P は位数 p ゆえ，$P\subseteq Z(P)$. $Z(P)$ に対応する体 M' を考え，$M'(\alpha)$ に対応する部分群を N とする．$Z(P)=N\times P$. $Z(P)$ が正規部分群ゆえ，N も正規部分群．N に対応する体は $k(\alpha)$ を含むガロア拡大ゆえ，それは K.　$\therefore\ N=\{1\}$.　$\therefore\ Z(P)=P$.

(3)　$k(\alpha)$ に対応する部分群 H をとれば，$G=PH$ であり，H から Aut P への自然な準同型 φ がある．(2) により φ は中への同型．ゆえに，H はアーベル群．$H\cong G/P$.

11. 4　［ヒント］ K/K_i のガロア群を G_i とすれば，K/k のガロア群は $G_1\times G_2$ であるから，条件は，$G_1\times G_2$ の位意の部分群Hに対し，$G_1(H\cap G_2)=G_1H$, $G_2(H\cap G_1)=G_2H$.

［略証］ $[K_1:k]$ と $[K_2:k]$ に共通素因数 p があれば，G_1, G_2 に位数 p の元 a, b がある．$(a, b)\in G_1\times G_2$ により $H=\langle(a, b)\rangle$ を考えれば矛盾が出る．逆は易しい．

11. 5　(前半)　K_i に対応する G の部分群を N_i とすれば，G から G_i への自然な準同型 φ_i の核が N_i になる．$G\ni x\to(\varphi_1 x, \cdots, \varphi_n x)\in G_1\times\cdots\times G_n$ により，G は $G_1\times\cdots\times G_n$ に埋め込まれる．

(後半)　1 の虚立方根を ω とすると，$\boldsymbol{Q}(\sqrt{-3})=\boldsymbol{Q}(\omega)$ ゆえ，$K_1=\boldsymbol{Q}(\sqrt[3]{2}, \omega)$, $K_2=\boldsymbol{Q}(\sqrt[3]{3}, \omega)$ について前半が適用できる．$K_1K_2=\boldsymbol{Q}(\sqrt{-3}, \sqrt[3]{2}, \sqrt[3]{3})$ のガロア群 G の元 σ, τ, η で，つぎの性質をもつものを選ぶ．$(\omega, \sqrt[3]{2}, \sqrt[3]{3})\xrightarrow{\sigma}(\omega^2, \sqrt[3]{2}, \sqrt[3]{3})$, $(\omega, \sqrt[3]{2}, \sqrt[3]{3})\xrightarrow{\tau}(\omega, \omega\sqrt[3]{2}, \sqrt[3]{3})$, $(\omega, \sqrt[3]{2}, \sqrt[3]{3})\xrightarrow{\eta}(\omega, \sqrt[3]{2}, \omega\sqrt[3]{3})$. すると $G=\langle\sigma, \tau, \eta\rangle$. K_1 のガロア群 G_1 は $\langle\sigma, \tau\rangle$ を K_1 に制限したものであり，S_3 との関連は，τ に $(1, 2, 3)$ を，σ に $(1, 2)$ を対応させて同型が得

られる．K_2 のガロア群についても同様であり，σ, τ, η に $S_3 \times S_3$ の元$((1,2),(1,2)),((1,2,3),1),(1,(1,2,3))$ を対応させればよい．

11.6　［ヒント］　前問の前半が利用できる．

［略解］　K_1, K_2 に対応する G の部分群を N_1, N_2 とする．G から G_i への自然な準同型 φ_i は，G の各元 σ を $\sigma|_{K_i}$ に対応させる写像であり，$G \cong \{(\varphi_1\sigma, \varphi_2\sigma) \in G_1 \times G_2 | \sigma \in G\}$. $\sigma \in G \Rightarrow (\varphi_1\sigma)|_D = \sigma|_D = (\varphi_2\sigma)|_D$. 逆は，$\sigma_i \in G_i$, $\sigma_1|_D = \sigma_2|_D$ ならば，$\exists\sigma \in G$, $\varphi_i\sigma = \sigma_i$ を示せばよい．そのためには，$\exists\tau \in G$, $\tau|_D = \sigma_1|_D$ ゆえ，$(\varphi_i\tau)^{-1}\sigma_i$ を考えることにより，$\sigma_i|_D = 1$ のときに証明すればよいことになる．D 上では K のガロア群が K_i のガロア群 $(i=1,2)$ の直積であるから，証明が完了する．

11.7　［ヒント］　K が1の原始3乗根を含むかどうかで答がちがう．

［略解］　(1)　K が1の原始3乗根 ω を含む場合．この場合，K の標数は3ではない．$K(x)$ は $K(x^3)$ 上3次巡回拡大であり，求める自己同型群は $\langle\sigma\rangle$. ただし，$\sigma x = \omega x$, $\sigma^3 = 1$.

(2)　K の標数が3の場合．x は $K(x^3)$ 上純非分離拡大であるから，求める自己同型群は $\{1\}$.

(3)　その他の場合．x の共役 $\omega x, \omega^2 x$ が $K(x)$ に含まれないのだから，求める自己同型群は $\{1\}$.

11.8　L を含む最小のガロア拡大体 M と，そのガロア群 G とを考える．$\exists\sigma \in G$, $\sigma a = 2a$. $\sigma^2 a = 4a$ も a の共役である．$\sigma^3 a = 8a$ も a の共役である．3次の拡大ゆえ，$a, 2a, 4a, 8a$ 全部が互いに異なることはない．$8a = a$ なら，標数7，残りの共役は $4a$. この場合，$a(2a)(4a) = a^3$ ゆえ，$a^3 \in K$. 最小多項式は $X^3 - a^3$

あと，上記の場合以外がないことをはっきりさせる必要がある．$a, 2a, 4a$ が互いに異なれば，上の場合であることは，ガロア群の元を作用させることからわかる．$a = 2a$ なら $a = 0$ で仮定に反する．$a = 4a$ なら，標数3であり，$2a = -a$. 残りの共役を b とすると，最小多項式は $(X^2 - a^2)(X - b) = X^3 - bX^2 - a^2X + a^2b$ となり，$b, a^2 \in K$ となって矛盾．

11.9　体 K 上の L のガロア群 $\mathrm{Aut}_K L$によって不変な L の元全体が L_i になるので，L は L_i 上分離的．L_s 上 L は純非分離的．ゆえに L_sL_i 上 L は分離的，かつ純非分離的．$\therefore\ L = L_sL_i$.

11.10　F 上の α の最小多項式 $f(x)$ の $F(\beta)$ 上での因子の係数は $F(\alpha) \cap F(\beta) = F$ に属する(α の共役 $\in F(\alpha)$ゆえ)．ゆえに $f(X)$は $F(\beta)$ 上でも既約で，$[F(\alpha, \beta) : F(\beta)] = [F(\alpha)$

$:F]$. ゆえに最初の等式が得られる．後半は，β の最小多項式を $g(X)$ とし，$\theta=\alpha+\beta$, $g^*(X)=g(\theta-X)$ とおくと，α は $f(X)$ と $g^*(X)$ の共通根．共通根が更にあれば，α, β の共役 α', β' があって，$0\neq\beta-\beta'=\alpha'-\alpha\in F(\alpha)$. 最初の等式により $g(x)$ は $F(\alpha)$ 上既約であり，$\beta+m(\alpha'-\alpha)\ (m=1, 2, \cdots)$ が β と共役になり，β に無限個の共役があることになり矛盾． $\therefore\ \alpha\in F(\theta)$. $\therefore\ F(\theta)=F(\alpha, \beta)$.

第12章

体から体への写像

この章では，ガロア群または体から体への写像に縁のある問題，および，ガロア理論への補足的問題を考えよう．

問題 12.1　K は代数体，σ, τ は K から C の中への同型写像とする．$|a^\sigma|>1$ となる K の任意の元 a に対して常に $|a^\tau|>1$ が成り立つと仮定する．このとき

$$a^\sigma=a^\tau \quad (\forall a\in K)$$

または

$$a^\sigma=\overline{a^\tau} \quad (\forall a\in K)$$

であることを示せ．但し，$\overline{a^\tau}$ は a^τ の複素共役を表す．　（北大）

解説　同型写像だから，$1^\sigma=1^\tau=1$，したがって，σ, τ を有理数体に制限すれば恒等写像になる．σ, τ の関係が，問題で主張しているようになっていないと仮定して，矛盾を導こう．ある $a\in K$ について，a^σ と a^τ が，等しくなく，また複素共役でもないとする．適当な有理数 r を取ると，$|a^\sigma-r|$ と $|a^\tau-r|$ とが異なる．

$|a^\sigma-r|>|a^\tau-r|$ としてよい．

$|a^\sigma-r|$ と $|a^\tau-r|$ の平均の逆数に非常に近い有理数 s をとり，$s(a-r)$ を a の代わりに考える：σ では $sa^\sigma-r$，τ では $sa^\tau-r$ が得られ，前者の絶対値 >1 後者の絶対値 <1 で，矛盾．

問題 12.2 n 次のガロア拡大 K/k のガロア群 G の元を $\sigma_1, \sigma_2, \cdots, \sigma_n$ とすれば，任意の k-線型写像 φ: $K \to K$ に対して，$a_1, a_2, \cdots, a_n \in K$ が存在して，

$$\varphi(x) = a_1\sigma_1(x) + a_2\sigma_2(x) + \cdots + a_n\sigma_n(x) \quad (\forall x \in K)$$

となることを示せ． (東北大)

解説　K から K への k 線型写像全体 $\mathrm{Hom}_k(K, K)$ は，K 上のベクトル空間として n 次元であるから，n 個の線型写像 $\sigma_1, \cdots, \sigma_n$ の K 上の一次独立性をいえばよいことに気づけば，あとは易しい．一次独立でないとしよう．$\sum a_i\sigma_i(x) = 0$ $(\forall x \in K)$ となるような係数 $(a_1, \cdots, a_n) \neq (0, \cdots, 0)$ のうち，0 でないものの数が最小のものをとる．$\sigma_1, \cdots, \sigma_n$ の番号もとりかえて，$a_i \neq 0 \Leftrightarrow i \leqq r$，としてよい．$a_r$ でわって，$a_r = 1$ と仮定してよい．

さて，$r = 1$ ではないことは明らかである．$\exists b \in K$，$\sigma_1(b) \neq \sigma_r(b)$．ところで，$\sum a_i\sigma_i(bx) = 0$ $(\forall x)$ をかき直すと，

$$\sum (a_i\sigma_i(b))\sigma_i(x) = 0.$$
$$\therefore \quad \sum (a_i\sigma_r(b)^{-1}\sigma_i(b))\sigma_i(x) = 0 \qquad (\forall x)$$

これと $\sum a_i\sigma_i(x) = 0$ との差をとると

$$\sum_{i=1}^{r-1} a_i(1 - \sigma_r(b)^{-1}\sigma_i(b))\sigma_i(x) = 0 \qquad (\forall x)$$

この関係式の $\sigma_1(x)$ の係数は 0 でないから，r を最小にとったことに反する，というわけである．

次の問題は，標数 $p > 0$ の体の p 次ガロア拡大についての基本的なことである．

問題 12.3　K は体で標数 $ch(K) = p > 0$ とする．L が K の p 次ガロア拡大のとき以下を示せ．

(1) L の K の上のガロア群は巡回群である．

(2) G の生成元を σ とするとき，$\sum_{j=0}^{p-1}\sigma^j(\theta) \neq 0$ となる θ が存在する．

(3) $\alpha = \sum_{j=0}^{p-1} j\sigma^j(\theta)$ と置くと，

$$b := \sigma(\alpha) - \alpha$$

は K の元である．

(4) $L = K(\alpha)$ で，ある $a \in K$ が存在して $x = \alpha/b$ は

$$x^p - x - a = 0$$

をみたす.　　　　　　　　　　　　　　　　　　　　　　　　　　（東工大）

解説　位数 p の群は巡回群であることと，前問とにより各自できると思うので，(1),(2)の解説は省く.

(3)　$\alpha=\sigma(\theta)+2\sigma^2(\theta)+\cdots+(p-1)\sigma^{p-1}(\theta)$

$\sigma(\alpha)=\sigma^2(\theta)+2\sigma^3(\theta)+\cdots+(p-1)\sigma^p(\theta)$

$b=\sigma(\alpha)-\alpha=-\sigma(\theta)-\sigma^2(\theta)-\cdots-\sigma^{p-1}(\theta)-\sigma^p(\theta)\in K$

$x=\alpha/b$ については $\sigma(x)=\sigma(\alpha)/b=(b+\alpha)/b=x+1$ ゆえ，$\sigma^i(x)$ $(i=1\sim p)$ は $x+i$ ($i\in$素体) 全体である.

他方，x^p-x の根全体が素体の元全体だから

$$\Pi_{j=1}{}^p\sigma^j(x')=x^p-x$$

左辺は σ で不変ゆえ，K の元で，それを a とすればよい.

問題 12.4　体 k およびその拡大体 K の組で，次の条件をみたすものは，どんなものか.

K/k は有限次ガロア拡大であり，そのガロア群 $G(K/k)$ は巡回群である．さらに，K の k 上のある生成元 α $(K=k(\alpha))$ と $G(K/k)$ のある生成元 σ とについて，$\sigma(\alpha)=m\alpha+n\cdot 1_k$ (m, n は整数，1_k は k の単位元).　　　　　　　　　　　　　　　　　　（京大）

解説　一般に a が整数のとき，$a\cdot 1_k$ を $\bar{a}$ で表すことにする．各自然数 r について，

$$\sigma^r(\alpha)=m^r\alpha+(1+m+\cdots+m^{r-1})\bar{n}$$

となることは，r についての帰納法によって容易にわかる．ところで，σ の位数は有限であるから，それを s とすると，

$$\alpha=\sigma^s(\alpha)=m^s\alpha+(1+m+\cdots+m^{s-1})\bar{n}$$

$$\therefore\quad (1-m^s)\alpha=(1+m+\cdots+m^{s-1})\bar{n}\in k$$

ゆえに

$$\begin{cases}\bar{m}^s-1=0 & (1)\\ (1+m+\cdots+m^{s-1})\bar{n}=0 & (2)\end{cases}$$

したがって，標数 0 のときは，$m=1, n=0$ 以外になく，この場合は $K=k$．逆に $K=k$ であれば標数に関係なく，条件がみたされる．以下 $K\neq k$ のときを考えよう．標数を p としよう．$p\neq 0$.

（イ）　$\bar{m}=\bar{1}$ のとき：　仮定により n は p の倍数ではない．$(n,p)=1$ ゆえ，$\sigma^r(\alpha)$ の形

の元全体は $\{\alpha+c \mid c\in$素体$F\}$ である．そこで，α の最小多項式は

$$f(X)=\Pi_{c\in F}(X-\alpha-c).$$

ところで $\Pi_{c\in F}(X-c)=X^p-X$ であるから，

$$f(X)=(X-\alpha)^p-(X-\alpha)=X^p-X-(\alpha^p-\alpha).$$

逆に，$\alpha^p-\alpha\in k$ であって，$X^p-X-(\alpha^p-\alpha)$ が k 上既約（そのための条件は，写像 ψ: $x\to x^p-x$ により $\psi(k)$を考えたとき，$\alpha^p-\alpha\notin\psi(k)$ であることもよく知られている）であれば，条件がみたされる．

そして，これは標数 $p\neq 0$ の体の p 次巡回拡大を特徴づけるものでもある．

（ロ） $\bar{m}\neq\bar{1}$ のとき： k の乗法群 k^* における $\bar{m}$ の位数を d とする．d は $p-1$ の約数である($d>1$).

$$\bar{m}^s-\bar{1}=0 \quad ゆえ，s \text{ は } d \text{ の倍数}.$$

$$\sigma^d(\alpha)=m^d\alpha+(1+\cdots+m^{d-1})\bar{n}$$
$$=\alpha+(1-m)^{-1}(1-m^d)\bar{n}=\alpha$$

ゆえに $s=d$. kには1の原始$p-1$乗根が含まれていて，K は k の d 次巡回拡大であるから，$\exists a\in k, K=k(\sqrt[d]{a})$. 逆にこのようになっていれば，$\alpha$ として $\sqrt[d]{a}$ をとれば，$\bar{n}=0, \bar{m}\neq 1$ の場合がえられる．

もちろん，勝手に標数 $p\neq 0$ の体を与えて，条件をみたすKがあるわけではない．

（イ） の場合は $\{x^p-x \mid x\in k\}\neq k$,

（ロ） の場合，$p-1$ の約数 $d>1$ を固定したとき，kの乗法群 k^* および， その内の d 乗元全体 k^{*d} をとり，k^*/k^{*d} を考えたときこの群に，位数 d の元 b^* があることが必要充分条件である．

（証明しようと思えば，大してむつかしくはない．したがって，時間に余裕があれば，この必要充分性の証明も答案に書いた方がよいだろう．）

問題 12.5　K が体 L の部分体で，G は L の自己同型群 Aut L の有限部分群であり，G の各元は K を K 自身に写し，さらに，G の K への制限写像 res_K: $G\to\mathrm{Aut}\,K$ は単射であるものとする．

(i) L の元 b をとり，$H=\{g\in G \mid g(b)=b\}$ とおき，G/H の代表系 $\{g_1,\cdots,g_n\}$ および，K^H の K^G 上の一次独立基 $\{a_1,\cdots,a_n\}$ をとる．ただし，$K^H=\{y\in K \mid h(y)=y\ (\forall h\in H)\}$ とし，K^G も同様に定義する．

このとき，$t_1, \cdots, t_n$ を未知数とする連立一次方程式

$$\begin{pmatrix} g_1(a_1) & \cdots & g_1(a_n) \\ \cdots & \cdots & \cdots \\ g_n(a_1) & \cdots & g_n(a_n) \end{pmatrix}\begin{pmatrix} t_1 \\ \vdots \\ t_n \end{pmatrix}=\begin{pmatrix} g_1(b) \\ \vdots \\ g_n(b) \end{pmatrix}$$

は L の中で一意的な解をもち，かつその解は L^G に属することを示せ．

(ii)　特に L が K 上の N 変数有理函数体 $K(X_1, \cdots, X_N)$ であって，G の各元が変数の集合 $\{X_1, \cdots, X_N\}$ の置換をひきおこしているならば，L^G は K^G 上 N 変数の有理函数体であることを示せ．　　　　(京大)

解説　(i)については，K は K^G, K^H のガロア拡大でそのガロア群がそれぞれ G, H であることが，第一に着目すべき点であろう．したがって，$n=[G:H]=[K^H:K^G]$ となって，$g_1, \cdots, g_n$, $a_1, \cdots, a_n$ が選べるのである。さて，この連立方程式の係数行列 $A=(g_i(a_j))$ が正則でないとすると，

$$\exists c_1, \cdots, c_n \in K,\ (c_1, \cdots, c_n)A=0,\ (c_1, \cdots, c_n) \neq (0, \cdots, 0)$$
$$\therefore\ \sum_i c_i g_i(a_j)=0 \qquad (\forall j)$$

ところで，K^H の任意の元は $a_1, \cdots, a_n$ の K^G 係数の一次結合でかけるから，この等式は，

$$\sum c_i g_i(x)=0 \qquad (\forall x \in K^H) \tag{*}$$

を示す．この式は問題12.2に出てきたのと似ているので，問題12.2で考えたことの真似をしてみよう．(今回は K^H から K の中への写像である)

まず，このような関係式で，$(c_1, \cdots, c_n) \neq (0, \cdots, 0)$ の範囲で，0でない c_i の個数が最小のものをとり，番号をつけ直して，$c_i \neq 0 \Leftrightarrow i \leq r$ と仮定しよう．そして，$g_1(b) \neq g_r(b)$ であるような $b \in K^H$ をとって，

$$0=\sum c_i g_i(bx)=\sum (c_i g_i(b)) g_i(x)$$

を考えれば前と同じ方法が適用できるのである．

というわけで A は正則行列であり，連立方程式の解は

$$A^{-1}\begin{pmatrix} g_1(b) \\ \vdots \\ g_n(b) \end{pmatrix}$$

となって，一意的である．おれが L に属することは明らかである．L^G に属することをみる

ために，任意の $g\in G$ をとる，すると $\{1, 2, \cdots, n\}$ の置換 π と，H の元 h_i とがあって，$gg_i=g_{\pi(i)}h_i$ となる．π に対応する行列を P とすると，$gA=PA,\ gA^{-1}=A^{-1}P^{-1}$，

$$g\begin{pmatrix} g_1(b) \\ \vdots \\ g_n(b) \end{pmatrix}=P\begin{pmatrix} g_1(b) \\ \vdots \\ g_n(b) \end{pmatrix}$$

となり，連立方程式の解が g で不変であることがわかる．したがって，解は L^G に属する．

(ii) を考えよう．この問題をヒントなしで出されたら大変むつかしい筈である．ということは(i)がヒントであると考えてみるべきであろう．してみると，(i)の b に何をつかうか，ということを考えてみなくてはいけない．与えられた状況からみて，X_i を使うべきであろうということは容易に想像できるであろう．

G が $\{X_1, \cdots, X_N\}$ の上の置換をひきおこすのだから，$\{X_1, \cdots, X_N\}$ を可移類 $I_1, \cdots, I_s$ に分け，各類の代表元 $X_{\alpha_1}, \cdots, X_{\alpha_s}$ をとる．X_{α_i} に (i) を適用して，部分群 H_i および解 $t_{i1}, \cdots, t_{j,n_j}$ をとる．$n_i=[G:H_i]$ ゆえ，$n_i=\sharp(I_i)$． すると t_{ij} 全体が N 個になる．それらを，あらためて $Y_1, \cdots, Y_N$ をしよう．(i)により，$K^G(Y_1, \cdots, Y_N)\subseteq L^G$．他方，(i) の関係式を $b=X_{\alpha_i}$ 全部について考えると右辺に X_i が全部でてくるのだから，

$$K(Y_1, \cdots, Y_N)\supseteq L \qquad (\text{したがって}=)$$

$$[L:L^G]=\sharp(G)=[K:K^G]\ \text{ゆえ，}\ L^G=K^G(Y_1, \cdots, Y_N)$$

が容易にわかる．

以上簡略に書いたが，答案を書くとしたら，採点者に理解され易いように，きっちり書くべきであろう．

〔練習問題〕

練習 12.1 有理数体 $\boldsymbol{Q}$ と複素数 α, β について，拡大次数 $[\boldsymbol{Q}(\alpha, \beta):\boldsymbol{Q}(\beta)]$ が $[\boldsymbol{Q}(\alpha):\boldsymbol{Q}]$ の約数かどうかを，つぎの各場合について判定せよ．

(1) $\alpha=\sqrt[3]{2}\ ,\ \beta=\alpha\omega\ (\omega^3=1, \omega\neq 1)$

(2) α が $\boldsymbol{Q}$ 上代数的で，β が $\boldsymbol{Q}$ 上超越的．

(3) $\boldsymbol{Q}(\alpha)$ が $\boldsymbol{Q}$ のガロア拡大． （東工大）

練習 12.2　K が体で $g_1, g_2, \cdots, g_n$ が K の互いに異なる自己同型であるとき，つぎのことを証明せよ．

(1)　$c_1, c_2, \cdots, c_n \in K$, $\forall x \in K$, $c_1 g_1(x) + c_2 g_2(x) + \cdots + c_n g_n(x) = 0 \Rightarrow c_i = 0\ (\forall i)$

(2)　$k = \{x \in K \mid g_i(x) = x\ (\forall i)\}$ は K の部分体で，$[K : k] \geq n$.　（新潟大）

練習 12.3　有限次ガロア拡大 L/K のガロア群 G から，標数 $p>0$ の体 k 上の n 次一般線型群 $GL_n(k)$ への準同型 ρ が与えられている。 $\mathrm{Ker}\ \rho$ の任意の元によって固定される元のなす L の部分体を L_ρ とするとき，つぎのことを示せ．

(1)　$n=1$ ならば，拡大次数 $[L_\rho : K]$ は p と素.

(2)　$[L_\rho : K]$ が p のべきであることと，行列 $\rho(g)-1$ が任意の $g \in G$ についてべき零であることは同値.　（東北大）

練習 12.4　q 個の元から成る有限体 K の m 次拡大体 L から K へのトレイス $\mathrm{Tr}(x) = \sum_{\sigma \in \mathrm{Gal}(L/K)} \sigma x$ を考えると，L の元 a についての次の条件 (1)～(3) は互いに同値であることを示せ.

(1)　$\mathrm{Tr}(a) = 0$

(2)　$\exists y \in L,\ a = y^q - y$

(3)　$\exists y_1, y_2, \cdots, y_q \in L$, $y_1, \cdots, y_q$ は互いに異なり，

$$a = y_i{}^q - y_i\quad (i = 1, 2, \cdots, q)$$

（お茶の水女子大）

練習 12.5　複素数 β は有理数体 $\boldsymbol{Q}$ 上代数的であり，その複素共役 $\bar{\beta}$ は β と等しくないものとする．$K = \boldsymbol{Q}(\beta)$ とおき，$\bar{\beta} \in K$ と仮定する．このとき，つぎのことを証明せよ．以下 $^-$ は複素共役を示す.

(1)　拡大次数 $[K : \boldsymbol{Q}]$ は偶数である．以下，$[K : \boldsymbol{Q}] = 2n$ とする．

(2)　$\exists \alpha_1, \alpha_2, \cdots, \alpha_n \in K$, $\alpha_1, \alpha_2, \cdots, \alpha_n$, $\bar{\alpha}_1, \bar{\alpha}_2, \cdots, \bar{\alpha}_n$ が K の $\boldsymbol{Q}$ 上の基底になる．そして，このとき，

(3)　$\alpha_1 + \bar{\alpha}_1, \alpha_2 + \bar{\alpha}_2, \cdots, \alpha_n + \bar{\alpha}_n$ は $K_0 = K \cap \boldsymbol{R}$ の，$\boldsymbol{Q}$ 上の基底となる．（49・都立大）

練習 12.6　L は体 K の n 次のガロア拡大体で，そのガロア群が G であり，L の加法群としての自己同準型環が E であるとき，つぎのことを証明せよ．

(1)　$a \in L$ に対し，$\bar{a}(x) = ax\ (\forall x \in L)$ なる $\bar{a} \in E$ を対応させる写像は L から E への環としての単射で，L の単位元を E の単位元に写す．

以下では，この単射によって，$L \subseteq E$ とみなす．

(2) Eの部分集合 $A=\{\sum a_i\sigma_i | a_i\in L, \sigma_i\in G\}$ (積と和は E で考える)は，Lを含む E の部分環である．

(3) 上の A に対し，$C(A)=\{f\in E | fg=gf\ (\forall g\in A)\}$ とおくと，$C(A)=K$.

(東工大)

練習 12.7 Lが体 K の有限次巡回拡大体で，σ がガロア群 G の生成元であるとき，$x\in L$ について，

(1) $N_{L/K}(x)=1 \Leftrightarrow 0\neq {}^{\exists}y\in L, x=y^{1-\sigma}(=y/y^{\sigma})$ このとき，$y_1\in L$ により $x=y_1^{1-\sigma} \Leftrightarrow y_1y^{-1}\in K$.

(2) $\mathrm{Tr}_{L/K}(x)=0 \Leftrightarrow {}^{\exists}z\in L, x=z-z^{\sigma}$. このとき，$z_1\in L$によって $x=z_1-z_1^{\sigma} \Leftrightarrow z-z_1\in K$.

ただし，$N_{L/K}(x)=\prod_{\tau\in G}x^{\tau}$, $\mathrm{Tr}_{L/K}(x)=\sum_{\tau\in G}x^{\tau}$.

[ヒント，略解等]

12.1 (1) $[\boldsymbol{Q}(\alpha,\beta):\boldsymbol{Q}(\beta)]=2$, $[\boldsymbol{Q}(\alpha):\boldsymbol{Q}]=3$.

(2) $[\boldsymbol{Q}(\alpha,\beta):\boldsymbol{Q}(\beta)=[\boldsymbol{Q}(\alpha):\boldsymbol{Q}]$

(3) $[\boldsymbol{Q}(\alpha,\beta):\boldsymbol{Q}(\beta)]=[\boldsymbol{Q}(\alpha):\boldsymbol{Q}(\alpha)\cap\boldsymbol{Q}(\beta)]$, 約数.

12.2 (1) [ヒント] n についての帰納法を利用せよ.

[略解] $n=1$ なら明らか. n の少いとき正しいと仮定する. ${}^{\exists}i$, $c_i=0$ なら帰納法. そこで，$c_1\cdots c_n\neq 0$ と仮定する. ${}^{\exists}a\in K$, $g_n(a)\neq g_{n-1}(a)$. $b_i=g_i(a)$ とおけば，$\sum c_ib_ig_i(x)=0\ (\forall x\in K)$

$$\therefore\ \sum c_i(b_i-b_n)g_j(x)=0$$

帰納法の仮定により，$c_{n-1}=0$.

(2) $[K:k]=m<n$ と仮定して矛盾を導く. K の k 上の一次独立基が $a_1=1, a_2,\cdots, a_m$ であるとき，(m,n)行列 $A=(g_i(a_j))$ を考えると，rank $A\leq m$ ゆえ，$(x_1,\cdots,x_n)A=0$ は non-trivial な解 $(c_1,\cdots,c_n)$ を K でもつ. すると，$\sum c_ig_i(x)=0\ (\forall x\in K)$.

12.3 Ker ρ に対応するのが L_ρ ゆえ，L_ρ はガロア拡大であり，そのガロア群 $\cong\rho(G)$, $[L_\rho:K]=|\rho(G)|$.

(1) k の乗法群で位数有限なものの位数は p と素. ($x^p=1\Rightarrow x=1$ ゆえ).

(2) $[L_\rho:K]$ がpのべき $\Leftrightarrow \rho(G)$ がp群 $\Leftrightarrow \rho(G)$ の各元の位数がpのべき.

$GL_n(k)$ の元 A について，A の位数が p べき $\Leftrightarrow$ A の固有値はすべて $1 \Leftrightarrow A-$(単位行列)がべき零.

12.4 [ヒント] L/K はガロア拡大で，そのガロア群 G は $x \to x^q$ によって定義される自己同型によって生成される，位数 m の巡回群であることを利用せよ．また，Tr および $\varphi: y \to y^q - y$ が L から L への K-linear map であることに留意せよ．

[第2ヒント] 練習12.2により，$\exists a \in L$, $\mathrm{Tr}(a) \neq 0$. $\mathrm{Tr}(a) \in K$ ゆえ，$a/(\mathrm{Tr}(a))$ を考えることにより，$\exists b \in K$, $\mathrm{Tr}(b)=1$. $\therefore$ $\mathrm{Tr}(L)=\{\mathrm{Tr}(x) | x \in L\}=K$.

[略解] $\mathrm{Tr}(y^q-y)=0$ は，ガロア群の生成元が，$\sigma: x \to x^q$ で与えられることからすぐわかる．ゆえに(2) $\Rightarrow$(1)は明らか．$\varphi: y \to y^q - y$ が K-linear map であり，φ の核が K であるから，$\varphi(L)$ の元数は q^{m-1}. Tr の核は $\varphi(L)$ を含む．他方，練習12.2により，$\exists a \in L$, $\mathrm{Tr}(a) \neq 0$. Tr も K-linear ゆえ，$\mathrm{Tr}(L)=K$. ゆえに Tr の核の元数$=q^{m-1}$. ゆえに，Tr の核は $\varphi(L)$ と一致する．ゆえに (1)$\Leftrightarrow$(2). (2)$\Rightarrow$(3): $a=y^q-y$, $b \in K \Rightarrow (y+b)^q-(y+b)=a$. (3)$\Rightarrow$(2) は明らか．(練習12.7の略解参照)

12.5 [ヒント] $\sigma: \alpha \to \bar{\alpha}$ が K の自己同型を定めることを示し，それを利用せよ．

[略解] $K=\boldsymbol{Q}(\beta)=\boldsymbol{Q}(\bar{\beta})$ ゆえ，$\sigma: \alpha \to \bar{\alpha}$ は K の自己同型を定める．$\sigma^2=1$ ゆえ，σ 不変な K の元全体 K_0 は K の部分体で，$[K:K_0]=2$. $\therefore$ $[K:\boldsymbol{Q}]=2[K_0:\boldsymbol{Q}]$. ゆえに(1)がわかる．$n=[K_0:\boldsymbol{Q}]$.

K_0 は明らかに $K \cap \boldsymbol{R}$ である．K_0 の $\boldsymbol{Q}$ 上の基底 $b_1, b_2, \cdots, b_n$ をとれば，$b_1, b_2, \cdots, b_n$, $b_1\beta, b_2\beta, \cdots, b_n\beta$ が K の基底となる．したがって，$b_1\beta, b_2\beta, \cdots, b_n\beta, b_1\bar{\beta}, \cdots, b_n\bar{\beta}$ も K の基底になるから，$\alpha_i=b_i\beta$ とおけばよい．

(3)は，$\alpha_i+\bar{\alpha}_i \in K_0$. $\alpha_1+\bar{\alpha}_1, \cdots, \alpha_n+\bar{\alpha}_n$, $\alpha_1, \cdots, \alpha_n$ が K の基底になるから，$\alpha_1+\bar{\alpha}_1, \cdots, \alpha_n+\bar{\alpha}_n$ は $\boldsymbol{Q}$ 上一次独立．ゆえに(3)がわかる．

12.6 (1)は易しい．条件をたしかめるだけ．

(2) G の単位元 1 と L の元 a とによる $a \cdot 1 (\in A)$ が a を与えるから，E は L を含む．A が E の部分環ということを証明する段階で，E における積が何であるかまちがい易いので，充分気をつけること．すなわち，$f, g \in E$ のとき，fg は L の各元 a を $f(g(a))$ に写すのである．[$(\sum a_i\sigma_j)(\sum b_i\sigma_j)=\sum_k(\sum_{\sigma_i\sigma_j=\sigma_k} a_ib_j)\sigma_k$ などとしたら大まちがいである.]

$a, b \in L$, $\sigma, \tau \in G$ のとき，$(a\sigma)(b\tau)$ は，L の各元 x を，$x \xrightarrow{b\tau} b\tau x \xrightarrow{a\sigma} a\sigma(b\tau x)=a(\sigma b)(\sigma\tau x)$ のように写す．したがって，$(a\sigma)(b\tau)=a(\sigma b)\sigma\tau$ である．したがって，$(\sum a_i\sigma_j)(\sum b_j\sigma_j)=\sum_k$

$(\sum_{\sigma_i\sigma_j=\sigma_k} a_i(\sigma_j b))\sigma_k$ となるのである．あとは条件をたしかめるだけである．

(3) 上述の積の算法さえまちがえないならば，むつかしくはない．すなわち，$b \in L$ について，

$$(\sum a_i\sigma_i)b = b(\sum a_i\sigma_i)$$

という条件をしらべると，$a_i\sigma_i b = a_i b\ (\forall i)$

したがって，まず，$\sum a_i\sigma_i \in C(A)$，$\sigma_1 = 1$ と仮定すれば，$a_2 = a_3 = \cdots = a_n = 0$.

つぎに，σ_i について $(a_1\cdot 1)\sigma_i = \sigma_i(a_1\cdot 1)$ という条件を考えると，$a_1 = \sigma_i a_1$. ゆえに，$a_1\cdot 1 \in C(A)$ ならば，$a_1 \in K$. $a \in K$ ならば a，すなわち $a\cdot 1$ が $C(A)$ に含まれることは容易にわかるので，(3)の証明ができる．

12.7 (1) ⇒：G の位数を n とし，$x_t = \prod_{i=0}^{t-1} x^{\sigma^i}\ (t=1, 2, \cdots, n)$ とおくと，$x_n = N_{L/K}(x) = 1$, $x_t^{\sigma} = x^{-1}x_{t+1}\ (t=1, 2, \cdots, n-1)$, $x_n^{\sigma} = 1 = x^{-1}x_1$. 練習12.2により，$\exists u \in L$, $y = \sum x_i u^{\sigma^i} \neq 0$. すると，$y^{\sigma} = x^{-1}y$ となり，したがって，$x = y/y^{\sigma} = y^{1-\sigma}$.

(2) $w_t = \sum_{i=0}^{t-1} x^{\sigma^i}$ とおく．$\exists v \in L$, $s = \sum_{i=0}^{n-1} v^{\sigma^i} \neq 0$. $z = s^{-1}(\sum_{i=0}^{n-1} w_i u^{\sigma^i})$ とおく．$s^{\sigma} = s$ ゆえ，$sz^{\sigma} = \sum_{i=0}^{n-1}(w_{i+1} - x)u^{\sigma^{i+1}} = sz - xs$. ∴ $x = z - z^{\sigma}$.

つぎに，$x = z_1 - z_1^{\sigma}$ ならば，$z - z^{\sigma} = z_1 - z_1^{\sigma}$ ゆえ，$(z - z_1)^{\sigma} = z - z_1$. ゆえに $z - z_1 \in K$. 逆は明らか．

第13章

有　限　体

この章では，有限体に関する問題を考えよう．多項式の既約性を問う問題は多く出題されているが，単に既約性だけでなく，多項式の分解を利用した形の問題から始めよう．

問題 13.1　$\boldsymbol{Z}$ を整数全体のなす環，p を素数とし，F_p を p 個の元からなる有限体とする．

(1)　F_p 上の多項式環 $F_p[x]$ の元 $g(x)=x^{p-1}-1$ を既約多項式の積に分解せよ．

(2)　$p\neq 2$ とする．(1)の結果を用いて，$\boldsymbol{Z}$ における合同式

$$\left\{\left(\frac{p-1}{2}\right)!\right\}^2\equiv-(-1)^{\frac{p-1}{2}}\pmod p$$

を証明せよ．

(3)　p は任意の素数とする．体 $F_p(x)$ 上の変数 T の多項式 T^4-x の $F_p(x)$ 上の最小分解体 L を考える．L の $F_p(x)$ 上の拡大次数を求めよ．ただし，$F_p(x)$ は F_p 上の有理関数体を表す．　　　　（名大）

解説　(1)　F_p の 0 以外の元全体 $F_p{}^*$ は位数 $p-1$ の巡回群であるから，$g(x)$ の根全体になる．ゆえに $g(x)=\Pi_a(x-a)$（a は $F_p{}^*$ の元全部を動く）

(2)　$p=2m+1$ とする．問題の式の左辺は $(m!)^2$ であるが，$m+1+i\equiv-(m-i)\pmod p$ であるから，$(m!)^2\equiv(p-1)!\times(-1)^m\equiv-(-1)^m$

［$(p-1)!\equiv-1\pmod p$ はウイルソンの定理として知られている．］

(3)　T^4-x の 1 根を α とする．以下は p が何かによって扱いが異なる．

$p=2$ のとき：$T^4-x=(T-\alpha)^4$ であるから，$L=F_p(x)(\alpha)$ で，L の $F_p(x)$ 上の拡大次数は 4 である．

$p-1$ が 4 の倍数のとき：F_p は 1 の原始 4 乗根 ζ を含む．T^4-x の 4 根は，$\alpha\zeta^i$ $(i=0,1,2,3)$ であるから，$L=F_p(x)(\alpha)$ であり，$[L:F_p(x)]=4$.

p が奇数で，$p-1$ が 4 の倍数でないとき：F_p の 2 次拡大体を考えて，1 の原始 4 乗根 ζ を得ると，上と同様にして，$L=F_p(x)(\alpha,\zeta)$ であるから，

$$[L:F_p(x)(\zeta)]=4,\ [F_p(x)(\zeta):F_p(x)]=2$$

となり，求める拡大次数は 8 である．

有理数体 $\boldsymbol{Q}$ 上と有限体上とを並行して出題するのも多い．そのうち 2 題を見よう．

問題 13.2　X を変数とする多項式 $f(X)=X^4+4X^3+3X^2-2X+23$ を考える．

(1)　$f(X)$ の有理数体 $\boldsymbol{Q}$ 上の最小分解体を F とし，ガロア群 $\mathrm{Gal}(F/\boldsymbol{Q})$ の構造を求めよ．

(2)　任意の素数 p について，$f(X) \pmod p$ は体 $\boldsymbol{Z}/p\boldsymbol{Z}$ 上可約であることを示せ．

（東大）

問題 13.3　(1)　有理数体 $\boldsymbol{Q}$ 上の多項式 $T^3-2\in\boldsymbol{Q}[T]$ は $\boldsymbol{Q}$ 上既約であることを示せ．

(2)　T^3-2 のひとつの根 $\sqrt[3]{2}$ を $\boldsymbol{Q}$ に添加した体 $\boldsymbol{Q}(\sqrt[3]{2})$ は $\boldsymbol{Q}$ のガロア拡大体ではないことを示せ．

(3)　$F_7=\boldsymbol{Z}/7\boldsymbol{Z}$ を 7 つの元からなる有限体とする．F_7 上の多項式 $T^3-2\in F_7[T]$ は F_7 上既約であることを示せ．

(4)　F_7 の代数閉包における T^3-2 のひとつの根を α とする．F_7 に α を添加した体 $F_7(\alpha)$ は F_7 のガロア拡大体であることを示せ．

(5)　$F_7(\alpha)$ の中に方程式 $X^9=1$ の根はいくつあるか．理由とともに答えよ．また，その根の中で F_7 に入らない元全部の和を求めよ．　（九大）

解説　第 1 問　(1)　$Y=X+1$，すなわち，$X=Y-1$ という置き換えをしよう．

$$\begin{aligned} f(X))&=(Y-1)^4+4(Y-1)^3+3(Y-1)^2-2(Y-1)+23 \\ &=Y^4-4Y^3+6Y^2-4Y+1+4Y^3-12Y^2+12Y-4+3Y^2-6Y+3-2Y+25 \\ &=Y^4-3Y^2+25=g(Y) \text{ としよう．} \end{aligned}$$

$g(Y)$ の根を $\pm\alpha,\pm\beta$，ただし $\alpha^2=(3+\sqrt{-91})/2$，$\beta^2=(3-\sqrt{-91})/2$

$\alpha^2\beta^2=25$ であるから，$\alpha\beta=5$ としてよい．

$g(Y)$ の 4 根は $\pm\alpha,\pm5/\alpha$ であり，ガロア群の元は α をどの根に写すかによって決まる．同じ写像を 2 回繰り返せば恒等写像になるから，ガロア群は $(2,2)$ 型アーベル群で，$\sigma:\alpha\to-\alpha$（他の根も -1 倍に写る）；$\tau:\alpha\to5/\alpha$ によって生成される．

(2)　$g(Y)$ への変換は $Y=X+1$ であったから，$g(Y)$ の可約性を示せばよい．

$p=2$ のとき：$g(Y)\equiv Y^4+Y^2+1\equiv(Y^2+Y+1)^2$

p が91を割り切るとき，すなわち，$p=7,13$ のときは $g(Y)$ を Y^2 の2次式とみたときの判別式$=0$ で，$g(Y)$ は Y の2次式2個の積になる．

$p=5$ のときは $g(Y)\equiv Y^2(Y^2+1)$

$p=3$ のとき：$g(Y)\equiv Y^4+1\equiv(Y^2+Y-1)(Y^2-Y-1)$

一般の場合，このまねをしてみよう．

$(Y^2+aY+b)(Y^2-aY+b)\equiv Y^4+(2b-a^2)Y^2+b^2$

$b=\pm5$，$2b-a^2\equiv-3$，$a^2\equiv 13$ or -7 となる a があればよい．

そのような a がない場合は，13，-7 ともに $\boldsymbol{Z}/p\boldsymbol{Z}$ の乗法群を生成する $b\pmod p$ の奇数乗になっているのであるから，$-7\times13\equiv c^2$ となる $c\in\boldsymbol{Z}$ があり，α^2,β^2 が $\boldsymbol{Z}/p\boldsymbol{Z}$ に属し，$g(Y)$ は2次式の積に分解する．

第2問 (1) T^3-2 が有理数根をもたないことからわかる．

(2) 1の虚立方根 ω を考えると，$\sqrt[3]{2}\,\omega,\sqrt[3]{2}\omega^2$ は $\sqrt[3]{2}$ の $\boldsymbol{Q}$ 上の共役だから，ω を添加しないとガロア拡大にならない．

(3) $\boldsymbol{Z}/7\boldsymbol{Z}$ の乗法群は位数6の巡回群であるから，元を3乗すると，2乗すれば1になるもの，すなわち，±1 の類になり，2の類にはならないから，$\boldsymbol{Z}/7\boldsymbol{Z}$ 上既約．

(4) $\boldsymbol{Z}/7\boldsymbol{Z}$ には，3乗して1の類になるものが3個あるので，$F_7(\alpha)$ は，α の共役3個を全部含む．ゆえに $F_7(\alpha)$ は F_7 のガロア拡大体である．

(5) $[F_7(\alpha):F_7]=3$ であるから，$F_7(\alpha)$ の元数は 7^3 であり，乗法群は位数が $7^3-1=242=9\times2\times19$ の巡回群である．巡回群だから同じ位数の異なる部分群はないので，$X^9=1$ の解になるのは，位数9の部分群の元全体である．ゆえに，答は9個である．これら9個のうち，F_7 に属するのは（F_7 の乗法群が位数6ゆえ），$x\in F_7$ かつ，$x^3=1$ をみたすものである．それらは，$1,2,4\pmod 7$ である．それらの和は0で，$x^9=1$ の解の和も0であるから，求める和は0．

（答） $X^9=1$ の $F_7(\alpha)$ に属する根は9個

それらのうち F_7 に属さないものの和0

行列群と関連させた出題もいろいろある．そのうち2題を考えよう．

問題 13.4 F_2 を0,1の2つの元からなる体とし，

$$SL_2(F_2)=\{A\in M_2(F_2)\mid \det A=1\}$$

を，F_2 の元を成分とする2次正方行列で行列式が1であるもの全体のなす群とする．このとき，$SL_2(F_2)$ は3次対称群と同型であることを示せ． （名大）

問題 13.5　F_q を q 個の元からなる有限体とし，$GL_2(F_q)$ を F_q 上の 2 次正則行列のなす群とし，$GL_2(F_q)$ の部分群 $G(q)$ を

$$G(q)=\left\{\begin{pmatrix} a & b \\ 0 & 1 \end{pmatrix}\middle| a, b\in F_q, a\neq 0\right\}\subset GL_2(F_q)$$

と定義する．

(1)　$G(4)$ が 4 次交代群 A_4 と同型であることを示せ．

(2)　$G(q)$ が A_4 と同型な部分群を含む q を決定せよ．　　（東大）

解説　第 1 問　位数 6 の非可換群は 3 次対称群と同型で，同型写像も簡単に示すことができます．

第 2 問　(1)　a は F_4 の乗法群 F_4^*（位数 3）を動き，b は F_4 を動くので，$G(4)$ の位数は 12 である．F_4 の乗法群の生成元の一つ a をとり

$$\alpha=\begin{pmatrix} a & 0 \\ 0 & 1 \end{pmatrix},\quad \beta=\begin{pmatrix} 1 & 1 \\ 0 & 1 \end{pmatrix},\quad \gamma=\begin{pmatrix} 1 & a \\ 0 & 1 \end{pmatrix}$$

としよう．α の位数は 3 で，$\beta\gamma=\gamma\beta$ であり，E(単位行列)$,\beta,\gamma,\beta\gamma$ は 2-Sylow 群である．

$\alpha\begin{pmatrix} 1 & b \\ 0 & 1 \end{pmatrix}\alpha^{-1}=\begin{pmatrix} 1 & ab \\ 0 & 1 \end{pmatrix}$ であるから，α による内部自己同型で，2-Sylow 群の E 以外の 3 元 $\beta,\gamma,\beta\gamma$ の巡回置換が得られる．これは 4 次交代群の構造の特長づけである．すなわち，2-Sylow 群の非単位元は $\{(1,2)(3,4),(1,3)(2,4),(1,4)(2,3)\}$ で，巡回置換 $(1,2,3)$ による内部自己同型が位数 2 の 3 元の巡回置換を引き起こしているのである．

(2)　$G(q)$ の位数は $q(q-1)$ である．考える $F(q)$ の標数は p としよう．

(i)　$p\neq 2$ の場合 $\begin{pmatrix} 1 & b \\ 0 & 1 \end{pmatrix}$ $(b\neq 0)$ の位数は p である．$\begin{pmatrix} a & b \\ 0 & 1 \end{pmatrix}$ の形の元も，n 乗して単位行列 E になるためには $a^n=1$ になる必要があるので，位数が 2 のためには $a^2=1$ でなくてはならない．そのような a の場合 $B=\begin{pmatrix} a & b \\ 0 & 1 \end{pmatrix}$ を考えると

$$B^2=\begin{pmatrix} 1 & ab+b \\ 0 & 1 \end{pmatrix}$$

であるから，B の位数が 2 になるのは，$b=0$ か $a=-1$ すなわち，

$b=0$ のときは $\begin{pmatrix} -1 & 0 \\ 0 & 1 \end{pmatrix}$ に限られ，その他は $\begin{pmatrix} -1 & b \\ 0 & 1 \end{pmatrix}$ $(0\neq b\in F_q)$

これらのうちの 2 元の積は $\begin{pmatrix} -1 & b \\ 0 & 1 \end{pmatrix}\begin{pmatrix} -1 & c \\ 0 & 1 \end{pmatrix}=\begin{pmatrix} 1 & b-c \\ 0 & 1 \end{pmatrix}$ で，$b\neq c$ ならば，位数 p の

元になる．すなわち，$G(q)$ は $(2,2)$ 型のアーベル群を部分群として含み得ない．ゆえに，A_4 と同型な部分群は含まない．

（ii） $p=2$ の場合 q が 4 のべきならば，F_q は F_4 を含むので，$G(q)$ は A_4 と同型な部分群を含む．以下考えるのは，q が 2 の奇数べき 2^{2n+1} の場合である．

mod 3 で考えると，$2^{2n+1}\equiv(-1)^{2n+1}\equiv-1$ であり，$G(q)$ の位数 $q(q-1)$ は 3 の倍数ではない．したがって，$G(q)$ は位数12の部分群は持ち得ない．

結論は，$G(q)$ が A_4 と同型の部分群をもつのは，q が 4 のべきの場合である．

別の種類の問題をもう一つ紹介しよう．

問題 13.6 q 個の元から成る有限体 F 上の，$q-1$ 次の巡回行列

$$A=\begin{pmatrix} a_0 & a_1 & \cdots & a_{q-2} \\ a_1 & a_2 & \cdots & a_0 \\ & \cdots\cdots & \cdots & \\ a_{q-2} & a_0 & \cdots & a_{q-3} \end{pmatrix} \qquad (a_0\neq 0)$$

を考える．高々 $q-2$ 次の方程式 $f(X)=a_0+a_1X+\cdots+a_{q-2}X^{q-2}=0$ の，F 内に含まれる互いに相異なる根の個数は $N=q-1-r$ $(r=\mathrm{rank}\,A)$ で与えられることを示せ．

（神戸大）

解説 巡回行列の行列式の公式

$$\det A=\Pi_\zeta(a_0+a_1\zeta+\cdots+a_{q-2}\zeta^{q-2})$$

（ζ は $X^{q-1}-1$ の根全体を動く）がある．複素数体の中でのこととして習った人が多いだろうが，他の体でもよいのである．この公式をみて，A と次の行列 B との積を考えることに気付けばしめたものである．

$$B=\begin{pmatrix} 1 & 1 & \cdots & 1 \\ c_1 & c_2 & \cdots & c_{q-1} \\ \vdots & \vdots & & \vdots \\ c_1{}^{q-2} & c_2{}^{q-2} & \cdots & c_{q-1}{}^{q-2} \end{pmatrix} \quad (\{0,c_1,\cdots,c_{q-1}\}=F)$$

$f(c_j)=0 \Leftrightarrow j\leq m$ と仮定してよい．$\det B$ はファンデアモンドの行列式で $\pm\Pi_{i<j}(c_i-c_j)$ であるから，B は正則であり，$\mathrm{rank}\,A=\mathrm{rank}\,AB$．ところで，$AB$ の (i,j) 成分は

$$a_{i-1}+a_ic_j+\cdots+a_{0-2}c_j{}^{q-i-1}+a_0c_j{}^{q-i}+\cdots+a_{i-2}c_j{}^{q-2}$$
$$=c_j{}^{q-i}(a_0+a_1c_j+\cdots+a_{q-2}c_j{}^{q-2}).$$

ゆえに AB は最初の m 列が 0 ばかりで，$m+1$ 列以後の $q-1-m$ 列は一次独立であり，rank $AB=q-1-m$. ゆえに $m=q-1-r$ というわけである．この解法は，いささか技巧的といえるかも知れないが，$f(X)$ の形と，証明すべき内容とから，気付いてしかるべき解法だと思う．

〔練習問題〕

練習 13.1　標数 $p\ (\neq 0)$ の素体 F 上，X^2+X+1 は可約であるか，既約であるか．

（広島大）

練習 13.2　p が素数，$GF(p)=\mathbf{Z}/p\mathbf{Z}$ とおき，$GF(p)$ 上の多項式 $f(X)=X^3-X^2-X-1$ を考える．

(1)　$p=7$ のとき，$f(X)$ は既約か．既約でなければその因数分解を与えよ．

(2)　$f(X)$ が既約で $f(\theta)=0$ ならば，$\theta^{p^2+p+1}=1$ であることを証明せよ．

（津田塾大）

練習 13.3　F_p は標数 p の素体で，q は素数とする．

(1)　変数 X についての，F_p 係数の q 次既約多項式は p^q 次の多項式 $X^{p^q}-1$ を割り切ることを証明せよ．

(2)　X についての，F_p 係数の q 次既約多項式で，最高次の係数が 1 のものの個数は，丁度 $(p^q-p)/q$ であることを証明せよ．　（学習院大）

練習 13.4　標数 5 の素体 K 上の多項式 $f(X)=X^5-X+1$ について，つぎのことを証明せよ．

(1)　$f(X)=f(X+1)$ である．また，$K[X]$ 内の既約多項式 $g(X)$ について，$g(X+i)$ $(i=0,1,2,3,4)$ はすべて等しいか，または，すべて異る．前者の場合には，$g(X)$ の次数は 5 以上である．

(2)　$f(X)$ が一次の因子も，2 次の因子ももたないことを示して，$f(X)$ の既約性を導け．

つぎに，有理整数環 $\mathbf{Z}$ 上の多項式 $F(X)=X^5-10X^4-6X+1$ について，上の結果を利用して，$\mathbf{Z}$ 上の既約性を導け．　（東北大）

練習 13.5 有限体は代数的閉体でないことを示せ. (東海大)

練習 13.6 n 個の元からなる可換な有限整域は, 存在すればすべて互いに同型であることを示せ. (立教大)

練習 13.7 F が有限体であれば, F で定義され, F に値をもつ函数は, F に係数をもつ一変数の多項式で表しうることを示せ. (名大)

練習 13.8 可換体 K の乗法群 $K^*=K-\{0\}$ が有限生成ならば, K は有限体であることを証明せよ. (都立大)

練習 13.9 q 個の元をもつ有限体 F の元を係数にもつ n 次多項式 $f(x)$ で, x^n の係数が1であり, かつ F 上既約であるものの全体を P_n とする. l が奇素数であるとき, 次の(1), (2)を証明せよ.

(1) P_l の元の個数は $(q^l-q)/l$ である.

(2) P_{2l} の元 $f(x)$ で

$$f(x)=x^{2l}f(x^{-1})$$

をみたすものの個数は $(q^l-q)/(2l)$ である. (東大)

練習 13.10 元数 q の有限体 K 上の 2 次の正則行列全体の群 $GL(2, K)$ および K 上の二変数多項式 $f=f(x, y)$ に対し,

$$G_f=\left\{\begin{pmatrix} a & b \\ c & d \end{pmatrix}\in GL(2, K) \mid f(ax+by, cy+dy)=f(x, y)\right\}$$

とおく. 次の各 f に対して, 群 G_f およびその位数を求めよ.

(1) xy^q-x^qy (2) x^2+y^2 (3) x^3+y^3 (東大)

[ヒント, 略解等]

13.1 $p=3$ なら可約. $p\neq3$ のときは $X^2+X+1=(X^3-1)/(X-1)$ に着目して, 「X^2+X+1 が可約」$\Leftrightarrow$「$p-1\equiv0 \bmod 3$」

13.2 (1) $f(X)=(X-3)(X^2+2X-2)$

(2) $GF(p)$ の有限次拡大体 K の Galois 群は $\sigma x=x^p$ で定まる元 σ で生成される. ゆえに θ の共役は $\theta, \theta^p, \theta^{p^2}$. 根と係数の関係により, この三根の積は 1.

13.3 (1) θ が F_p 上の q 次既約多項式の根 $\Rightarrow F_p(\theta)$ の元数は $p^q \Rightarrow \theta^{p^q}=\theta$.

(2) F_p の q 次拡大体 K の元数は p^q, K の真の部分体は F_p だけ. ゆえに $K-F_p$ の各元 θ に対し, その最小多項式 $f_\theta(X)$ は q 次既約. θ の共役は q 個ずつであるから, $f_\theta(X)$ の数は $(p^q-p)/q$.

13.4 (1) $(X+1)^5=X^5+1$ ゆえ, $f(X)=f(X+1)$. $g(X+i)=g(X+j)$ $(\exists i,j\in\{0,1,2,3,4\}, i\neq j)$ ならば, $g(X+i)=g(X+i+m(j-i))$ $(m=1,2,\cdots)$ ゆえ, $g(X+i)$ は全部等しくなる. その場合, θ が $g(X)$ の一つの根ならば, $\theta, \theta+1, \cdots, \theta+4$ も根になるから, $g(X)$ の次数$\geqq 5$.

(2) 一次因子のないことは $a\in K \Rightarrow f(a)\neq 0$ をたしかめればよい. 二次因子のないこと: K の二次の拡大体 L の元数は 25. $b\in L$, $f(b)=0$ とすると, $b^{25}=b$. $b^5=b-1$

$\therefore\ b=b^{25}=(b^5-1)^5=b-1$. $\therefore\ -1=0$ で矛盾.

最後: $F(X)$ mod 5 が既約ゆえ, $F(X)$ は既約.

13.5 有限体Fの元数が q であるとき, m が q と素で, q より大きい自然数ならば, X^m-1 は重根をもたないので, $F(X)$が一次因子に完全分解することはない.

13.6 X^n-X の最小分解体になるから.

13.7 Fの元aで値 1, 他の元で値 0 をとる函数$f_a(X)$ は $\Pi_{c\neq a}(X-c)/(a-c)$ として得られる. そこで, 任意の函数 $g(x)$ は $\sum_a g(a)f_a(X)$ として得られる.

13.8 [ヒント] 有限生成アーベル群の部分群は有限生成である.

[略証] 有理数体の乗法群は有限生成でないから, K の標数$\neq 0$. 素体 F 上超越元 x があれば, $F(x)$の乗法群が有限生成でないから, K は F 上代数的. ゆえに K^*の各元の位数は有限, ゆえに K^* は有限群.

13.9 (1)は練習 13.3 の(2)と同様.

(2) [ヒント] 体 K の上の多項式 $h(X), g(X)$ について, $h(X+X^{-1})=g(X+X^{-1})$ ならば, $h(X)=g(X)$ である. (証明は, 次数についての帰納法を使う. $h(X+X^{-1}), g(X+X^{-1})$の, X について一番次数の高いところは, $h(X), g(X)$ の X について一番次数の高いところと一致するから, $h(X), g(X)$ の最高次は同じ項から成る. それを消去すれば, 次数の低い場合に帰着.)

[略証] $f(x)=x^{2l}f(x^{-1})$ という条件は, $f(x)$ が相反多項式 [$\sum_{i=0}^n a_ix^i$ が相反多項式 $\Leftrightarrow a_i=a_{n-i}\ (\forall i)$]. 一般に$2m$ 次 (m は自然数) の相反多項式 $h(x)$ が与えられれば, $x^{-m}h(x)=$

$k(x+x^{-1})$となるm次多項式$k(x)$がある．$k(x)$が可約なら，$h(x)$も可約．したがって，(2)の条件をみたす$f(x)$はP_lの元$g(x)$によって，$x^lg(x+x^{-1})$の形で得られる．P_lの元$g(x)$のうち，半数から得られる$x^lg(x+x^{-1})$が既約で，残りの半数から得られる$x^lg(x+x^{-1})$が可約であることを示せばよい．以下はそのことの略証である．$g(x)$はP_lの元とする．$x^lg(x+x^{-1})$が可約であるための条件は，$g(x)$の根の一つがθであるとき，$x^2-\theta x+1$が$F_l=(F$のl次拡大$)=F(\theta)$上可約であることである．そのための条件は，F_l-FからF_lの中への写像$\psi: \alpha\to\alpha^{-1}+\alpha$について，$\theta\in\psi(F_l-F)$．

$\alpha\neq\beta$，$\psi(\alpha)=\psi(\beta)\Leftrightarrow\alpha\beta=1$であるから，$F_l-F$の元の丁度半数について，$x^2-\theta x+1$が$F_l$上既約，残りの半数について可約となる．

13.10　(1)のG_fは$SL(2,K)=\{A\in GL(2,K)|\det A=1\}$．証明は，$a\in K\Rightarrow a^q=a$に注意して，条件

$$(ax+by)(cx+dy)^q-(ax+by)^q(cx+dy)=xy^q-x^qy$$

を整理すればすぐ出る．

$GL(2,K)$の位数は$(q^2-1)(q^2-q)=q(q-1)^2(q+1)$であり，$A\to\det A$は群としての全射$GL(2,K)\to K-\{0\}$であるから，$G_f$の位数は$q(q-1)(q+1)$である．

(2)は標数が2かどうかで様子が異なる．

(i)　標数2のとき，条件

$$(ax+by)^2+(cx+dy)^2=x^2+y^2$$

を整理すると，$a^2+c^2=1, b^2+d^2=1$，$\therefore\ a+c=1$，$b+d=1$．$\therefore G_f=\left\{\begin{pmatrix}a & b\\ 1+a & 1+b\end{pmatrix}\middle| a\neq b\right\}$，位数$q^2-q$．

(ii)　標数$\neq2$のとき，条件を整理すると，$a^2+c^2=1$，$b^2+d^2=1$, $ab+cd=0$．これを解くと，$\theta=\sqrt{1-a^2}\in K$，$c=\pm\theta, b=\pm\theta, d=\pm a\ (cd=-ab)$．

$a^2+c^2=1$となる(a,c)の組の数は(i) $q\not\equiv1 \bmod 4$なら$q+1$，(ii) $q\equiv1 \bmod 4$なら$q-1$［計算法：各$k\in K$に対し$X^2+Y^2=k$の解の数を$S(k)$とする．$S(k)>0$である．$kk'\neq0$のとき，$c^2+d^2=k'/k$となるc,dをとり，変換$X\to cX+dY$, $Y\to -dX+cY$を利用して，$S(k)=S(k')$を得る．あと$S(0)$が(i)のとき1，(ii)のとき$2q-1$を利用］．$ac=0$（4通り）に対し8つの元があり，$ac\neq0$のとき各解に対して二つずつの元があるので，G_fの位数は(i)の場合$2(q+1)$，(ii)の場合$2(q-1)$である．

(3)　標数$=3$ のときは，(2)の標数 2 のときと同様．標数$\neq 3$ のときは，条件を整理すると，$b=c=0$, $a^3=d^3=1$ または，$a=d=0$, $b^3=c^3=1$. ゆえに，G_fの位数は，(i) $q-1\not\equiv 0 \bmod 3$ のときは 2，(ii) $q-1\equiv 0 \bmod 3$ のときは18.

第14章

体の一般論

この章では，体に関する一般的な問題を考えることにする．簡単な問題から始めよう．第2問は有限体の構造が元数で決まることが主題である．

問題 14.1　K を体 k の代数的拡大体とする．ある自然数 n があって，すべての $\alpha\in K$ に対して，$[k(\alpha):k]\leqq n$ とする．次の問に答えよ．

(1)　K が k 上分離的ならば $[K:k]\leqq n$ であることを示せ．

(2)　$[K:k]=\infty$ となる例を1つ書け．　(阪市大)

問題 14.2　p を素数とし，F_p を p 個の元からなる体とする．また，L を F_p の代数的閉包とする．

(1)　Q を F_p 上既約な2次多項式で，最高次の係数が1であるものの全体の集合とする．Q の元数を求めよ．

(2)　$S=\{\alpha\in L\,;\,\exists f\in Q,\ f(\alpha)=0\}$ とする．S の元 β を一つとるとき

$$S=\{a\beta+b\,;\,a,\ b\in F_p,\ a\neq 0\}$$

であることを示せ．　(阪大)

解説　第1問　(1)　k の有限次分離拡大体が $k(\alpha)$ の形に表されることを利用すればよい．

(2)　k として，標数 $p\neq 0$ の体 F 上に無限個の変数 $x_1, x_2, \cdots, x_n, \cdots$ による有理関数体 $F(x_1, \cdots, x_n, \cdots)$ を考えると，k に $x_1, x_n, \cdots$ の p 乗根をつけ加えた体を K とすればよい．

第2問　(1)　Q の元は x^2+ax+b $(a, b\in F_p)$ の形で F_p 上既約なものである．この形で可約なものは $(x-a)(x-b)$ $(a, b\in F_p)$ で，$a\neq b$ であるものが，p 個から2個を選ぶ組み合わせの数，$a=b$ であるものが p 個，合わせて $\frac{1}{2}p(p+1)$ であるから，Q の元数は $p^2-\frac{1}{2}p(p+1)=\frac{1}{2}p(p-1)$ である．

(2) F_p の2次拡大体Kの元数は p^2 であり，それは，どの $\beta\in S$ を使っても得られるので，この主張が得られる．

問題 14.3 k を標数2の体とする．k 上2変数の多項式環 $k[x,y]$ の k-自己同型 σ：$k[x,y]\to k[x,y]$ を $\sigma(x)=y, \sigma(y)=x+y$ により定義する．

(1) σ による $k[x,y]$ の2次と3次の斉次不変式（$\sigma(f)=f$ となる斉次式 f）全体の k 上の基底をそれぞれ求めよ．

(2) 5次の斉次不変式は2次と3次の斉次不変式の積に書けることを示せ．　(東北大)

解説 (1) $a,b,c\in k$ として，$\sigma(ax^2+bxy+cy^2)$ を考えると：

$$ay^2+by(x+y)+c(x+y)^2=cx^2+bxy+(a+b+c)y^2$$

これが不変式$\Leftrightarrow a=c$，$a+b=0\Leftrightarrow a=c=b$

ゆえに，求める基底は　x^2+xy+y^2 である．

3次の場合，同様に $\sigma(ax^3+bx^2y+cxy^2+dy^3)$

$=ay^3+by^2(x+y)+cy(x+y)^2+d(x+y)^3$

$=dx^3+(c+d)x^2y+(b+d)xy^2+(a+b+c+d)y^3$

不変式の条件：$a=d$，$b=c+d$，$c=b+d$，$d=a+b+c+d$

$\Leftrightarrow a=d$，$b=a+c$

ゆえに，求める基底は $x^3+y^3+x^2y$，x^2y+xy^2 である．

5次の場合，同様に

$\sigma(ax^5+bx^4y+cx^3y^2+dx^2y^3+exy^4+fy^5)$

$=ay^5+by^4(x+y)+cy^3(x+y)^2+dy^2(x+y)^3+ey(x+y)^4+f(x+y)^5$

$=fx^5+(e+f)x^4y+dx^3y^2+(c+d)x^2y^3+(b+d+f)xy^4+(a+b+c+d)y^5$

不変式の条件：$a=f$，$b=e+f$，$c=d$，$d=c+d$，$e=b+d+f$，$f=a+b+c+d$

$\Leftrightarrow c=d=0$，$a=f$，$b=e+a$

ゆえに求める基底は $x^5+y^5+x^4y$，x^4y+xy^4 であり，

$$x^5+y^5+x^4y=(x^2+xy+y^2)(x^3+x^2y+y^3)$$

$$x^4y+xy^4=(x^2+xy+y^2)(x^2y+xy^2)$$

であるから，5次に不変斉次式は2次の不変式 x^2+xy+y^2 で整除され，3次の不変式になるのである．

問題 14.4　k が標数 $p\geq 0$ の体，K が k の n 次拡大体 $(1<n<\infty)$ とする．K の任意の元 x が

$$x=ax^2+b \qquad (a, b\in k)$$

と書けるならば，n は2のべきで，$p=2$ であることを示せ．　(広島大)

解説　与えられた条件から，「$x\in K, x\notin k$ ならば $[k(x):k]=2$」がわかる．$p\neq 2$ とすると，二次方程式の根の公式によって，$\exists c\in k,\ k(x)=k(\sqrt{c})$．$y=\sqrt{c}\in K$ ゆえ，$y=ay^2+b$ $(\exists a, b\in k)$ の筈であるが，この場合右辺 $=ac+b\in k$ となってしまって矛盾である．ゆえに $p=2$ がわかる．

n が2のべきであることは，上の「　」内のことからすぐわかるが，実は $n=2$ ということもわかるので，それをつけ加えておこう．x が非分離的であれば，$x^2\in k$ となるから，上の $\sqrt{c}$ についてと同じ議論で矛盾をうる．したがって，K は k 上分離的である．有限次の分離代数的拡大は単純拡大であるから，「　」内のことによって，$n\leq 2$．$n>1$ ゆえ，$n=2$ である．

出題者は，この単純拡大についての智識を験すことよりも，基本的考え方を験すことが大切というわけで，このような問い方をしたのであろう．答案としては，要求されただけを正しく答えればよいが，$n=2$ まで含めて答えてもよいことは，もちろんである．

問題 14.5　k が標数 p $(\neq 0)$ の体で，

$$f(X)=X^{p^n}+a_{n-1}X^{p^{n-1}}+\cdots+a_1X^p+a_0X$$
$$(a_0, a_1, \cdots, a_{n-1}\in k,\ a_0\neq 0)$$

とおくとき，つぎのことを示せ．

(1) $f(X)=0$ の根全体の集合 Z は素体 F 上の n 次元のベクトル空間である．

(2) $Z\subseteq k$ のとき，$f(X)=b$ $(b\in k)$ の任意の一根を β とすれば，$k(\beta)$ は k の正規拡大体である．　(阪大)

解説　標数 $p\neq 0$ の体の特性として，$(a+b)^p=a^p+b^p$ がある．したがって，ここで与えられた多項式 $f(X)$（このような多項式を p 多項式とよぶことがある）については $f(a+b)=f(a)+f(b)$．ゆえに Z は F 上のベクトル空間．

$f(X)$ の導関数は a_0 $(\neq 0)$ であるから，$f(X)$ は重根をもたない．したがって Z の元数

$\sharp(Z)$ は p^n である．ゆえに $\dim Z=n$，というのが(1)の解である．(2)については，γ が $f(X)=b$ の根 $\Leftrightarrow f(\beta)=f(\gamma) \Leftrightarrow f(\beta-\gamma)=0 \Leftrightarrow \beta-\gamma\in Z$.

したがって，$Z\subseteq k$ ならば，$k(\beta)$ が $f(X)=b$ の根をすべて含むことになり，(2)の証明ができる．

つぎの問題はちょっとむつかしい．

問題 14.6　$\alpha_1, \alpha_2, \cdots, \alpha_n$ は有理数体 $\boldsymbol{Q}$ 上一次独立な複素数であるものとし，

$$A=\sum_{i=1}^{n}\boldsymbol{Q}\alpha_i,\ B=\{x\in\boldsymbol{C}\,|\,xA\subseteq A\}$$

とおく．B は体であり，$[B:\boldsymbol{Q}]$ は n の約数であることを示せ．

また $[B:\boldsymbol{Q}]=n$ となるのはどんなときか．　(東北大)

解説　B が体であることは，逆元の存在以外は易しい．$B\ni b\neq 0$ としよう．$b\alpha_1, \cdots, b\alpha_n$ は $\boldsymbol{Q}$ 上一次独立であるから，$bA\subseteq A$ は $bA=A$ を示している．ゆえに $b^{-1}A=A$ となり，$b^{-1}\in B$，というわけで，B が体であることがわかる．

上でみたように，B の各元 b は $a\to ba$ により，A の一次変換をひきおこす．その対応で，B は $\boldsymbol{Q}$ 上の n 次の行列環の部分体と考えられる．したがって，B は $\boldsymbol{Q}$ 上有限次の拡大体である．したがって，$B=\boldsymbol{Q}(c)$ となる元 c がある．c に対応する行列を C としよう．C の固有多項式 $f(X)$ の $\boldsymbol{Q}$ 上での素元分解を $\prod_{i=1}^{s}g_i(X)$ としよう．$g_i(C)$ は正則ではない．しかし，それは体 B の元 $g_i(c)$ に対応している．したがって，$g_i(c)=0$．ということは，$g_i(X)$ すべて c の最小多項式でなくてはならない．ゆえに，$n=s\times(\deg g_1(X))=s\times[B:\boldsymbol{Q}]$ となり，前半ができた．

$[B:\boldsymbol{Q}]=n$ となるのは，$f(X)$ が既約のときに他ならない．上の考察から，$f(X)$ が重根をもたないとき，といっても同じである．しかし，$f(X)$ が具体的にわかっているわけではないから，このようなことを答えても，点はもらえないだろう．

まず，簡単にわかることは，A 自身が体であれば，明らかに $B=A$ であり，$[B:\boldsymbol{Q}]=n$ となる．そこで体 A_0 と数 a とがあって，$A=A_0a$ となるときは，$B=A_0$ となり，$[B:\boldsymbol{Q}]=n$ になる．実は，この逆も成り立つのである．$\beta_i=\alpha_i/\alpha_1$ とおいて，$A_0=\sum_{i=1}^{n}\boldsymbol{Q}\beta_i$ としよう．$B=\{x\in\boldsymbol{C}\,|\,xA_0\subseteq A_0\}$ でもある．A_0 が1を含むから，$B\subseteq A_0$ である．そこで，$[B:\boldsymbol{Q}]=n \Rightarrow B=A_0$ すなわち，A_0 が体のときである．

行列が出てきたついでというわけで，つぎの風変わりな問題を紹介しておこう．

問題 14.7　q が素数のべき，n が自然数で，F は元数 q^n の有限体であるものとする．A が F の元を成分にもつ n 次正則行列で，

「各 (i,j) 成分は，$(1,1)$ 成分の q^{i+j-2} 乗」

という性質をもてば，A の逆行列もこの性質をもつことを示せ．　（北大）

解説　見易くするため，$a^{(i)}$ は元 a の q^i 乗を表すことにしよう．すると $a^{(n)}=a^{(0)}=a$ ゆえ

$$A=\begin{pmatrix} a^{(0)} & a^{(1)} & \cdots & a^{(n-2)} & a^{(n-1)} \\ a^{(1)} & a^{(2)} & \cdots & a^{(n-1)} & a^{(0)} \\ \cdots & \cdots & \cdots & \cdots & \cdots \\ a^{(n-1)} & a^{(0)} & \cdots & \cdots & a^{(n-2)} \end{pmatrix} \quad (a=a_{11})$$

である．F において $\sigma\colon x\to x^q(=x^{(1)})$ は自己同型であり，A の行の巡回置換をひきおこす．

$$AA^{-1}=E \quad (\text{単位行列})$$

に σ を作用させれば，σ は A^{-1} の列の巡回置換をひきおこすことがわかる．A は対称行列なので，A^{-1} もそうであり，σ は A, A^{-1} の，行および列の巡回置換を同時にひきおこしているのである．この巡回置換の様子をみれば，証明すべき結果はすぐでてくるのである．

うっかり逆行列を，a_{11} を使って表してみよう，などと考えると，迷路に入ってしまうだろう．

〔練習問題〕

練習 14.1　体 K の上の 2 変数の多項式 $f(x,y), g(x,y)$ が共通因子をもたないならば，

$$\{(a,b)|a,b\in K, f(a,b)=g(a,b)=0\}$$

は有限個の元からなる．　（東京女子大）

練習 14.2　体 K の乗法群 $K^*=K-\{0\}$ の有限部分半群は巡回群であることを証明せよ．　（早大）

練習 14.3　$f(x), g(x)$ は体 K 上既約な多項式で，$\bar{K}$ は K の代数的閉包，α, β はそ

れぞれ $f(x)=0$, $g(x)=0$ の $\bar{K}$ における根であるものとする.

$f(x)$ が $K(\beta)$ 上可約ならば, $g(x)$ は $K(\alpha)$ 上可約であることを示せ. (阪大)

練習 14.4 次の命題は正しいか.

(1) K は体, n は自然数, $a\in K$ とする. 多項式 X^n-a が K で根をもたないならば, X^n-a は K 上既約である.

(2) K は体, p は素数, $a\in K$ とする. X^p-a が K で根をもたないならば, X^p-a は K 上既約である. (京大)

練習 14.5 L が標数 $p>0$ の体 K の代数拡大体であるとき, 次のことを証明せよ.

(1) L の元 u が K 上分離的であれば, $K(u)=K(u^p)$.

(2) L の元 u が K 上分離的であって, L の元 v が, p のあるべき q によって $v^q\in K$ となるならば,

$$K(u+v)=K(u, v)$$ (広島大)

練習 14.6 有理数体 $\boldsymbol{Q}$ 上の二つの代数体

$$\boldsymbol{Q}\left(\sqrt{\frac{-19+\sqrt{41}}{2}}\right),\quad \boldsymbol{Q}(\sqrt{-22-2\sqrt{41}})$$

は同一の体であるか否か. 理由をのべて判定せよ. (北大)

練習 14.7 有理数体 $\boldsymbol{Q}$ と, 一つの超越数 t により, $K=\boldsymbol{Q}(t)$ とおく. このとき, n 次多項式 $f(X)\in\boldsymbol{Q}[X]$ の根 $\alpha_1, \alpha_2, \cdots, \alpha_n\in\boldsymbol{C}$ をとって, $\theta=\alpha_1+\alpha_2t+\cdots+\alpha_nt^n\,(\in\boldsymbol{C})$ とおくとき, $K(\alpha_1, \alpha_2, \cdots, \alpha_n)$ と $K(\theta)$ とは等しいか. (東工大)

練習 14.8 体の拡大 L/K において, 中間体が有限個しか存在しなければ, 拡大 L/K は有限次代数拡大であることを証明せよ. (九大)

練習 14.9 (1) 非分離単純拡大の例をあげ, その証明をかけ.

(2) 次の定理を証明せよ.「有限次の拡大が単純拡大であるためには, 中間体の個数が有限であることが必要充分である」 (都立大)

練習 14.10 部分体が有限個しかないような体は, どんな体か. (阪市大)

練習 14.11 (1) 標数 0 の体 K 上の多項式 $f(X)(\neq 0)$ が K 上の一次以上のある多項式の平方でわりきれるための必要充分条件は, $f(X)$ と, $f(X)$ の微分 $f'(X)$ とが一次

以上の共通因子をもつことである．

(2)　体 K の標数が $p>0$ のとき，(1)の結果は正しいか．　　　　(富山大)

[ヒント，略解等]

14.1　y を消去する: Sylvester の終結式 $r(x)$ を得る．「$r(x)$ が定数 $0 \Rightarrow f, g$ に共通因子がある」は，終結式の形からわかる．

14.2　有限部分半群 G は，1のべき根ばかりから成ることをまず証明せよ．ゆえに G は群．$T_n=\{x\in G \mid x^n=1\}$ の元数 $\leq n\ (\forall n)$ ゆえ，G は巡回群．

14.3　$f(x)$ が $K(\beta)$ 上可約という条件は，つぎと同値．

$$[K(\alpha, \beta) : K]<[K(\alpha) : K]\,[K(\beta) : K]$$

14.4　[ヒント]　(2)の方が仮定が強い．したがって，(1)は正しくなく，(2)は正しいのだろうと予想せよ．

[略解]　(1)　$K=\boldsymbol{Q}(\sqrt{2})$ 上の X^4-2 は一つの例．

(2)　X^p-a の一根を θ とする．

(i)　標数 p の場合: $X^p-a=(X-\theta)^p$. 従って，K 上可約であれば，一つの既約因子は $(X-\theta)^m$ $(0<m<p)$. この係数に $-m\theta$ が現われるから $\theta\in K$.

(ii)　標数 $\neq p$ の場合: 可約と仮定すると，既約因子の定数項は $\omega\theta^m$ $(\omega^p=1, 0<m<n)$. θ の代りに適当な $\zeta\theta\,(\zeta^p=1)$ をとることによって，$\omega=1$ としてよい．θ^p, θ^m ともに K の元ゆえ，$\theta\in K$.

14.5　(1)　$K(u^p)$ 上 $K(u)$ は分離的かつ純非分離的．ゆえに $K(u^p)=K(u)$.

(2)　$u+v=\theta$ とおく．K 上での u の最小多項式 $f(X)$ を考えると，$f(\theta-X)$ は v を単根にもつ $K(\theta)$ 上の多項式である．ゆえに v は $K(\theta)$ 上分離的．$v^q\in K\subseteq K(\theta)$ ゆえ，v は $K(\theta)$ 上純非分離的　$\therefore\ v\in K(\theta)$.

14.6　[ヒント]　つぎのことを証明せよ．

K が標数 $\neq 2$ の体で，$a\in K$, X^2-a が K 上既約のとき，$K(\sqrt{a})-K$ の元 α で，$\alpha^2\in K$ となるものは $c\sqrt{a}$ $(c\in K)$ だけである．

[略解]　(上のことの証明)　$\alpha=c_1+c_2\sqrt{a}$ $(c_i\in K)$ とする．$\alpha^2=c_1{}^2+c_2{}^2a+2c_1c_2\sqrt{a}$ ゆえ，$c_1c_2=0$.

この二つの体は $K=\boldsymbol{Q}(\sqrt{41})$ の二次拡大であり，その意味で上に相当する a を求めると，

それぞれ

$$(-19+\sqrt{41})/2,\quad -22-2\sqrt{41}$$

ゆえに，二つの体が一致する$\Leftrightarrow$上の2数の比がKで平方元$\Leftrightarrow(25-3\sqrt{41})/2$が$K$で平方元

$$(25-3\sqrt{41})/2=(3-\sqrt{41})^2/2^2$$

14.7 ［ヒント］ 等しいというのが答

［略解］ $\theta_i=\alpha_1+\alpha_2t+\cdots+\alpha_it^{i-1}$ とおく．このとき，$K(\theta_i)=K(\alpha_1,\alpha_2,\cdots,\alpha_i)$ であることを，i についての帰納法で証明する．$i=1$ ならよい．$i\geq1$ とし，$K(\theta_i)=K(\alpha_1,\alpha_2,\cdots,\alpha_i)$ と仮定して，$K(\theta_{i+1})$ を考えよう．$\theta_{i+1}=\theta_i+\alpha_{i+1}t^i$．$\theta_i$ の K 上の最小多項式を $g_i(X)$ とする．$g_i(X)$ の根は $\alpha_1'+\alpha_2'+\cdots+\alpha_i't^{i-1}$ (α_i' は $\alpha_1,\alpha_2,\cdots\alpha_n$ のうちのどれか)の形をしている．

$h_i(X)=g_i(\theta_{i+1}-t^iX)$ とおくと，これは α_{i+1} を一根にもつ．$h_i(X)$ と $f(X)$ との共通一次因子で $X-\alpha_{i+1}$ 以外のものを考えると，$X-\alpha_j=X-t^{-i}(\theta_{i+1}-\alpha_1'-\alpha_2't-\cdots-\alpha_i't^{i-1})$

$\therefore\ \alpha_j=t^{-i}(\alpha_1-\alpha_1'+(\alpha_2-\alpha_2')t+\cdots+(\alpha_i-\alpha_i')t^{i-1})+\alpha_{i+1}$．$t$ が $\boldsymbol{Q}(\alpha_1,\cdots,\alpha_n)$ 上超越的であるから，$\alpha_j=\alpha_{i+1}$, $\theta_i=\alpha_1'+\alpha_i't+\cdots+\alpha_i't^{i-1}$ のときに限られる．ゆえに$K(\theta_{i+1})$上，$h_i(X)$ と $f(X)$ との最大公約元が $X-\alpha_{i+1}$ であり，$\alpha_{i+1}\in K(\theta_{i+1})$．

14.8 超越拡大ならば，超越元$t\,(\in L)$をとれば，$K(t)$が無限個の部分体を含む．したがって代数拡大．無限次なら，無限個の部分体のあることもすぐわかる．

14.9 (1) 標数 $p\neq0$ の素体 F 上の超越元 t を考えて，$F(t^p)$ の拡大体 $F(t)$ というのが一番簡単な例であろう．$F(t)\neq F(t^p)$ の証明をすればよい．

(2) 体 K の有限次の拡大 L が単純拡大であったとする．$L=K(\theta)$．θ の最小多項式 $f(X)$ を考える．中間体 M 上の θ の最小多項式 f_M は $f(X)$ の因子である．f_M の係数を K につけた体 M' を考えると，$[L:M']=\deg f_M=[L:M]$, $M'\subseteq M$ ゆえ，$M=M'$．したがって，$M\to f_M$ は一意対応である．ゆえに中間体の数は $f(X)$ の (momic な) 因子の数以内．

逆に，L は単純拡大ではないと仮定しよう．K の L における分離閉包にKをおきかえて，L は K 上純非分離的であると仮定していよい．まず，$[L:L^p]\leq p$ と仮定しよう．すると $L=L^p(a)\ (\exists a)$．$L^p=L^{p^2}(a^p)$ゆえ，$L=L^{p^2}(a)$．以下同様にして，$L=K(a)$．矛盾．ゆえに $[L:L^p]\geq p^2$．$\exists a,b\in L-K$, $L(a)\neq L(b)$．各 $c\in K$ に対し，$L_c=K(a+bc)$ とおくと，$c\neq c'\Rightarrow L_c\neq L_{c'}$．ゆえに中間体は無限個ある．

14.10　「素体の有限次代数拡大になっているような体」というのが答である．

素体は，標数にかかわらず完全体であることに注目すれば，理由は前二問 (14.8, 14.9) によってすぐわかる．

14.11　(1)　$f(X)=g(X)^2h(X)$ と K 上で分解すれば $f'(X)=h'(X)g(X)^2+2g'(X)g(X)h(X)$ (微分を $'$ で表して)．ゆえに，$g(X)$ が $f'(X)$ との共通因子になる．逆に，$f(X)$ と $f'(X)$ とが共通因子 $g(X)$ をもったとし，$f(X)=g(X)^eh(X)$ $(e\geq 1)$ と分解してみると，

$f'(X)=h'(X)g(X)^e+eg'(X)g(X)^{e-1}h(X)$ であるが，これが $g(X)$ でわりきれることから，$e-1\geq 1$．したがって，$f(X)$ は $g(X)^2$ でわりきれる．

(2)　重根条件と混同しない注意が必要である．答は否定的である．例えば，$f(X)=X^p-a$ が K 上既約 $(a\in K)$ のとき，$f'(X)=0$ であるから，$f(X)$ と $f'(X)$ とは p 次式 X^p-a を共通因子にもつとみなせるが，$f(X)$ は K 上既約．なお，$f(X)$ が平方因子 $g(X)^2$ をもてば $f(X)$ と $f'(X)$ とは共通因子 $g(X)$ をもつというのは正しい．

第15章

体論雑題

この章では体に関する少し風変わりな問題を考えよう.

問題 15.1　体 K から体 L への写像 f が加法についての準同型写像で，K の 0 でない任意の元 a に対し，

$$f(a^{-1})=f(a)^{-1}, \qquad f(1)=1$$

であるとき，

(i)　体における等式

$$a^2b=a-(a^{-1}+(b^{-1}-a)^{-1})^{-1} \quad (ab\neq 0, 1)$$

を利用して $f(a^2b)=f(a)^2f(b)$ を示せ.

(ii)　f は K から L の中への同型写像であることを証明せよ.　　　　(九大)

解説　(i)　で与えられた等式は，答案で験証してみせる必要はないが，簡単に確められる.

f が加法についての準同型であるから，$f(0)=0$. そこで，証明すべき等式が $ab=0$ のとき成りたつことはすぐわかる. そこで $ab\neq 0$ のときを考えよう. $f(a^{-1})=f(a)^{-1}$ という仮定は，$a\neq 0$ ならば $f(a)\neq 0$ を示している. $ab\neq 1$ とすると，与えられた式と，加法についての準同型ということから，つぎの計算ができる.

$$\begin{aligned} f(a^2b)&=f(a)-f(a^{-1}+(b^{-1}-a)^{-1})^{-1} \\ &=f(a)-(f(a)^{-1}+f(b^{-1}-a)^{-1})^{-1} \\ &=f(a)-(f(a)^{-1}+(f(b)^{-1}-f(a))^{-1})^{-1} \end{aligned}$$

右辺は(i)で与えられた等式の a, b の代りに $f(a), f(b)$ を入れたものである．したがって $f(a)^2 f(b)$ に等しいと，言い切ってしまいたいところであるが，少し付けたす必要がある．というのは与えられた等式には $ab \neq 1$ の条件があったから，この場合，$f(a)f(b)=1$ だったらどうなのかということである．これは，つぎのようにして避けられる．$f(a^{-1})=f(a)^{-1}$ ゆえ，$f(b)=f(a^{-1})$．ところが $c \neq 0 \Rightarrow f(c) \neq 0$ ゆえ，$f(b-a^{-1})=f(b)-f(a^{-1})=0$ は $b=a^{-1}$ を導くから，$ab \neq 1$ のときではなかったことになる．というわけで，(i)は $ab=1$ のときを除いて証明された．$ab=1$ のときを考えよう．

$$\begin{cases} f(a^2 b)=f(a) \\ f(a)^2 f(b)=f(a)^2 f(a)^{-1}=f(a) \end{cases}$$

により，この場合も成立し，(i)が完了する．

(ii)のためには，あと $f(ab)=f(a)f(b)$ をいえばよい．$ab=0$ のときは，上と同様明らかであるから，$ab \neq 0$ と仮定しよう．

$$f(ab^{-1})=f(a^2(ab)^{-1})=f(a)^2 f(ab)^{-1}$$
$$f(ab^{-1})=f(b^{-2} \cdot ab)=f(b)^{-2} f(ab)$$
$$\therefore\ f(a)^2 f(ab)^{-1}=f(b)^{-2} f(ab)$$
$$\therefore\ f(ab)^2=f(a)^2 f(b)^2$$
$$\therefore\ f(ab)=\pm f(a)f(b)$$

そこで，K の標数が2なら $+, -$ の区別がないからよい．K の標数 $\neq 2$ のときを考える．$0 \neq a \in K$ を固定して，$M=\{x \in K \mid f(xa)=f(x)f(a)\}$ とおく．M は加法群であり，$\{x^2 \mid x \in K\} \subseteq M$.

$y \in K$ ならば，$y=(2^{-1}+y)^2-2^{-2}-y^2 \in M$ というわけで，$M=K$ となり，(ii)の証明が完了する．

問題 15.2　q が素数 p のべきであるものとし，各自然数 n について，元数 q^n の有限体を K_n とする．また，集合 $F(q, n)=\{\alpha \in K_n \mid K_1(\alpha)=K_n\}$ の元数を $f(q, n)$ で表す．このとき，つぎのことを示せ．

(i)　$f(q, n) \equiv 0 \pmod{n}$

(ii)　$\sum_{d|n} f(q, d)=q^n$　（和 $\sum_{d|n}$ は，d が n の約数全体をわたることを意味する）

（名大）

解説　(i)はすこしむつかしいが，(ii)は易しいので，まず(ii)を考えよう．$\alpha \in K_n$ をとれ

ば，$K_1(\alpha)$ は K_1 と K_n との中間体であり，したがって，その拡大の次数は n の約数である．そこで $\bigcup_{d|n}F(q, d)=K_n$ となり，(ii)がわかる．

(i)については，n についての帰納法が利用できそうだと見当をつける．中間体は K_d(d は n の約数)の形だから，n の約数 d ($<n$) について(i)の成立を仮定する． n の任意の素因数 t をとり，$n=t^e s$, $(s, t)=1$ と分解する．そして，$f(q, n)\equiv 0 \pmod{t^e}$ を証明すればよい筈である（t は任意の素因数だから)．

$m=t^{e-1}s$ とおき，K_m を考える．また，t^e でわりきれるような n の約数($<n$) 全体を動かした和集合 $N=\bigcup F(q, d)$ をとると，$K_n=K_m\cup N$ で，$K_m\cap N=$空．帰納法の仮定により，N に現われた d について $f(q, d)\equiv 0 \pmod{t^e}$．ゆえに $\bmod\, t^e$ で考え，

$$f(q, n)\equiv q^n-q^m=q^m(q^{n-m}-1) \qquad (*)$$

$n-m=t^{e-1}(t-1)s$ であること，$\boldsymbol{Z}/t^e\boldsymbol{Z}$ の乗法群が位数 $t^{e-1}(t-1)$ であることから，$p\neq t$ ならば $q^{n-m}-1\equiv 0 (t^e)$． $p=t$ ならば，$m\geq e$ ゆえ $q^m\equiv 0$ (t^e)． いずれにしても上の $(*)$ によって，(i) の証明ができる．

問題 15.3　体 K の上の一変数の有理函数体 $K(X)$ の部分体Lで，K を含み，かつ $[K(X):L]=2$ であるもの全体を S とする．

$L\in S$, $L'\in S$ に対し，$K(X)$ の K 上の自己同型写像σ が存在して $\sigma(L)=L'$ となるとき，L と L' とは同値であると定義する．Kが次の体の場合に，上述の同値類の総数を求めよ．

(i) $K=\boldsymbol{R}$ （実数体)

(ii) $K=\boldsymbol{C}$ （複素数体)

(iii) $K=\boldsymbol{F}_p$ （ただし，p は奇素数で，$\boldsymbol{F}_p$ は p 個の元からなる有限体とする)

（東大)

解説　一変数有理函数体についてのつぎの二つの定理はこの場合有用であり，証明なしで使ってよいだろう．

(I) $K(X)$ と K との中間体 L ($\neq K$) は，一つの元 t により，$K(t)$ となる．tを既約分数で表わして $t=f(X)/g(X)$ となれば，

$$[K(X):L]=\max\{\deg f(X), \deg g(X)\}$$

（リューロー (Lüroth) の定理)

(II) $K(X)$ の K 上の自己同型は $X\to(aX+b)/(cX+d)$ $(a, b, c, d\in K,\ ad-bc\neq 0)$ の

形で与えられる．((I)からすぐ出る．)

$K(t)=K(t^{-1})$ に注意して，上の二定理を利用すれば，L としては，次の T_1, T_2 の和集合 T の元 t により $K(t)$ の形で得られるものに限られる．

$$T_1=\{X^2+bX+c \mid b, c\in K\}$$
$$T_2=\{(X^2+bX+c)/(X+d) \mid b, c, d\in K,\ \text{かつ}\ \ d^2-bd+c\neq 0\}$$

$X\to X+a$ $(a\in K)$ の形の自己同型で写されるものの代表系をえらぶことにすれば，T_1 からは X^2 だけでよく，T_2 からは $\{X+eX^{-1} \mid 0\neq e\in K\}$ でよい．

そこで，$L_0=K(X^2)$, $L_e=K(X+eX^{-1})$ とおく．あと $\sigma(X)=(aX+b)X^{-1}$ $(b\neq 0)$ であるような σ についてしらべればよい．

(イ)　$a=0$ のとき：　$\sigma L_0=L_0$ は明らかである．$\sigma(X+eX^{-1})=bX^{-1}+b^{-1}eX=b^{-1}e(X+b^2e^{-1}X^{-1})$ ゆえ，$\sigma L_e=L_f$, $f=b^2e^{-1}=(be^{-1})^2e$．ここで，b は0以外の K の元を動きうるから，$(be^{-1})^2$ 全体は

$$K^{*2}=\{x^2 \mid 0\neq x\in K\}$$

になる．したがって，以後 L_0 および，K^*/K^{*2} の代表系 M (K^* は K の乗法群) による L_e $(e\in M)$ を考えればよい．

(ロ)　$a\neq 0$ のとき：　$\sigma(X^2)=a^2+(2abX+b^2)X^{-2}$．そこで，$Y=X+(2a)^{-1}b$ とおくと，

$$X^2(2abX+b^2)^{-1}=(2ab)^{-1}(Y^2-a^{-1}bY+(2a)^{-2}b^{-2})/Y$$

となるから，σL_0 は L_g $(g=(2a)^{-2}b^2)$ を $X\to Y$ という一次変換でうつしたものである．(イ)での考察を含めれば σL_0 は L_1 の類に入ることがわかる．　(*)

$$\begin{aligned}\sigma(X+eX^{-1})&=X^{-1}(aX+b)+eX(aX+b)^{-1}\\&=(aX^2+bX)^{-1}((aX+b)^2+eX^2)\\&=a^{-1}(a^2+e)+(aX^2+bX)^{-1}((ab-a^{-1}be)X+b^2)\\&=a^{-1}(a^2+e)+(aX^2+bX)^{-1}(a^{-1}(a^2-e)X+b)b\end{aligned}$$

$a^2=e$ のときは　σL_e は L_0 を　$X\to X+d$　の形の自己同型で写したものになる．

$a^2\neq e$ のとき，　$Y=X+ab(a^2-e)^{-1}$ とおくと

$$\begin{aligned}aX^2+bX=aY^2&-2a^2b(a^2-e)^{-1}Y+a^3b^2(a^2-e)^{-2}\\&+bY-ab^2(a^2-e)^{-1}\end{aligned}$$

この式の（定数項）$\div a$ は

$$a^2b^2(a^2-e)^{-2}-b^2(a^2-e)^{-1}$$
$$=b^2(a^2-e)^{-2}(a^2-a^2+e)$$
$$=b^2(a^2-e)^{-2}e$$

であるから，σL_e は(イ)で得られた範囲での L_e の類に入ってしまう．したがって，この場合も(イ)と(*)とで得られた結果に含まれてしまう． そこで， (イ)の M による $\{L_e|e\in M\}$ が考えている同値類の代表系になる．

(i)，(ii)，(iii)に分ければ，それぞれつぎの通りである．

(i)： (イ)により， L_e の e の正負を考えればよいので，類は二つしかない．

(ii)： この場合， $K^*=K^{*2}$ だから， 当然類は一つだけ．

(iii)： この場合， K^* は位数 $p-1$ の巡回群であるから， K^{*2} は位数 $(p-1)/2$ の巡回群である．その指数は2であるから，類の数は二つである．

問題 15.4 有限体 K 上の一変数多項式環を $K[X]$ とし，$f:K\to K$ を任意の写像とする．このとき，すべての $a\in K$ について $f(a)=F(a)$ となる多項式 $F(X)\in K[X]$ が存在することを示せ． (阪大)

解説 K の元数を p としよう．$G(X), H(X)\in K[X]$ について，

「$G(a)=H(a)$ $(\forall a\in K)\Leftrightarrow G(X)-H(X)$ が X^q-X で割り切れる」

に着目すると，$K\ni a\to F(a)$ $(F(X)\in K[X])$ の形で得られる写像は，X^q-X で生成された $K[X]$ のイデアル (X^q-X) を法とした類の数だけある．各類は，X について $q-1$ 次以内の多項式で代表され，異なる多項式は異なる類を代表する．したがって，類の数は，各 X^i の係数は q 通りあるので，総計 q^q ある．$K\to K$ の写像の総数も q^q であるから，各写像が多項式による写像で得られる．

問題 15.5 p を奇素数，$F_p=Z/pZ$，$F_p^\times=F_p-\{0\}$ とする．

(1) $\pi:F_p^\times\to F_p^\times$ を $\pi(a)=a^2$ で定める．π は乗法群 $F_p^\times$ の自己準同型であることを示せ．

(2) 部分群 $\mathrm{Im}\pi\subset F_p^\times$ の位数を求めよ．

(3) 乗法群の自己準同型 $\pi^2:F_p^\times\to F_p^\times$，$\pi^2(a)=a^4$ に対して，$\mathrm{Ker}\pi^2$ を求めよ．

(4) $p=11$ のとき，x^2-2 および x^4-2 は $F_{11}[x]$ で既約かどうか定めよ． (神戸大)

解説 (1)は易しいから省く．(2) $P_p^\times$ は位数 $p-1$ の巡回群で，$p-1$ は偶数であるから，$\mathrm{Im}\pi$ の位数はその半分である．

(3) $p-1$ が 4 の倍数ならば，$F_p{}^{\times}$ は 1 の原始 4 乗根 ζ を含むから，$\mathrm{Ker}\,\pi^2=\langle\zeta\rangle$

$p-1$ が 4 の倍数でないならば，$\mathrm{Ker}\,\pi^2=\{1,-1\}$

(4) $F_{11}{}^{\times}$ において，2 の類の位数は10である．ゆえに，x^2-2 の解は F_{11} にはないので，x^2-2 は $F_{11}[x]$ で既約.

x^4-2 については，解を F_{11} 内にもたないから，1 次因子を持つことはないので，2 次因子 2 個の積の可能性を調べる必要がある．そのように分解すると，3 次，1 次の項が 0 から，$(x^2+ax+b)(x^2-ax+b)$ の形のはずである．これが x^4-2 になる条件は　$2b=a^2, b^2=-2$. $b\equiv 8$, $a\equiv 4 \pmod{11}$ がこれをみたすので，

$$x^4-2=(x^2+4x+8)(x^2-4x+8) \pmod{11}$$

〔練習問題〕

練習 15.1　体 K が有理数体 $\boldsymbol{Q}$ の n 次拡大体で，K に含まれる 1 のべき根の数が m であれば，$m\leq cn^2$ が必ず成り立つような，K, n に依存しない定数 c があることを証明せよ.　(九大)

練習 15.2　群 G から体 K の乗法群 $K-\{0\}$ の中への準同型写像の有限集合 A がある．A から K の中への写像の全体 V を，K 上の線型空間と考えるときは，V は

$$A\ni\sigma \rightarrow \sigma(g)\in K \quad (g\in G)$$

の形の写像で生成されることを証明せよ．　(東大)

練習 15.3　q 個の元から成る有限体 K の 2 次の拡大体 L において，$N(x)=x^{1+q}$ により，L^* から K^* への写像 N を定める．ただし，L^*, K^* はそれぞれ L, K から 0 を除いた乗法群とする．また，$\rho(A)=\det A$ により，$GL(2, L)$ から L^* への写像 ρ を定める．このとき，

(1) N の kernel と image を求めよ．

(2) $N\rho$ の kernel と image を求めよ．　(北大)

練習 15.4　体 K 上の n 変数 $(n\geqq 2)$ の有理函数体 $L=K(x_1, x_2, \cdots, x_n)$ の部分体 $M=K(x_1x_2, x_2x_3, \cdots, x_{n-1}x_n, x_nx_1)$ を考える．M の K 上の超越次数が n になるのはどんなときか．また，そのときの次数 $[L:M]$ を求めよ．　(名大)

練習 **15.5** q は奇素数，F は q 個の元から成る有限体，$G=GL_2(F)$（$=F$ の元を成分とする2次正則行列全体のなす群），S_3 は3次対称群とする．

(1) G の中心に属さないような位数2の元は，すべて $\begin{pmatrix}1 & 0\\ 0 & -1\end{pmatrix}$ と共役か．

(2) S_3 から G の中への同型写像 (injective homomorphism) はすべて互いに共役か．(二つの同型写像 φ，ψ が共役であるとは，G の元 x が存在して，$\forall s\in S_3$, $\varphi(s)=x\psi(s)x^{-1}$ となることである．)

(3) S_3 から G の中への相異なる同型写像の個数を求めよ．（京大）

練習 **15.6** $\alpha_1, \alpha_2, \cdots, \alpha_n$ が有理数体 $\boldsymbol{Q}$ 上一次独立な複素数で，$P(X_0, X_1, \cdots, X_n)$ が $n+1$ 変数の複素係数多項式であって，

$$P(z, e^{\alpha_1 z}, e^{\alpha_2 z}, \cdots, e^{\alpha_n z})$$

が恒等的に0ならば，$P(X_0, X_1, \cdots, X_n)$ は恒等的に0であることを示せ．

（学習院大）

練習 **15.7** 体 K 上既約で分離的な4次方程式 $f(X)=0$ の一根を α とするとき，次の二条件は互いに同値であることを示せ．

(1) $K(\alpha)\supsetneqq M\supsetneqq K$ となる体 M は存在しない．

(2) 3次式 $f(X)/(X-\alpha)$ は $K(\alpha)$ 上既約である．（東大）

[ヒント，略解等]

15.1 [ヒント] K に含まれる1のべき根全体は巡回群をなす．オイラーの函数 φ を使えば，1の原始 m 乗根の，$\boldsymbol{Q}$ 上の最小多項式の次数が $\varphi(m)$ であるから，$\varphi(m)$ は n の約数である．

[第2ヒント] a, b が互いに素な自然数であれば，$\varphi(ab)=\varphi(a)\times\varphi(b)$

[略解] p が素数，e が自然数 $\Rightarrow \varphi(p^e)=p^{e-1}(p-1)$．ゆえに，$p$ が奇素数ならば，$(\varphi(p^e))^2>p^e$．$p=2$ のときは $2\varphi(p^e)=p^e$ ゆえ，$2(\varphi(p^e))^2\geq p^e$．ゆえに $2(\varphi(m))^2\geq m$．$\varphi(m)$ は n の約数ゆえ，$\varphi(m)\leq n$．$\therefore\ m\leq 2n^2$．

15.2 [蛇足] 問題文4行目の意味がとりにくいかと思うが，G の各元 g について，A の元 σ を $\sigma(g)$ に対応させる写像が定まる．このような写像全部を考えようというのである．$f_g:\sigma\to\sigma(g)$ とかけばわかりよいかもしれないが，出題された形のままにしておいた．

K 上の線型空間と考える考え方も書いていないが，f, g の和 $f+g$ は $(f+g)(\sigma)=f(\sigma)+g(\sigma)$ であると推測する必要がある．$a\in K$ に対し，$(af)(\sigma)=a(f(\sigma))$.

［ヒント］ V の次元 n は A の元の数であるから，$g_1, g_2, \cdots, g_n\in G$ を適当にとれば，$(\sigma_1(g_i), \cdots, \sigma_n(g_i))$ $(i=1, 2, \cdots, n)$ が一次独立になることを示せばよい．$(A=\{\sigma_1, \cdots, \sigma_n\})$

［略解］ n についての帰納法を利用して，$(\sigma_1(g_i), \cdots, \sigma_{n-1}(g_i))$ $(i=1, 2, \cdots, n-1)$ が一次独立としてよい．$n-1$ 個のベクトル $(\sigma_1(g_i), \cdots, \sigma_n(g_i))$ $(i=1, \cdots, n-1)$ に対し，$\exists c_i\in K$, $(c_1, \cdots, c_n)\neq(0, \cdots, 0)$, $\sum_j c_j\sigma_j(g_i)=0$. 練習12.2と同様にして，$\exists g_n\in G$, $\sum c_j\sigma_j(g_n)\neq 0$. この $g_1, \cdots, g_n$ が求めるものである．

15.3 (1) $\mathrm{kernel}=\{y^{q-1}|y\in L^*\}$, $\mathrm{image}=K^*$. (L^* が位数 $q^2-1=(q+1)(q-1)$ の巡回群，K^* が位数 $q-1$ の巡回群であることによる)

(2) $\mathrm{image}=K^*$ (ρ が全射であるから).

$$\mathrm{kernel}=\left\{\begin{pmatrix} a & 0 \\ 0 & 1 \end{pmatrix} B \,\middle|\, \begin{matrix} a\in\{y^{q-1}|y\in L^*\} \\ B\in SL(2, L) \end{matrix}\right\}$$

15.4 ［ヒント］ $x_1x_2, \cdots, x_nx_1$ の比全体で生成した体を考えよ．答は，n が奇数のときで，$[L:M]=2$.

［略解］ n の奇，偶によって，上記の比で生成した体はそれぞれ，$M_0=K(x_2/x_1, x_3/x_1, \cdots, x_n/x_1)$, $M_1=K(x_3/x_1, \cdots, x_{2m+1}/x_1, \cdots, x_{n-1}/x_1, x_4/x_2, \cdots, x_{2m}/x_2, \cdots, x_n/x_2)$. trans. deg $M_1=n-2$ ゆえ，n が偶数のときは trans. deg $M\leq n-1$. n が奇数のときは $L=M_0(x_1)$, $M=M_0(x_1x_2)=M_0(x_1{}^2)$ ゆえ，$[L:M]=2$.

15.5 (1) 共役になる．$A\in G$, $A^2=E$(単位行列)ならば，A の固有値は $\pm1\in F$ ゆえ，Jordan の標準形が G でとれることを使えば易しい．直接計算しても，非常に面倒なわけではない．

(2) ［ヒント］ 標数 $\neq 3$ ならば yes.

［略解］ 置換(1, 2)の像は共通であって，$A=\begin{pmatrix} 1 & 0 \\ 0 & -1 \end{pmatrix}$ であるとしてよい．(1, 2, 3)の φ または ψ による像 B の条件は，$ABA=B^{-1}=B^2$. これを解いて，

$$B=\begin{pmatrix} -\frac{1}{2} & y \\ z & -\frac{1}{2} \end{pmatrix} \quad \text{ただし } yz=-\frac{3}{4}$$

標数 $\neq 3\Rightarrow$ この形の二つの行列は $V=\begin{pmatrix} a & 0 \\ 0 & b \end{pmatrix}$ の形の行列による変換でうつり合う．そ

して $VA=AV$.

(3)　標数$\neq 3 \Rightarrow$答は $q(q^2-1)$. A と可換な G の元の数は $(q-1)^2$であるから，A の共役の数は $q(q+1)$. A を $(1,2)$の像としたとき，B の選び方は $q-1$ 通り.

標数3のときは2倍で，48.

15.6 ［ヒント］ 導函数を利用．また，現れる単項式に適当な順序を考え，数学的帰納法を適用.

［略解］ $\partial P(X_0,\cdots,X_n)/\partial X_i$ を $P_i(X_0,\cdots,X_n)$ で表そう．そして，

$$P^*(X_0,X_1,\cdots,X_n)=P_0(X_0,\cdots,X_n)+\textstyle\sum_{i=1}^n \alpha_i X_i P_i(X_0,\cdots,X_n)$$

とおく．すると

$$\frac{d}{dz}P(z,e^{\alpha_1 z},\cdots,e^{\alpha_n z})=P^*(z,e^{\alpha_1 z},\cdots,e^{\alpha_n z})$$

ゆえに，P^* も P と同じ性質をもつ．そこで，各単項式 $X_0{}^{d_0}X_1{}^{d_1}\cdots X_n{}^{d_n}$ に指数の列 $(d_1, d_1,\cdots,d_n)$ を対応させ，これの辞書式順序により単項式に順序を入れる．そして数学的帰納法を適用する．すなわち，一つの単項式 $M_0=X_0{}^{d_0}X_1{}^{d_1}\cdots X_n{}^{d_n}$より本当に小さい単項式しか現れない場合は問題の主張は正しいと仮定し，M_0 以下の単項式しか $P(X_1,\cdots,X_n)$ には現れないとして P について証明する.

(i)　$d_0>0$ のとき: $P^*(X_0,\cdots,X_n)$ には M_0 より本当に小さい単項式しか現れないから，$P^*(X_0,\cdots,X_n)$ は恒等的に0．ゆえに $P(X_0,\cdots,X_n)$ には M_0 は現れない．ゆえに，$P(X_0,\cdots,X_n)$ も恒等的に0.

(ii)　$d_0=0$ のとき: $P(X_0,\cdots,X_n)$ には X_0 は現れない．そこで，各単項式 $m=X_1{}^{c_1}\cdots X_n{}^{c_n}$ について $\alpha(m)=\sum \alpha_i c_i$ と定め，$P(X_0,\cdots,X_n)=\sum h(m)m$ ($h(m)$ は複素数)と表すと，$P^*=\sum \alpha(m)h(m)m$. とくに M_0 の係数は $\alpha(M_0)h(M_0)$. ゆえに $P(X_0,\cdots,X_n)-\alpha(M_0)^{-1}P^*(X_0,\cdots,X_n)$ には M_0 より小さい単項式しか現れないから，$P(X_0,\cdots,X_n)$ と $\alpha(M_0)^{-1}P^*(X_0,\cdots,X_n)$ とは恒等的に等しい．ゆえに m が現れれば $\alpha(m)=\alpha(M_0)$. $\alpha_1,\cdots,\alpha_n$ の一次独立性により，$P(X_0,\cdots,X_n)=h(M_0)M_0$. すると明らかに $h(M_0)=0$.

15.7 ［ヒント］ $K(\alpha)\supsetneqq M\supsetneqq K$ となる体Mがあれば，K上 α を含む最小のガロア拡大体 Ω の次数は2のべきである.

［略解］ 上記Ωを考える．M があれば，$[K(\alpha):M]=[M:K]=2$ ゆえ，$[\Omega:K]$ は2のべき．逆に，$[\Omega:K]$が2のべきなら，ガロア群がベキ零であり，M がある.

つぎに，$f(X)/(X-\alpha)$ が K 上既約なら，$[\Omega : K]$ は 3 の倍数であり，$f(X)/(X-\alpha)$ が K 上可約ならば $[\Omega : K(\alpha)] \leq 2$ となり，$[\Omega : K]$ は 4 か 8．

というわけで，(1), (2) は $[\Omega : K]$ が 2 のべきでないこと（3 の倍数であるといってもよい）と同値である．

第16章

多項式環

この章では多項式に関する問題を考えよう．今までの章でも多項式に関するものは，いろいろあったが，それらとは異なるタイプの問題を考える．

問題 16.1　体 K 上の n 変数多項式環 $K[X_1, X_2, \cdots, X_n]$ のイデアル I が次の 2 条件をみたすという：

(1)　I は斉次式 $f_1, f_2, \cdots, f_r$ で生成される．

(2)　2 つの斉次式 f, g の積 fg が I に入るならば，f または g が I に入る．

このとき，I は素イデアルであることを証明せよ．　(東工大)

問題 16.2　体 K 上の 4 変数多項式環 $K[x, y, z, w]$ の元 $f(x, y, z, w)$ で

$$f(s^3, s^2t, st^2, t^3)=0 \quad (K[s, t] \text{ の中で})$$

となるような f のなす集合を I とする．I は $K[x, y, z, w]$ のイデアルであるが，決して 2 つの元 $\phi, \psi \in I$ によっては生成されないことを示せ．　(東工大)

解説　第 1 問　斉次式で生成されたイデアルは斉次イデアルと呼ばれるが，その特徴は属する多項式の各斉次部分がそのイデアルに属することである．

二つの多項式 F, G の積 FG が I に入ったとしよう．$F \in I$ または $G \in I$ が言えればよい．F, G を斉次部分に分けて

$$F=F_1+\cdots+F_r \quad G=G_1+\cdots+G_s \ (\text{それぞれ，先に書かれた方が高次})$$

と表し，$r+s$ についての帰納法を用いよう．$r+s=2$ なら(2)で終了である．

FG の最高次部分は F_1G_1 で，斉次イデアルの性質により，I に属する．(2)により，$F_1 \in I$ または $G_1 \in I$．$F_1 \in I$ としよう．すると $(F-F_1)G \in I$ で，$r+s$ が一つ少ない状態になっ

ているから，帰納法の仮定により，$F-F_1 \in I$ または $G \in I$.

後者ならば，これで済み．前者ならば，$F_1 \in I$ であったから，$F \in I$.

第2問 I に属する斉次式を探そう．$xw-yz$，y^3-x^2w，$z^3-xw^2 \in I$ は容易にわかる．この3斉次式で生成されたイデアルを J としよう．$J \subseteq I$ である．

$f(x,y,z,w) \in I$ として，$f \in J$ を示すために，J を法として f と合同な式を順次作り，それが J に属することを示す方法を取ろう．

$f(s^3, s^2t, st^2, t^3)$ を作ると，もとの d 次斉次式が $3d$ 次斉次式になるから，f の各斉次部分 $\in I$ であり，f は d 次斉次式と仮定してよい．

f に現れる項に yz で整除されるものがあれば，それを $ayzM$（a は係数，M は単項式）として，$g=a(xw-yz)M$ を考え，$f+g$ を作る．$g \in J$ であり，f の項 $ayzM$ は消えている．この方法により，J を法として f と合同で，yz で整除される項のない多項式が得られる．y^3 で整除される項があれば，y^3-x^2w を利用し，z^3 で整除される項があれば，z^3-xw^2 を利用して，f には，yz, y^3, z^3 のいずれについても整除される項のない場合に帰着される．すると，

$$f=h_1(x,w)+yh_2(x,w)+y^2h_3(x,w)+zh_4(x,w)+z^2h_5(x,w)$$

$$h_1(s^3,t^3)+s^2th_2(s^3,t^3)+s^4t^2h_3(s^3,t^3)+st^2h_4(s^3,t^3)+s^2t^4h_5(s^3,t^3)=0$$

この式を見ると，s,t についての次数が順次異なっているので，各 h_i の入った部分ごとに0でなくてはならない．すなわち，上のように，J を法にして f を変えたら0になったのである．ゆえに，もともとの $f \in J$ で，$I=J$.

I が2元で生成されたとする．I に属する2次斉次多項式は $xw-yz$ だけであるから，生成元の一つは $xw-yz+$(高次式または0）でなくてはならない．

$xw-yz$ が生成元の一つの場合，もう一つで，y^3-x^2w，z^3-xw^2 を得るのは，3次部分に着目して不可能である．すなわち，$xw-yz$ による3次部分は

$$x(xw-yz),\ y(xw-yz),\ z(xw-yz),\ w(xw-yz)$$

であり，もう一つで y^3-x^2w，z^3-xw^2 をカバーするのはできないのである．

生成元の一つが $xw-yz+$(高次式）の場合，他の一つの生成元を利用して，$xw-yz$ を得なくてはならないので，$xw-yz$ が生成元の一つの場合に帰着される．

問題 16.3 可換体 K 上の零でない二変数多項式 $f(x,y)$，$g(x,y) \in K[x,y]$ が共通因子を持たないとき，$f(x,y), g(x,y)$ が二変数多項式環 $K[x,y]$ で生成するイデアル $I=(f(x,y), g(x,y))$ は $F(x), G(y)$ の形の元を含むことを示せ．ただし，$F(x) \neq 0$，$G(y) \neq 0$ とする．（ヒント．$K(x)$ を K 上の一変数有理関数体とするとき $K[x,y] \subset K(x)[y]$ と考えら

れる.）　　　　　　　　　　　　　　　　　　　　　　　　　　　　　（京大）

解説　f, g を $K(x)[y]$ で考える．$K(x)[y]$ は素元分解の一意性がなりたつから，f, g に共通因子がないことから，$(f, g)K(x)[y]=K(x)[y]$.

I と比べると，$K[x]$ の 0 以外の元の逆元をつけ加えた環で 1 を含む状態になったのであるから，I に，新たに正則元になった元があった，すなわち，I に $K[x]$ の 0 でない元 $F(X)$ があったのである．$G(y)$ も同様である．

問題 16.4　体 K 上の一変数の多項式環 $K[X]$ の部分環 A が K を含むものとする．このとき A は K 上の多元環として有限生成か．理由をつけ答えよ．　　　　　　　　　　　　　　（阪大）

解説　答はもちろん「yes」である．一変数を，二変数に変えたら「no」になることだから，予備知識なしで証明するのはむつかしいことであって，有名な定理は使って答えてよい問題だと思う．$A=K$ なら当然ゆえ，$A\neq K$ とする．A の元 $t\notin K$ をとれば，$K(X)$ は $K(t)$ 上代数的であるから，その中間体である A の商体 Q は $K(t)$ に上有限生成，ゆえに $K[t]$ の Q における整閉包 D は有限生成（有限生成整域の整閉包は有限生成という定理による）．X がみたす Q 上の最小多項式 $F(T)=T^m+c_1T^{m-1}+\cdots+c_m$ $(c_i\in Q)$ を考え，$c_id\in D$ $(i=1,\cdots,m)$ となる $0\neq d\in D$ をとれば，$K[X]$，したがって A も，$D[d^{-1}]$ 上整，そこで，A の Q における整閉包 A^* は，D と $D[d^{-1}]$ との中間環である．したがって，$N=\{p\,|\,p$ は D の素イデアルで，$pA^*\ni 1\}$ をとると，p は dD を含むから，N は有限集合，N の各元 p に対して，A の元 f_p を，$f_p\in D_p$ であるようにとれば，Dedekind 環の特質により，D にこれら f_p をつけ加えた環 A_1 の整閉包が A^* になる．ゆえに A^* は K 上有限生成，A^* は A に整で，A^* が有限生成だから A も有限生成（このことの証明くらいは，演習問題として，各自試みよ）というわけである．

問題 16.5　標数 2 の体 K 上の n 変数の多項式環 $K[X_1,\cdots,X_n]$ に，n 次対称群 S_n を $(\sigma f)(X_1,\cdots,X_n)=f(X_{\sigma 1},\cdots,X_{\sigma n})$ $(\sigma\in S_n)$ によって作用させる．

S_n の偶置換全体のなす部分群 A_n による不変元全体のなす部分環 $R=\{f\in K[X_1,\cdots,X_n]\,|\,\sigma f=f\ (\forall\sigma\in A_n)\}$ を記述せよ．　　　　　　　　　　　　　　　　　　　　（京大）

解説　標数 $\neq 2$ なら，対称式と交代式とを使って簡単にできる(各自試みよ)．ちょっと意地悪いと思うかも知れないが，問題は標数が 2 のときなのである．

対称式はRの元であり，対称式は基本対称式$s_1, \cdots, s_n$の書式で表されるから，$R \supseteq K[s_1, \cdots, s_n]$であり，対称式は$K[s_1, \cdots, s_n]$の元である．$K(X_1, \cdots, X_n)$の$S_n$に関する不変元全体は$K(s_1, \cdots, s_n)$であり，この拡大の次数は$n!$であるから，$K(s_1, \cdots, s_n)$から$R$の商体$Q$までは2次拡大の筈である．したがって，$R \neq K[s_1, \cdots, s_n]$（これは答案に書く必要はない）．あと，どんな元が$A_n$-不変であるかは，作用の様子をしらべさえすれば，割合簡単にわかる．

$n=2$のとき：　$A_n = \{1\}$ゆえ，$R=K[X_1, X_2]$．

$n>2$のとき：　$X_1^{e_1} \cdots X_n^{e_n}$を$A_n$の元が写して得られるような単項式全体の和を$a(e_1, \cdots, e_n)$としよう．これは$H=\{\sigma \in A_n \mid \sigma(X_1^{e_1} \cdots X_n^{e_n}) = X_1^{e_1} \cdots X_n^{e_n}\}$をとり，$A_n/H$の代表系$\sigma_1, \cdots, \sigma_s$による和$\sum_{i=1}^{s} \sigma_i(X_1^{e_1} \cdots X_n^{e_n})$である．$a(e_1, \cdots, e_n)$は$A_n$-不変であるのは当然であるが，$\tau(X_1^{e_1} \cdots X_n^{e_n}) = X_1^{e_1} \cdots X_n^{e_n}$となるような互換$\tau$があれば，$a(e_1, \cdots, e_n)$は対称式になる．そうでない場合の一番簡単なものは$t=a(n-1, n-2, \cdots, 2, 1, 0)$である．そこで，$K[s_1, \cdots, s_n, t]$が求めるものではなかろうかと考えてみる次第である．

$f=\sum c_{e_1 \cdots e_n} X_1^{e_1} \cdots X_n^{e_n}$が$A_n$-不変であれば，ここに現われる$(e_1, \cdots, e_n)$のうち，$e_1 \geq e_2 \geq \cdots \geq e_n$であるもの全部の集合$z$をとれば

$$f=\sum_{(e_1, \cdots, e_n) \in z} c_{e_1 \cdots e_n}(a(e_1, \cdots, e_n))$$

となる筈である．$e_i = e_j$ $(i \neq j)$となるi, jがあれば，$a(e_1, \cdots, e_n)$は対称式であるから，その分は$K[s_1, \cdots, s_n]$に含まれるので，次のことを示せばよい：「$e_1 > e_2 > \cdots > e_n$であれば，$a(e_1, \cdots, e_n)$は$R=K[s_1, \cdots, s_n, t]$に含まれる．」

これを，指数の組$(e_1, \cdots, e_n)$の辞書式順序による帰納法で証明しよう．すなわち，「$(e_1, \cdots, e_n)$より小さい指数の組しか現われないA_n-不変元はRに含まれる」ということを仮定して，$a(e_1, \cdots, e_n)$の場合を証明すればよいのである．$e_1 = n-1$ならtの場合だからよい．$e_1 \geq n$としよう．$m = X_1^{e_1-(n-1)} X_2^{e_2-(n-2)} \cdots X_{n-1}^{e_{n-1}-1} X_n^{e_n}$を項にもつ対称式で，項には$\tau m$ $(\tau \in S_n)$の形のものばかりであるものをgとしよう．gtはA_n-不変であり，指数の組の最高の項は$X_1^{e_1} \cdots X_n^{e_n}$である．そこで，$a(e_1, \cdots, e_n) - gt$は帰納法の仮定が適用され，また$g \in K[s_1, \cdots, s_n]$ゆえ，「　」内のことが証明され，問題の答がわかった．最後に，易しい問題をつけ加えよう．

問題 16.6　複素数体C上のn変数の多項式環$A=C[X_1, \cdots, X_n]$における，X_iに関する形式的偏微分作用素$\partial/\partial X_i$を考え，$D=\sum_{i=1}^{n} \partial/\partial X_i$，$Y_i = X_i - X_{i+1}$ $(i=1, 2, \cdots, n-$

1) とおく．このとき D の核 Ker D は $C[Y_1, \cdots, Y_{n-1}]$ であることを証明せよ．

(九大)

解説　$DY_i=0$ ゆえ，$D(Y_1^{e_1}\cdots Y_{n-1}^{e_{n-1}}X_n^{e})=eY_1^{e_1}\cdots Y_{n-1}^{e_{n-1}}X_n^{e-1}$ である．ゆえに，多項式 f を $Y_1, \cdots, Y_{n-1}, X_n$ の多項式に書き直してみると，

$$Df=0 \iff f \text{ に } X_n \text{ が現われない}$$

$$(\text{すなわち } f\in C[Y_1, \cdots, Y_{n-1}])$$

がすぐわかる．

〔練習問題〕

練習 16.1　有理整数環 $\boldsymbol{Z}$ に係数をもつ多項式 $f(X)$，$g(X)$ が，つぎの条件をみたすものとする．

$$\text{無限に多くの } a\in\boldsymbol{Z} \text{ に対し，} \frac{f(a)}{g(a)}\in\boldsymbol{Z}$$

このとき $\dfrac{f(X)}{g(X)}$ は有理数係数の多項式であることを証明せよ．　(学習院大)

練習 16.2　(i)　$X^2-2\,(\in\boldsymbol{Z}[X])$ は $\boldsymbol{Z}[X]$ の既約多項式であることを証明せよ．

(ii)　(X^2-2) は X^2-2 で生成された単項イデアルを表すものとする．$\boldsymbol{Z}[X]/(X^2-2)$ は

$$\boldsymbol{Z}[\sqrt{2}\,]=\{a+b\sqrt{2}\,|a, b\in\boldsymbol{Z}\}$$

と同型であることを証明せよ．

(iii)　(X^2-2) は素イデアルであることを証明せよ．　(津田塾大)

練習 16.3　可換体 K 上の二変数の多項式環 $K[X, Y]$ の斉次イデアル (同次イデアルともいう) N が次の性質をみたすならば，N は単項イデアルであることを証明せよ．

「$P\in K[X, Y]$ かつ $XP\equiv 0\,(N)$，$YP\equiv 0\,(N)$ ならば，$P\equiv 0\,(N)$」　(立教大)

練習 16.4　多項式 $f(X)=X^n-X-1\,(n\geqq 3)$ が有理数体 $\boldsymbol{Q}$ 上既約であることを，次の順に証明せよ．

(1)　複素数体 C における $f(X)=0$ の一根を $\alpha=re^{i\theta}$ ($r>0$, θ 実数, $i=\sqrt{-1}$) とするとき

$$\alpha+\bar{\alpha}-\frac{1}{\alpha}-\frac{1}{\bar{\alpha}}\geq\frac{1}{r^2}-1$$

を示せ．ただし，$\bar{\alpha}$ は α の複素共役とする．

(2)　$f(X)$ が $\boldsymbol{Q}$ 上で因子 $g(X)$ をもったとすると，

$$S(g)=\sum_\alpha\left(\alpha-\frac{1}{\alpha}\right)\ (\alpha \text{ は } g(X) \text{ の根全体を動く})$$

は正の有理整数であることを示し，$f(X)$ の既約性を導け．　（東北大）

練習 16.5　単位元をもつ可換環 A 上の一変数の多項式

$$f(X)=a_0+a_1X+\cdots+a_nX^n\quad(a_i\in A)$$

について，つぎのことを証明せよ．

(1)　$f(X)$ がべき零元 $\Leftrightarrow$ $a_0, a_1, \cdots, a_n$ がべき零元

(2)　$f(X)$ が $A[X]$ で逆元をもつ $\Leftrightarrow$ a_0 が A で逆元をもち，$a_1, a_2, \cdots, a_n$ がべき零元．

（東教大）

練習 16.6　0でも単元でもない元が(単元因子による差異を無視して）一意的に素元の積として表される可換整域を UFD (unique factorization domain) という．R が UFD, K がRの商体，x が変数で，

$$f(x)=x^n+a_1x^{n-1}+\cdots+a_n\quad(a_i\in K)$$
$$g(x)=x^m+b_1x^{m-1}+\cdots+b_m\quad(b_j\in K)$$

とする．$f(x)$ と $g(x)$ の積の係数がすべてRに含まれるならば，$a_1, \cdots, a_n, b_1, \cdots, b_m$ はすべてRの元であることを証明せよ．　（早大）

練習 16.7　素数 $p\geq 5$ に対し，p 次対称群 S_p を有理数体 $\boldsymbol{Q}$ 上の p 変数の有理函数体 $K=\boldsymbol{Q}(X_1, \cdots, X_p)$ に

$$(\sigma f)(X_1, \cdots, X_p)=f(X_{\sigma(1)}, \cdots, X_{\sigma(p)})$$

によって作用させる．$f\ (\in K)$ の orbit の元数を N_f で表す：$N_f=\{\sigma f\,|\,\sigma\in S_p\}$ の元数

(1)　$2<N_f<p$ となる f は存在しないことを示せ．

(2)　$N_f=2$ となる f の一般形を求めよ．

(3)　$N_f=p$ となる f の一般形を求めよ．　（京大）

[ヒント，略解等]

16. 1 [ヒント] $f(X), g(X)$ に共通因子がないと仮定してよい．すると，有理数係数の多項式 $h(X), k(X)$ を選んで，$f(X)h(X)+g(X)k(X)=1$ にすることができる．

[略解] 上の式の分母を払えば，$f(X)h'(X)+g(X)k'(X)=d\in \mathbf{Z}$ ($h'(X), h'(X)\in \mathbf{Z}[X]$) となる．$g(X)\notin \mathbf{Z}$ と仮定しよう．$S=\{a\in \mathbf{Z}|f(a)/g(a)\in \mathbf{Z}\}$ が無限集合であり，各 a について $\{b|g(b)=g(a)\}$ の元数は有限であるから，$\exists a\in S$, $g(a)$ は d の約数でない．

$$\mathbf{Z}\ni (f(a)/g(a))h'(a)+k'(a)=d/g(a)\notin \mathbf{Z}$$

16. 2 (i) 略 (ii), (iii): $f(X)\to f(\sqrt{2})$ により $\mathbf{Z}[X]$ から $\mathbf{Z}[\sqrt{2}]$ の上への準同型がえられ，その核が (X^2-2).

16. 3 斉次イデアルの準素イデアル分解についての知識が充分あれば易しいが，次の方針でもできる．

d 次斉次式 $f=\sum_{i=0}^{d} c_iX^iY^{d-i}$ に対し，$f'=\sum c_iT^i$, $f''=\sum c_iT^{d-i}$ とおくと，$N'=\{f'|$ 斉次式 $f\in N\}$, $N''=\{f''|$ 斉次式 $f\in N\}$ は $K[T]$ のイデアル．ゆえに $\exists h', k'', N'=h'K[T], N''=k''[T]$. h', k'' の次数を e', e'' とするとき，$h=Y^{e'}h'(X/Y)$, $k=X^{e''}k''(Y/X)$ の最小公倍元 $Y^{\alpha}h=X^{\beta}k$ が N の生成元．

16. 4 (1) $\alpha+\bar{\alpha}-\alpha^{-1}-\bar{\alpha}^{-1}-r^{-2}+1=(\alpha+\bar{\alpha})(1-r^{-2})+(1-r^{-2})=(2r\cos\theta+1)(1-r^{-2})$.
他方，$\alpha^n=\alpha+1$ ゆえ

$$r^n\cos n\theta=r\cos\theta+1,\ r^n\sin n\theta=r\sin\theta$$
$$\therefore\ r^{2n}=r^2+2r\cos\theta+1 \quad \therefore\ 2r\cos\theta+1=r^2(r^{2n-2}-1)$$

ゆえに $2r\cos\theta+1$ の正負は r が1より大きいかどうかできまり，最初の式は ≥ 0.

(2) α が正の実根であれば $\alpha>1$. $\therefore$ $\alpha-\dfrac{1}{\alpha}>0$.

$g(X)$ に負の実根がない場合:

$g(X)$ の虚根が $\alpha_1,\cdots,\alpha_m,\bar{\alpha}_1,\cdots,\bar{\alpha}_m$ であれば，それらについての $\alpha-\alpha^{-1}$ の和は $\geq(\sum r_i^{-2})-m$ ($r_i=|\alpha_i|$). そして，$\Pi r_i^2\leq 1$ ($g(X)$ の定数項$=\pm 1$ ゆえ，正の実根がなければ$=$，あれば$<$). $\Pi r_i^{-2}\geq 1$ ゆえ，$\sum r_i^{-2}/m\geq \sqrt[m]{\Pi r_i^{-2}}\geq 1$.

ゆえに $S(g)\geq 0$，等号は $r_1=\cdots=r_m=1$ のときに限る．$r_1=1$ とすると，$\bar{\alpha}=\alpha^{-1}$ ゆえ，$\alpha^n\alpha^{-n}=(1+\alpha)(1+\alpha^{-1})$. $\therefore$ $\alpha^2+\alpha+1=0$. ゆえに不合理であることがわかり，$S(g)>0$. α, α^{-1} は代数的整数ゆえ $S(g)$ は整数．$S(f)=1$ ゆえ f は既約．

$g(X)$ に負の実根 β がある場合: $0>\beta>-1$.

$\therefore$ $\beta-\beta^{-1}>\beta^{-1}-1$. そこで正の実根以外についての $\alpha-\alpha^{-1}$ の和と，この不等式を利用すれば，上と同様にできる.

16.5 (1)は易しいので略す. (2)は，次のことがわかれば易しい. n が自然数で，a が環の元で，$a^n=0$ であれば，$(1-a)(1+a+a^2+\cdots+a^{n-1})=1-a^n=1$ ゆえに，1+(べき零元)の形の元は逆元をもつ.

16.6 ［ヒント］ UFD 上の多項式についての，つぎの定理を思い出せ.

定理 R が UFD で，$F(x)$, $G(x)$ が R 上の多項式，p が R の素元であるとき，積 $F(x)G(x)$ が p で割りきれる(係数が全部割り切れることを意味する) ならば，$F(x)$, $G(x)$ の少くとも一方は p でわりきれる. (二つの原始多項式の積は原始多項式というのと同等)

［略解］ $f(x), g(x)$ の係数を通分した分母を a, b とし，$F(x)=af(x)$, $G(x)=bg(x)$ とする. $f(x)g(x)\in R[x]$ ゆえ，$F(x)G(x)$ は ab で割りきれる. ab に素因子 p があれば，上の定理により (証明は易しいから，答案には定理を引用するよりは，結果を証明した方がよいだろう) $F(x)$, $G(x)$ の一方が p で割りきれる. $F(x)$ が p で割りきれたとしてみると，x^n の係数が a ゆえ，a が p でわりきれ，共通分母は a/p でよかったことになり矛盾.

16.7 (1)は群論の問題である. ［略解］ $2<N_f<p$ としてみると，f のorbit $T_f=\{\sigma f|\sigma\in S_p\}$ の上の置換を S_p の元がひきおこす. σ がひきおこすのを $\varphi\sigma$ とすると，φ は準同型. $\varphi(S_p)$ の位数は p で割りきれないから，φ の核は S_p の中の位数 p の元を含む. S_p の正規部分群は $\{1\}$, p 次交代群 A_p, S_p の三つだけ. ゆえに $\varphi(S_p)$ の位数は 1 または 2. $\varphi(S_p)$ は transitive であるから，$\varphi(S_p)$ の位数は N_f の倍数. 矛盾.

(2) ［ヒント］ 既約分数形にこだわらず，分母が対称式であるように変形せよ.

［略解］ $f=g/h$ ならば，$\Pi_{\sigma\neq 1}\sigma h$ を分母分子にかければ，分母が対称式になる. したがって最初から h が対称式であったと仮定してよい. すると，$N_f=N_g$. したがって，$H=\{\sigma\in S_p|\sigma g=g\}$ は p 次交代群 A_p になる. ($[S_p:H]=2$ ゆえ，H は正規部分群 $\therefore$ $H=A_p$.)

ゆえに，互換を一つとれば，$g\neq\tau g$ で，$g+\tau g=s$ は対称式，$g-\tau g=a$ は交代式，$a\neq 0$, $g=(s+a)/2$ となる. $s=0$ かも知れないから，g については「交代式であるか，対称式と交代式との和」. 0 も対称式だから，単に「対称式と交代式の和」と言ってもまちがいではない. したがって，求める答は，

(対称式と交代式の和)/(対称式)

(3) ［ヒント］ (2)と同様 $f=g/h$, h は対称式と仮定してよい．すると，$N_g=N_f$.

［略解］ まず，S_pの部分群 H で指数 p のものは$H_i=\{\sigma\in S_p|\sigma i=i\}$ $(i=1, 2, \cdots, p)$に限る．(理由：H の位数は p でわりきれないから，H は $\{1, 2, \cdots, p\}$ の上に transitive には作用しないことと，Hの位数が $(p-1)!$ であることとによる．) $H=H_1$ であれば，g は $X_2, X_3, \cdots, X_p$ に関して対称式であり，$X_1, X_2, \cdots, X_p$ については対称式でない．逆に，g が $X_2, X_3, \cdots, X_p$ について対称式で，$X_1, X_2, \cdots, X_p$ について対称式でないとすると，$N=\{\sigma\in S_p|\sigma g=g\}$ は H_1 を含み，S_p とは異なる．そのような N は H_1 に限るから，$N_f=N_g=p$.

したがって，求める f の一般形は：

$f=\sigma g/h$, h は対称式，$\sigma\in S_p$, g は$X_2, X_3, \cdots, X_p$ について対称式であって $X_1, X_2, \cdots, X_p$ については対称式ではない多項式.

第17章

可換環のイデアル

この章では，可換環に関する問題を考える．Artin 環 Noether 環の問題から始めよう．

問題 17.1　R は可換環で乗法の単位元をもつもつものとする．R の任意のイデアルの減少列 $I_1 \supset I_2 \supset I_3 \supset \cdots$ に対して $I_n = I_{n+1} = \cdots$ となる n があるとき，R を Artin 環という．R が Artin 環であるとき，以下の命題が成り立つことを証明せよ．

(1)　$f : R \to S$ が全射環準同型ならば，S も Artin 環である．

(2)　R が整域ならば，R は体である．

(3)　R の素イデアルは極大イデアルである．

(4)　R の異なる素イデアルの個数は有限である．　　　　　　　　　　　　　　(阪大)

問題 17.2　次の性質(＊)を持つ R, I の具体的な例を，証明をつけて，一組挙げよ．

(＊) R は可換，ネーター整域．I は R のイデアルであって，単項イデアルではない．I を含むどんな極大イデアル $\mathfrak{m}$ に対しても，$IR_{\mathfrak{m}}$ は単項イデアル（但し，$R_{\mathfrak{m}}$ は R の $\mathfrak{m}$ による局所化によってえられる局所環）．　　　　　　　　　　　　　　(京大)

解説　第1問　Artin 環の条件は「イデアルについての極小条件をみたす」という形で述べられるのが普通である．(1)は，S のイデアル J に対し，$f^{-1}(J) = \{a \in R \mid f(a) \in J\}$ が R のイデアルであり，全射準同型であることから，S でのイデアルの減少列に対して R のイデアルの減少列が得られることからわかる．

(2)　R が整域で，体ではなかったとする．$a \in R$ を，0 ではなく，R で逆元をもたない元とすると，$aR \supset a^2R \supset \cdots$ と，無限減少列ができる．($a_nR \neq a^{n+1}R$ の証明は必要です．それは各自考えてください．)

(3)　P が R の素イデアルであれば，(1)により R/P は Artin 環で，(2)により体．

(4)　$P_1, P_2, \cdots, P_n, \cdots$ と，無限個の素イデアルがあれば，$I_n = P_1 \cap \cdots \cap P_n$ は n とともに減少する．$I_n \neq I_{n+1}$ の証明は易しいでしょうね．

第２問　単項イデアル環でないような整数環を使うのもよいでしょうが，有理数体 $\boldsymbol{Q}$ 上２個の元で生成された環で例を作りましょう．

多項式環 $\boldsymbol{Q}[x]$ と，その上に整な元 $y = \sqrt{x^2+1}$ により，$R = \boldsymbol{Q}[x, y]$ とし，$x, y-1$ で生成されたイデアルを I とする．$y^2 - 1 = x^2$ に注意．

I は極大イデアルである．R_I には $(y+1)^{-1}$ が元として入っているから，IR_I は x で生成される．(証明：$xR_I \subseteq IR_I$ は当然．$y-1 = x^2(y+1)^{-1}$ ゆえ，$IR_I \subseteq xR_I$ で，$xR_I = IR\ I$)

次は，二つのイデアルの和が環全体になる場合についてである．

問題 17.3　$\mathfrak{a}_1, \mathfrak{a}_2$ は単位元を含む可換環 R の２つのイデアルとし，$R = \mathfrak{a}_1 + \mathfrak{a}_2$ とする．このとき，次を証明せよ．

(1)　$\mathfrak{a}_1 \cap \mathfrak{a}_2 = \mathfrak{a}_1 \mathfrak{a}_2$

(2)　任意の自然数 m, n について，$\mathfrak{a}_1{}^m + \mathfrak{a}_2{}^n = R$

(3)　$R/(\mathfrak{a}_1 \cap \mathfrak{a}_2) \cong R/\mathfrak{a}_1 \oplus R/\mathfrak{a}_2$　（金沢大）

問題 17.4　R は単位元１を持つ可換環，P はその素イデアルとする．R の二つのイデアル I, J が，$I + J = R$ かつ $I \cap J = P$ をみたすなら，$I = R$ または $J = R$ であることを示せ．

（名大）

解説　第１問　基本は，$b \in \mathfrak{a}_1, c \in \mathfrak{a}_2$ で，$b + c = 1$ となる b, c の存在である．

(1)　$\mathfrak{a}_1 \mathfrak{a}_2 \subseteq \mathfrak{a}_1 \cap \mathfrak{a}_2$ は当然．$x \in \mathfrak{a}_1 \cap \mathfrak{a}_2 \Rightarrow x = xb + xc \in \mathfrak{a}_1 \mathfrak{a}_2$

(2)　$1 = (b+c)^m = b^m + c'$　$(c' \in \mathfrak{a}_2)$ から $\mathfrak{a}_1{}^m + \mathfrak{a}_2 = R$.

同様にして，$\mathfrak{a}_1{}^m + \mathfrak{a}_2{}^n = R$.

(3)　$x \in R$ に対し $R/\mathfrak{a}_1 \oplus R/\mathfrak{a}_2$ の元 $(x \pmod{\mathfrak{a}_1}, x \pmod{\mathfrak{a}_2})$ を対応させると，環準同型になる．核は $\mathfrak{a}_1 \cap \mathfrak{a}_2$ である．像が全体であることは，$R = \mathfrak{a}_1 + \mathfrak{a}_2$ から，$\mathfrak{a}_1$ の像が $\{0\} + R/\mathfrak{a}_2$ になり，$\mathfrak{a}_2$ の像が $R/\mathfrak{a}_1 + \{0\}$ になることからわかる．

第２問　第１問を利用すれば簡単である．すなわち，(1)により，R/P は整域であるのに，R/I と R/J の直和．したがって，$R/I, R/J$ のどちらかが $\{0\}$.

次は少し風変わりな問題である．

問題 17.5　X を有限集合とし，A を X から実数体 $\boldsymbol{R}$ への写像全体のなす集合とする．

(1)　$f, g \in A$ に対して $f+g, fg \in A$ を

$$(f+g)(x)=f(x)+g(x),\quad (fg)(x)=f(x)g(x)$$

で定義すると，A は単位元をもつ可換環になることを示せ．

(2)　$y \in X$ に対し，$\chi_y \in A$ を，$x=y$ ならば $\chi_y(x)=1$；$x \neq y$ ならば $\chi_y(x)=0$ で定義される写像とする．$\mathfrak{a}$ が A とは一致しない A のイデアルであるとき，$f(z) \neq 0$ をみたす $f \in \mathfrak{a}$ と $z \in X$ が存在すれば，$\chi_z \in \mathfrak{a}$ となることを示せ．

(3)　A の任意の極大イデアルは，ある $z \in X$ によって

$$\{f \in A \mid f(z)=0\}$$

と表されることを示せ．　（九大）

解説　(1)値が恒等的に1である写像が単位元で，値が恒等的に0である写像が0であることに気づけば，あとは易しいでしょう．

(2)　写像 g を，$g(z)=f(z)^{-1}$；$x \neq z \Rightarrow g(x)=0$ によって定めると，$\chi_z=fg \in \mathfrak{a}$．（この証明には，$\mathfrak{a} \neq A$ の仮定は不要であることに注意）

(3)　$x \in X$ のとき，$M_x=\{f \in A \mid f(x)=0\}$ がイデアルになることは易しい．$g \in A$ が M_x に属さないとき，$M_x+gA=A$ を示そう（M_x が極大イデアル）．

h が A の元で M_x に属さないとき，M_x の元 k を，$y \neq x \Rightarrow k(y)=h(y)$ であるように選ぶ．A の元 c を，$y \neq x \Rightarrow c(y)=0$；$c(x)=h(x)^{-1}$ であるように取れば，$h=k+cg$ となり，$M_x+gA=A$ である．

M_x の形のもの以外には極大イデアルがないことのためには，次のことを示せばよい．

「$\mathfrak{a}$ が A のイデアルで，任意の $x \in X$ に対し，$f(x) \neq 0$ となる f が $\mathfrak{a}$ に属していれば，$\mathfrak{a}=A$ である．」

証明　(2) とその後の注意により，任意の $x \in X$ に対し $\chi_x \in \mathfrak{a}$．

$g \in A$ のとき，$\sum_{x \in X} g\chi_x$ をとると，すべての $x \in X$ について g と同じ値をとるので $=g$．ゆえに，$\mathfrak{a}=A$．

問題 17.6　R を単項イデアル整域，$Q(R)$ をその商体とし，S は $Q(R)$ の部分環で R を含むものとする．

(1)　零でない $a, b \in R$ が互いに素で $b/a \in S$ のとき，$a^{-1} \in S$ であることを示せ．

(2)　I が S のイデアルならば，$I \cap R$ は R のイデアルであることを示せ．

(3)　S は単項イデアル整域であることを示せ．　（阪大）

解説 (1) R が単項イデアル整域で a, b が互いに素であるから，$ax+by=1$ となるような $x, y \in R$ がある．$y(b/a)+x=a^{-1}\in S$.

(2) は易しいでしょうから，省きます．

(3) (1)の結果は，S は R のいくつか（無限個かも知れない）の元の逆元を R につけ加えた環であることを示している．したがって，S のイデアル I は単項イデアル $I\cap R$ で生成される．

次の問題は $\boldsymbol{Z}[X]$ より少し複雑な環——Noether 環ではないもの——を扱っている．

問題 17.7 有理数体 $\boldsymbol{Q}$ 上の多項式環 $\boldsymbol{Q}[X]$ の部分環

$$R=\{f\in \boldsymbol{Q}[X] \mid f(0)\in \boldsymbol{Z}\}$$

について，次のことを示せ．

(i) $f_1, f_2 \in R$ で，$f_1(0)\neq 0$ とする．f_1 と f_2 とで生成される R のイデアル I をとる．I の 0 でない元の次数の最小を m とし，I の次数 m の元のうち，定数項の絶対値が最小のものを g とすれば，g は I を生成する．

(ii) R の任意の有限生成イデアルは単項イデアルである．

(iii) R のイデアル $(X/2, X/2^2, \cdots, X/2^n, \cdots)$ は単項イデアルではない． (阪大)

解説 $g=c_0+c_1X+\cdots+c_mX^m$ $(c_0\in \boldsymbol{Z}, c_i\in \boldsymbol{Q})$ について，まず $c_0\neq 0$ を証明しよう．$c_0=0$ であれば，R における g による割り算は，実質的に $\boldsymbol{Q}[X]$ における割り算であって，余りの定数項は，割られる多項式の定数項であるから，I の元で定数項が 0 でないものを g で割った余りを考えれば，m が最小次数ということに反することがわかる．したがって，$c_0\neq 0$. すると，I に含まれる他の m 次式 $h=d_0+d_1X+\cdots+d_mX^m$ を考え，d_0 を c_0 で割って，$d_0=c_0q+r$ を得たとすると，$h-gq$ の定数項は r になるから，定数項の絶対値の最小性により，$h=gq$，すなわち，I の m 次の元は g の倍元である．I の元で次数が m より大きいものについては，余りが m 次になるところまでは，実質的に $\boldsymbol{Q}[X]$ の元としての割り算ができるから，このことは(i)を示しているのである．(i)ができれば，(ii)は易しい．きちんと答案を書くのには，生成元の個数についての帰納法を使えばよいだろう．あと(iii)を考えよう．もし $g\in R$ によって生成された単項イデアルであれば，$gh_i=X/2^i$ となる $h_i\in R$ がある．$(i=0,1,2,\cdots)$. $h_i\in \boldsymbol{Q}[X]$ と考えてみれば，素元分解の一意性により，g, h_i の一方が aX $(a\in \boldsymbol{Q})$，他方が $2^{-i}a^{-1}$. g は考えているイデアルの元であるから，g の定数項は 0．ゆえに，$g=aX$. すると，i が充分大きくなると，$2^{-i}a^{-1}$ は整数でなく

なるので，$h_i \in R$ に反する．というわけで証明が完了する．

蛇足　上の(iii)では2のべきを使う必要はなかった．例えば，$0 \neq f \in \boldsymbol{Q}[X]$, $f(0)=0$ のとき，自然数の列 $c_1, c_2, \cdots, c_n, \cdots$ を，各 c_n は n 個以上の素数の積になっているようにとって，$\{c_n^{-1}f \mid n=1, 2, \cdots\}$ で生成したイデアル J をとれば，有限生成ではなくなる．m が自然数 >1 であれば，$mR+J$ も有限生成ではない．

〔練習問題〕

練習 17.1　R が可換環，I がイデアルであるとき，

(1)　R/I が体であるためには，

(i)　I が極大イデアル，　(ii)　$x^2 \in I \Rightarrow x \in I$　が必要充分であることを示せ．

(2)　R が単位元をもつとき，(1)における(i), (ii)について，(i)ならば(ii)が成り立つことを示せ．（新潟大）

練習 17.2　単位元をもつ可換環 R において，すべてのイデアル $(\neq R)$ が素イデアルであれば，R は体であることを示せ．（阪大）

練習 17.3　R が整域，P が単項な素イデアルであれば，P のべき P^n $(n=1, 2, \cdots)$ は準素イデアルであることを証明せよ．（学習院大）

練習 17.4　A が可換環，P が素イデアル，$a \in A$, $a \notin P$, $P \subseteq Aa$ ならば $P=Pa$ であることを示せ．（名大）

練習 17.5　単位元をもつ可換環 R について，つぎのことを証明せよ．

(1)　R の任意のイデアル $I(\neq R)$ に対し，I を含む極大イデアルが存在する．

(2)　R のすべての極大イデアルの共通部分を J とする．

(a)　$x \in J$ ならば，$1+x$ は R の単元である．

(b)　有限生成な R 加群 M が $JM=M$ をみたせば．$M=0$ である．（阪大）

註）この J は Jacobson 根基とよばれる．

練習 17.6　R は単位元1をもつ可換環，$a \in R$ とし，次の条件を考える．

(1)　a は R のべき零元である．

(2)　a は R のべき零元ではない．

(1′)　aを含まないRの素イデアルは存在し，しかも，そのような素イデアルのうちに極大なものがある．

(2′)　aを含むRの素イデアルが存在し，しかも，そのような素イデアルのなかに極小なものがある．

各命題「(1) ⇒ (2′)」，「(2) ⇒ (1′)」を検討し，正しければ証明し，正しくない場合は反例を与えよ．　(上智大)

練習 17.7　Rが可換環，Sがその部分環，$P_1,\cdots,P_n$がRの素イデアルで，$S\subseteq\bigcup_{i=1}^{n}P_i$であれば，$S$はある$P_i$に含まれることを証明せよ．　(新潟大)

練習 17.8　整域Rがどの二つも包含関係をもたないようなn個の素イデアル$p_1,p_2,\cdots,p_n$によって

$$R=R_{p_1}\cap R_{p_2}\cap\cdots\cap R_{p_n}$$

と表されるという．ここにR_{p_i}はp_iによる局所化である．このとき，つぎの問いに答えよ．

(1)　Rの非単元(逆元をもたない元)全体の集合は，$p_1\cup p_2\cup\cdots\cup p_n$であることを示せ．

(2)　Rの極大イデアルは$p_1,p_2,\cdots,p_n$のn個だけであることを示せ．

(阪教育大)

練習 17.9　Rは有理数体$\boldsymbol{Q}$の部分環で有理整数環$\boldsymbol{Z}$を含むものとする．

(1)　$\alpha\in R$に対して，$I(\alpha)=\{x\in\boldsymbol{Z}\mid x\alpha\in\boldsymbol{Z}\}$は$\boldsymbol{Z}$のイデアルであることを示し，その生成元を求めよ．

(2)　$I(\alpha)$で生成されるRのイデアルはRと一致することを示せ．　(京大)

練習 17.10　Rは零因子をもたない，有限個の元から成る可換環であるとする．ただし，単位元の存在は仮定しないが，元の数は2以上であると仮定する．

(1)　Rは単位元をもつことを証明せよ．

(2)　Rは体であることを証明せよ．　(東海大)

[ヒント，略解等]

17.1　(1)，充分性：$\bar{R}=R/I$においては，$\{0\}$，$\bar{R}$以外にイデアルがない．ゆえに$a\in\bar{R}$に対し，$a\bar{R}$は$\{0\}$か$\bar{R}$．$a\bar{R}=\{0\}$ならば，(ii)により$a=0$．$\therefore\ a\neq0\Rightarrow a\bar{R}=\bar{R}$．すると，$\exists e\in\bar{R},\ ae=a$．$b\in\bar{R}$とすると，$b\in a\bar{R}$ゆえ，$\exists y\in\bar{R},\ b=ay$．すると$be=aye=ay$

$=b$. すなわち，e は単位元.

これ以外の部分に易しいので省略する.

17.2　まず，$\{0\}$ が素イデアルゆえ，整域である．0でない非単元 a があれば，a^2R は素イデアルゆえ a を含む．$a=a^2b$ とすると $a(1-ab)=0$. $\therefore$ $1-ab=0$ で，a が非単元という仮定に反する．

17.3　P の生成元 p をとれば，$P^n=p^nR$. $ab\in P^n$, $a^m\notin P^n\ (\forall m)$ とする．$a\notin P$. $b=p^sq\ (q\notin P)$ としてみると，$ab=aqp^s=p^nr\ (\exists r\in R)$. $s\geq n$ ならよい．$s<n$ とすると，$aq=p^{n-s}r\in P$ となり，P が素イデアルであることに反する．

17.4　$x\in P\Rightarrow x=ay\in P$. $a\notin P$ ゆえ，$y\in P$

17.5　(1) は Zorn の補題を使って証明する．すなわち，I を含むイデアル J で $J\neq R$ であるもの全体の集まりを F とする．F の中の整列部分集合 $\{J_\lambda|\lambda\in\Lambda\}$ があれば，$\bigcup J_\lambda\in F$. ($\bigcup J_\lambda$ が I を含むイデアルであることは容易．$\neq R$ は，$=R$ と仮定すると，$1\in\bigcup J_\lambda$. すると，$\exists\lambda$, $1\in J_\lambda$ となり，$J_\lambda\in F$ に反する．$\therefore$ $\bigcup J_\lambda\neq R$) したがって Zorn の補題が適用できて，F には極大元がある．F の定義により，F の極大元は極大イデアルである．

(2)，(a)：$1+x$ が単元でない $\Rightarrow\exists$ 極大イデアル M，$1+x\in M$. $x\in J\subseteq M$ ゆえ，$1+x-x\in M$，矛盾

(2)，(b)：M の生成元 $u_1, u_2\ \cdots, u_n$ をとると，

$$u_j=\sum_j a_{ij}u_j\ \ (a_{ij}\in J),\ (i=1,2,\cdots,n)$$

これを $u_1,\cdots,u_n$ についての斉次の連立一次方程式

$$\sum_j(\delta_{ij}-a_{ij})u_j=0\ \ (\delta_{ii}=1;\ i\neq j \text{ なら } \delta_{ij}=0)$$

と見れば，その係数の行列式 D と各 u_j との積が 0 (理由はクラーメルの公式の出し方を見ればわかる)．ところが $D\equiv1\ (\mathrm{mod}\ J)$ ゆえ，D は単元，$\therefore$ $u_j=0\ (\forall j)$

17.6　[注意]　(1′) の「極大」は「極大イデアル」ではなく，「a を含まない素イデアルの集合の中での極大元」である．

[ヒント]　(1) $\Rightarrow$ (2′)：正しい．素イデアル $P_\lambda\ (\lambda\in\Lambda)$ の集合が，包含関係で全順序集合をなせば，共通部分 $\bigcap_\lambda P_\lambda$ も素イデアルであることを示し，Zorn の補題を使う．(使い方には，練習17.5, (1)の略解参照)

(2) ⇒ (1′). やはり正しい．今度は，上記のような素イデアル P_λ の集合があれば，$\bigcup_\lambda P_\lambda$ も素イデアルであることを示し，Zorn の補題を使う．

17.7 ［ヒント］ $P_i \cap S$ は S と一致するか，S の素イデアルであるかのいずれかである．したがって，次のことを証明すればよい．

「可換環 S の有限個の素イデアル $Q_i\,(\neq S)$ $(i=1, 2, \cdots, n)$ が与えられたとき，$S \neq \bigcup Q_i$」

また，この命題の証明にあたっては，$Q_1, Q_2, \cdots, Q_n$ の間に包含関係があれば，含まれているものを省いてよいから，$Q_1, \cdots, Q_n$ の間には包含関係はないと仮定してよい．

［略解］ 上のような準備のあと，n についての帰納法を利用して，$\exists a \in S, a \notin Q_i\,(\forall i)$を示す．すなわち，帰納法の仮定により，$\exists b \in S, b \notin Q_i\,(i=1, 2, \cdots, n-1)$, $b \notin Q_n$ なら $a=b$ とすればよい．$b \in Q_n$ と仮走する．$Q_i \not\subseteq Q_n\,(\forall i<n)$ ゆえ，$\exists c_i \in Q_i, c_i \notin Q_n\,(i=1, 2, \cdots, n-1)$. $a=b+c_1\cdots c_{n-1}$ とおけばよい．

17.8 (1): $x \in R,\ x \notin P_i\,(\forall i) \Rightarrow x^{-1} \in R_{p_i}\,(\forall i) \Rightarrow x^{-1} \in \bigcap_i R_{p_i} = R.$

(2) 極大イデアルMをとれば，$M \subseteq \bigcup_i p_i$ が(1)によって得られるから，前問を利用して，$M \subseteq p_i\,(\exists i)$. このとき $M=p_i$.

［蛇足］ 問題文は，各p_iが極大イデアルであることを示すことも要求していることに注意せよ．p_iが極大イデアルであることの証明は，p_i を含む極大イデアル M について上の結果を適用すれば $p_i \subseteq M \subseteq p_j\,(\exists j)$ となり，$i=j$ が出る．

17.9 (1) $\alpha=m/n$ ($m \in \mathbf{Z}$, n は自然数，m と n とは互いに素)と表せば，$I(\alpha)=n\mathbf{Z}$.

(2) 上の記号の下で，$\exists a, b \in \mathbf{Z},\ am+bn=1.$

$$\therefore\ 1/n=(am+bn)/n=a\alpha+b \in R.$$
$$\therefore\ I(\alpha)R \ni n \times (1/n)=1.$$

17.10 ［ヒント］ 練習17.1がよく理解できていれば易しいはず．$a \in R$を固定した写像$x \to ax$を考えよ．

［略解］ (1) $R=\{a_0, a_1, \cdots, a_n\}$, $a_0=0$ とする．$i \geq 1$ について a_iR を考える．「$a_ia_j=a_ia_k \Rightarrow a_i(a_j-a_k)=0$」ゆえ，$a_iR$ の元数は R の元数と同じ．ゆえに，$a_iR=R\,(\forall i \geqslant 1)$. $i=1$ のときを考え，$a_1e=a_1$ となる $e \in R$ がある．$a_i \in a_1R\,(\forall i)$ ゆえ，e は R の単位元.

(2) $a_iR=R\,(\forall i \geqslant 1)$ であるということは，R のイデアルは，$\{0\}$ と R 以外にないことを示す．ゆえに R は体である．

第18章

非可換環

この章では，非可換な環についての問題を考えよう．題材には，群環や行列環の登場は少なくない．まず，群環の場合から出発しよう．

問題 18.1　有限群 G の可換体 K 上の群環 $K[G]=\{\sum_{g\in G}a_g g\,;\,a_g\in K\}$ の両側イデアル $I=\sum_{g\in G}a_g g\,;\,\sum_{g\in G}a_g=0\}$ を考える．G の部分集合 G_i (i；正整数) を $G_i=\{x\in G\,;\,x-1\in I^i\}$ で定める．

（i）　G_i は G の正規部分群であることを示せ．

（ii）　任意の正整数 i, j に対して $[G_i, G_j]\subset G_{i+j}$ を示せ．但し $[G_i, G_j]$ は G_i と G_j の交換子群．

（iii）　G が p 群で K の標数が p であるとき，ある正整数 n が存在して $I^n=0$ となることを示せ．但し p 群とは位数が素数 p のべきである有限群をいう．p 群はべき零群であることが知られている．（東大）

解説　まず I について調べよう．$K[G]$ の元 $g-1=b_g$ を，G の単位元 1 以外の各元 g について考えると，$b_g\in I$ であり，I の任意の元 $\sum a_g g$ は $\sum_{g\neq 1}a_g b_g$ と一致するので，I は b_g 全体で生成される．

（i）　$x\in G_i$ ならば，$x-1\in I^i$ ゆえ $x^{-1}(x-1)=1-x^{-1}\in I^i$ だから $x^{-1}\in G_i$

また，$x, y\in G_i$ ならば $x-1, y-1\in I^i$ ゆえ $x-y\in I^i$，$x(1-x^{-1}y)\in I^i$ から $x^{-1}y\in G_i$ となり，G_i は部分群である．

正規部分群であること：$x\in G_i$ の条件は $x-1\in I^i$ ゆえ，任意の $y\in G$ について，

$$y^{-1}(x-1)y=y^{-1}xy-1\in I^i$$

であるから，$y^{-1}xy\in G_i$ で，G_i は G の正規部分群である．

（ii） $x\in G_i, y\in G_j$ とする．$x-1\in I^i, y-1\in J^j$ であるから

$$(x-1)(y-1)=xy-x-y+1\in I^{i+j}$$
$$(y-1)(x-1)=yx-y-x+1\in I^{i+j}$$

ゆえに $xy-yx\in I^{i+j}, xy-yx=yx(x^{-1}y^{-1}xy-1)$ であるから

$$x^{-1}y^{-1}xy\in G_{i+j}$$

（iii） まず，G の位数が p の場合を考えよう．この場合 $K[G]$ は可換環である．I の生成元 $1-x$ ($x\in G$；$p-1$ 個）について，$(1-x)^p=0$ であるから，I はべき零である．あとは，帰納法を利用して，考える対象の群より位数の小さい p 群については，主張は正しいと仮定する．G の元 a で，G の中心に属し，位数が p であるものをとる．

$K[G]$ から $H=G/\langle a\rangle$ の群環 $K[H]$ への自然な準同型 ρ がある．帰納法の仮定により，$\rho(I)$ はべき零であるから，I のあるべき I^m は $\mathrm{Ker}\,\rho$ に含まれる．$\mathrm{Ker}\,\rho$ は $\{1-a^i\mid i=1,2,\cdots,p-1\}$ で生成され，これら生成元はべき零であり，中心元であるので，$\mathrm{Ker}\,\rho$ もべき零である．ゆえに，I もべき零．

行列環を利用した問題2題を考えよう．第1問は実質可換環の場合である．

問題 18.2 有理数体 $\boldsymbol{Q}$ の元 d に対して，M_d を次により定める．

$$M_d=\left\{\begin{pmatrix}\alpha & \beta d\\ -\beta & \alpha\end{pmatrix}\middle|\,\alpha,\beta\in\boldsymbol{Q}\right\}$$

(1) M_d は行列環 $M(2,\boldsymbol{Q})$ の部分環であることを示せ．

(2) M_d が体であるための条件を求めよ．

(3) M_d が体であるとき，体としての自己同型群を求めよ． （京大）

問題 18.3 $M_n(\boldsymbol{Z})$ を有理整数環上の n 次全行列環とする．

（i） I を $M_n(\boldsymbol{Z})$ の零でない両側イデアルとすると，剰余環 $M_n(\boldsymbol{Z})/I$ は有限環になることを示せ．

（ii） $(a_{ij})\in I$ で，$\{a_{ij}\mid 1\leqq i,j\leqq n\}$ の最大公約数は素数であるとする．このとき I はどのようなイデアルか． （東北大）

解説 第1問 (1)は加法・乗法に関して閉じていることを示すだけです．

(2) $\alpha=a$，$\beta=0$ の元は aE である．$\alpha=0,\beta=1$ の元を c で表すと，$\alpha=0$ の他の元は βc

と表される．$c^2=-dE$ であるから，M_d は $\boldsymbol{Q}[c]$ であるとともに，$\boldsymbol{Q}[x]/(x^2+d)$ と同型である．これが体である条件は，次の通りである．

$d>0$ であるか，または，$d<0$ であって $-d$ がどの有理数の平方にもならない．

(3) M_d は $\boldsymbol{Q}(\sqrt{-d})$ と同型であるから，自己同型群は $\{1,\sigma\}$ で，σ は $\sqrt{-d}$ を $-\sqrt{-d}$ に写す．

第2問 $M_n(\boldsymbol{Z})$ の元で，(i,j) 成分が1で他の成分が0であるものを E_{ij} と書くことにする．$A\in M_n(\boldsymbol{Z})$ に対して，$E_{is}AE_{tj}$ は，(i,j) 成分が A の (s,t) 成分と等しく，他の成分が0である．したがって，(i)は，I の元のある成分 $d\neq 0$ があるのだから，I は$dM_n(\boldsymbol{Z})$ を含み，$M_n(\boldsymbol{Z})/I$ は $M_n(\boldsymbol{Z}/d\boldsymbol{Z})$ の準同型像になり，元数が有限である．(ii)については，a_{ij} の最大公約数を p とする．最初に述べたことから，I は $a_{ij}M_n(\boldsymbol{Z})$ を含むので，I は $pM_n(\boldsymbol{Z})$ を含む．$I\neq pM_n(\boldsymbol{Z})$ ならば，I の元で成分が p の倍数でないものをもつものがある．したがって，I の元に現れる成分の最大公約数が1の場合になり，$I=M_n(\boldsymbol{Z})$ で，結論は I は $pM_n(\boldsymbol{Z})$ または $M_n(\boldsymbol{Z})$．

問題 18.4 A を単位元1をもつ環とし，$A=L_1\oplus L_2$ は A の左イデアル L_1, L_2 の直和とする．

(1) A のべき等元 e_1, e_2 で，

$$1=e_1+e_2,\quad e_1e_2=e_2e_1=0,\ L_k=Ae_k\ (k=1,2)$$

をみたすものが存在することを示せ．

(2) もし L_1, L_2 が両側イデアルならば，e_1, e_2 は A の中心に属することを示せ．

（阪市大）

問題 18.5 A を，結合法則をみたし乗法の単位元1をもつ環とし，K は A の中心に含まれる部分体で，$1\in K$ とする．次の(イ)，(ロ)を仮定する．

（イ） A は K 上の線型空間として3次元である．

（ロ） A は可換環ではない．

このとき，次の問に答えよ．

(1) $\alpha\beta-\beta\alpha\ (\alpha,\beta\in A)$ の形の元が張る A の K 上の部分線型空間は，K 上1次元であり，かつAの両側イデアルであることを示せ．

(2) K 上の associative algebra として，A は，2次正方行列環の部分環

$\left\{\begin{pmatrix} a & b \\ 0 & c \end{pmatrix} : a, b, c\in K\right\}$ に同型であることを示せ． （東大）

解説　第1問　(1)　$1=e_1+e_2$ となる $e_1\in L_1$，$e_2\in L_2$ がある．

$e_1=e_1 1=e_1{}^2+e_1e_2$ で，$e_1\in L_1, e_1e_2\in L_2$ であり，直和の性質によって，$e_1=e_1{}^2$，$e_1e_2=0$．$e_2{}^2=e_2$，$e_2e_1=0$ も同様．

$a\in L_1$ ならば，$a=ae_1+ae_2$ ゆえ，$a=ae_1, ae_2=0$ から $L_1=Ae_1$．$L_2=Ae_2$ も同様．

(2)　上と同様に，$a\in L_1$ ならば，$a=e_1a+e_2a$ から，$a=e_1a$，$e_2a=0$ となり，(1)と合わせて，L_1 の元 a は，e_1, e_2 と可換．同様に，L_2 の元 b は，e_1, e_2 と可換．ゆえに，e_1, e_2 は $L_1+L_2=A$ の元と可換ゆえ，中心に属する．

第2問　(1)　条件(イ)により，A は K 上 $1, p, q$ で張られるとしてよい．

A の2元 α, β は，K の元を係数にして，$\alpha=e+fp+gq$，$\beta=s+tp+uq$ と表されるが，一般に，$\alpha=\gamma+\delta$ ならば $\alpha\beta-\beta\alpha=(\gamma+\delta)\beta-\beta(\gamma+\delta)=\gamma\beta-\beta\gamma+\delta\beta-\beta\delta$ であり，β が和の形でも同様だから，$\alpha\beta-\beta\alpha$ は α, β が次の場合の $\alpha\beta-\beta\alpha$ の和である．

$\alpha=e, fp, gq\,;\,\beta=s, tp, uq$

$$\alpha\beta-\beta\alpha=fu(pq-qp)+gt(qp-pq)=(fu-gt)(pq-qp)$$

すなわち，これら $\alpha\beta-\beta\alpha$ 全体 I は $K(pq-qp)$ である．

$x\in A$ のとき $x(\alpha\beta-\beta\alpha)=hx(pq-qp)$ $(h\in K)$

$p(pq-qp)=p(pq)-(pq)p\in I$

$q(pq-qp)=(qp)q-q(qp)\in I$ である．

右からかけても同様で，I は両側イデアルである．

(2)　$pq=r+sp+tq$ $(r, s, t\in K)$

$qp=u+vp+wq$ $(u, v, w\in K)$ とすると

$p(pq-qp)=p(pq)-(pq)p=t(pq-qp)$

$q(pq-qp)=(qp)q-q(qp)=v(pq-qp)$

$(pq-qp)p=p(qp)-(qp)p=w(pq-qp)$

$(pq-qp)(pq-qp)=pv(pq-qp)-qt(pq-qp)=vt(pq-qp)-tv(pq-qp)=0$

であるから，$I^2=\{0\}$

$A=K+Kp+K(pq-qp)$ となるので，行列 $P=\begin{pmatrix}0&0\\0&w\end{pmatrix}$，$C=\begin{pmatrix}0&1\\0&0\end{pmatrix}$ を考え，A の元 x が $f+gp+k(pq-qp)$ と表されたとき，x に $f+gP+kC$ を対応させる．

$$PC=\begin{pmatrix}0&0\\0&w\end{pmatrix}\begin{pmatrix}0&1\\0&0\end{pmatrix}=\begin{pmatrix}0&t\\0&0\end{pmatrix}$$

$$CP=\begin{pmatrix}0&1\\0&0\end{pmatrix}\begin{pmatrix}0&0\\0&w\end{pmatrix}=\begin{pmatrix}0&w\\0&0\end{pmatrix}$$

であるので，この対応で，A が問題で示された環と同型であることがわかる．

問題 18.6 R を零因子を含まない単位的環（必ずしも可換性を仮定しないが，$1\in R$）とする．R に関する条件

（＊） 任意の $a, b\in R-\{0\}$ に対して $aR\cap bR\neq\{0\}$

を考える．以下の問に答えよ．

(1) R が可換ならば(＊)が成立することを示せ．

(2) R のすべての右イデアルが単項なら(＊)が成立することを示せ．

ヒント：右イデアル $aR+bR$ について考えてみよ．

(3) $R\times(R-\{0\})$ に関係～を

$(a, b)\sim(c, d)\Leftrightarrow$ ある $u, v\in R-\{0\}$ があり $au=cv$ かつ $bu=dv$ により定義する．(＊)が成立するならば～は R 上の同値関係であることを示せ． （埼玉大）

解説 (1) 零因子がないのだから，$ab\neq 0$ で，$ab\in aR\cap bR$.

(2) $aR+bR=cR$ となる c がある．$p, q\in R$ があって，$ap+bq=c$ であり，$b=cr$ となる $r\in R$ もある．$apr+bqr=cr=b$ であるから，

$$apr=b(1-qr)\in aR\cap bR.$$

(3) $(a, b)\sim(a, b)$ は $u=v=1$ で，

$(a, b)\sim(c, d)$ ならば $(c, d)\sim(a, b)$ は v, u で確かめられるので，あと証明が必要なのは，$(a, b)\sim(c, d), (c, d)\sim(e, f)$ ならば，$(a, b)\sim(e, f)$ である．仮定から，$u, v, s, t\in R-\{0\}$ があって

$$au=cv,\quad bu=dv,\quad cs=et,\quad ds=ft$$

(＊)により，$0\neq g\in uR\cap sR$ をみたす g がある．

$g=ux$ $(x\in R)$ ゆえ $ag=cvx$，$bg=dvx$

(＊)により，$0\neq h\in vxR\cap sR$ をみたす h がある．$h=vxy=sz$

$$agy=cvxy=ch=csz=etz,\quad bgy=dvxy=dsz=ftz$$

により，gy，tz を介して同値がわかる．

〔練習問題〕

練習 **18.1** $\boldsymbol{Q}$ は有理数体，$\boldsymbol{R}$ は実数体であるとき，

$$R=\left\{\begin{pmatrix} a & b \\ 0 & d \end{pmatrix}\middle| a\in\boldsymbol{Q},\ b, d\in\boldsymbol{R}\right\}$$

について，次の問いに答えよ．

(1) R は行列の演算に関し環をなすことを証明せよ．

(2) R は右イデアルについて極小条件（降鎖律）をみたすことを証明せよ．

(3) R は左イデアルについては極小条件をみたさないことを示せ．（岡山大）

練習 **18.2** 有限個の元からなる環 R が単位元をもつとき，R の元は単元か零因子であることを証明せよ．（九大）

練習 **18.3** つぎの環 D は可換でない体をなし，複素数体に同型な部分体を含むことを証明せよ．

$$D=\left\{\begin{pmatrix} a & -b & -c & d \\ b & a & -d & -c \\ c & d & a & b \\ -d & c & -b & a \end{pmatrix}\middle| a, b, c, d \text{ は実数}\right\}$$

（岡山大）

練習 **18.4** A は単位元 1 をもつ環，B は 1 を共有する A の部分環であるものとする．

(1) A が 0 以外に零因子を含まず，B が（可換とは仮定しない）体で，A の各元 a が B 上整（すなわち，各 $a\in A$ に対し，$a^n+c_1a^{n-1}+\cdots+c_n=0$ $(c_i\in B)$ の形の関係がある）であるならば，A も体であることを証明せよ．

(2) A が可換環のとき，A が B 加群として有限生成であるならば，A は B 上整であることを証明せよ．（岡山大）

練習 **18.5** 体 F 上の n 次元ベクトル空間 V の部分空間 U を考える．V の線型変換全体のなす環 R の部分環 $T=\{f\in R|f(U)\subseteq U\}$ の両側イデアルをすべて決定せよ．

（北大）

練習 **18.6** 一つより多くの元をもつ環 R が 0 と R 以外に左イデアルをもたないという．R はどんな環か．（お茶の水女子大）

練習 **18.7** 環 R の任意の元 x について $x^2=x$ が成りたてば，R は可換環であることを証明せよ． (東海大)

練習 **18.8** n は自然数，a, b は単位元を含む環の元であって，$a^nb=0$, $(a+1)^nb=0$ ならば，$a^{n-1}b=0$, $(a+1)^{n-1}b=0$ であることを証明せよ． (岡山大)

練習 **18.9** 体 K を係数とする n 次の上半三角行列全体のつく環る A において，

(1) べき零元の形を求めよ．

(2) べき零元全体 N は両側イデアルであることを示せ．

(3) A/N は可換環であることを示せ． (早大，立教大)

練習 **18.10** 可換体 K 上の 3 次全行列環の部分環

$$A=\left\{\left.\begin{pmatrix} a & b & c \\ d & e & f \\ 0 & 0 & g \end{pmatrix}\right| a, b, c, d, e, f, g \in K\right\}$$

について，

(1) A の両側イデアルをすべて求めよ．

(2) A の根基 J を求めよ．

(3) J は A 左加群として射影的であることを示せ． (阪市大)

[ヒント，略解等]

18.1 (2):

$$I_1=\begin{pmatrix} 0 & 1 \\ 0 & 0 \end{pmatrix}R,\ I_2=\begin{pmatrix} 0 & 0 \\ 0 & 1 \end{pmatrix}R,\ I_3=\begin{pmatrix} 1 & 0 \\ 0 & 0 \end{pmatrix}R$$

とおけば，$0\subset I_1\subset I_1+I_2\subset I_1+I_2+I_3=R$ が R 右加群としての R の組成列となる．

(3) $\boldsymbol{R}$ の $\boldsymbol{Q}$ 部分加群 S に対し，$M_S=\left\{\left.\begin{pmatrix} 0 & s \\ 0 & 0 \end{pmatrix}\right| s\in S\right\}$ は左イデアルになる．

18.2 各 $a\in R$ について，$f(x)=ax$, $g(x)=xa$ を考える．a が零因子でない $\Rightarrow f, g$ ともに単射ゆえ，全射でもある．ゆえに a は右逆元 a'，左逆元 a'' をもつ．
$a''=a''aa'=a'$ ゆえ，a は単元

18.3 [ヒント] D は四元数体と同型のはず．

[略解] $(a,b,c,d)=(1,0,0,0)$, $(0,1,0,0)$, $(0,0,1,0)$, $(0,0,0,1)$のときの元をそれぞれe,i,j,kで表すと，eは単位元．$ij=k$, $ji=-k$, $jk=i$, などがわかり，$\boldsymbol{R}$上の四元数体であることがわかる．$\boldsymbol{R}(i)$は$\boldsymbol{C}$と同型．

18.4 (1) $0\neq a\in A$ に対し，$a^n+c_1a^{n-1}+\cdots+c_n=0$ $(c_i\in B)$ となる関係式を考える．$c_m=0$ なら，A が零因子をもたないのだから，次数の低い関係式の場合に帰着できるので，$c_n\neq 0$ としてよい．すると

$$c_n^{-1}(a^{n-1}+c_1a^{n-2}+\cdots+c_{n-1})a=-1$$

ゆえに，aは左逆元$a'=-c_n^{-1}(a^{n-1}+c_1a^{n-2}+\cdots+c_{n-1})$をもつ．$a'$も左逆元$a''$をもつ．$a''=a''a'a=a$. ゆえに$a'$は$a$の逆元である．

(2) $A=Bu_1+Bu_2+\cdots+Bu_n$とする．$a\in A$について

$$au_i=\textstyle\sum_j b_{ij}u_j \quad (b_{ij}\in B;\ i=1,2,\cdots,n)$$

これを $u_1,\cdots,u_n$ についての斉次連立一次方程式

$$\textstyle\sum_j(\delta_{ij}a-b_{ij})u_j=0 \quad (\delta_{ii}=1;\ i\neq j \text{ なら } \delta_{ij}=0)$$

とみて，係数の行列式Dをとれば $Du_j=0$ $(\forall j)$ (練習 17.5, (2) の略解参照)．

$\therefore$ $DB=0$. $1\in B$ ゆえ $D=0$. 一方Dを展開すれば $a^n+c_1a^{n-1}+\cdots+c_n$ $(c_i\in B)$ の形になる．

18.5 $U=\{0\}$ または $U=V$ のときは $T=R$ ゆえ，その両側イデアルは $\{0\}$ と R に限る．

以下 $\{0\}\neq U\neq V$ と仮定する．Uの一次独立基 $e_1,\cdots,e_m$ を含むVの一次独立基$e_1,\cdots,e_n$をとり，その一次独立基に関して，Rの各元fをn次行列A_fで表す:

$$(f(e_1),\cdots,f(e_n))=(e_1,\cdots,e_n)A_f$$

$A_f=\begin{pmatrix}A_{f11} & A_{f12}\\ 0 & A_{f22}\end{pmatrix}$ (A_{f11}, A_{f22}はm次，$(n-m)$次行列) の形のもの全体がTに対応する．

したがって，次のことが計算でたしかめられる: $\{0\}$, T以外の両側イデアルは，$I_1=$(上で$A_{f11}=0$, $A_{f22}=0$のもの全部)$=\{f\in T\,|\,f(U)=0, f(V)\subseteq U\}$, $I_2=$(上で$A_{f11}=0$のもの全部)$=\{f\in T\,|\,f(U)=0\}$, $I_3=$(上で $A_{f22}=0$ のもの全部)$=\{f\in T\,|\,f(V)\subseteq U\}$ の三つだけである．

18.6 $\forall a\in R$ について Ra は左イデアル

(1) $\forall a\in R$ について $Ra=0$ のときは，加法についての R の部分群はすべてイデアル．

したがって，この場合Rは素数個の元から成り，加法は巡回群，乗法は二元の積は必ず0.

(2) $\exists x\in R,\ Rx\neq 0$ と仮定しよう．このとき $Rx=R$. $\{x\in R|Rx=0\}$ は左イデアルゆえ，仮定により，これは0だけ．ゆえに，$0\neq a\in R\Rightarrow Ra=R$.

また，$\{x\in R|xa=0\}$ も左イデアル．ゆえに0.

$$\therefore\ xa=ya\ \Rightarrow\ x=y$$

さて，$Ra=R$ ゆえ，$\exists e\in R,\ ea=a.\ e\neq 0$ ゆえ $Re=R$ $\quad\therefore\ \exists e'\in R,\ e'e=e.$ すると，$e'a=e'ea=ea\quad\therefore\ e'=e\quad\therefore\ e^2=e.\quad R\ni z\neq 0$ に対し，$e(ez-z)=0\quad\therefore\ ez=z$ ゆえにeはRの単位元というわけで，Rは(可換と限らぬ)体．

18.7 $x=x^2=(-x)^2=-x$ ゆえ，標数2．

$$xy+yx=(xy+yx)^2=xy+xyx+yxy+yx$$

$$\therefore\quad xyx+yxy=0.\quad y\times:\ yx+yxy=0$$

$$x\times:\ xyx+xy=0$$

$$\therefore\ yz+xy=0\quad\therefore\quad xy=yx$$

18.8 $\boldsymbol{Z}$の上にaで生成された部分環 $R=\boldsymbol{Z}[a]$ を考え，$I=\{x\in R|xb=0\}$ とおく．Rは可換環であり，IはRのイデアル，$a^n,\ (a+1)^n\in I$ ゆえ，$1\in I.\quad\therefore\ b=0\quad\therefore\ a^{n-1}b=(a+1)^{n-1}b=0$

18.9 (1) べき零元⇔対角線上の成分がすべて0ということにすぐわかる．したがって(2)も易しい．

(3) A/Nの各元は対角型行列で代表され，それらの乗法は互いに可換であるから，A/N は可換環になる．

18.10 (1) Aの各元を

$$w=\begin{pmatrix} X & & Y \\ 0 & 0 & g \end{pmatrix}\quad\begin{pmatrix} X\text{ は }(2,2)\text{ 行列} \\ Y\text{ は }(2,1)\text{ 行列}\end{pmatrix}$$

の形に表して述べると

$\{0\},\ I_1=\{w|X=0,\ g=0\},\ I_2=\{w|X=0\},\ I_3=\{w|g=0\},$ Aの五つの両側イデアルがある．(練習18.5の略解参照)

(2) 根基は最大べき零両側イデアルであるから，$J=I_1$ である．

(3)　$T=\begin{pmatrix}0&0&1\\0&0&0\\0&0&0\end{pmatrix}$ をとると，$J=AT$．そこで，右のような図式があれば，$\begin{matrix} & J \\ & \ \searrow^{f} \\ N & \xrightarrow{g} M\end{matrix}$

Nの元zで，$g(z)=f(T)$ であるものをとり，$h(aT)=az$ ($\forall a\in A$) により写像 $h\colon J\to N$ を定めることができる．ゆえにJはA 左加群として射影的．

第19章

可換環上の加群

この章では，可換環上の有限生成加群について考えよう．可換環 R が可換環 A を含み，単位元1を共有し，さらに，R が A 加群として有限生成な場合は「R は A 上整」であることになる典型的な場合であるので，その場合の問題から始めよう．

問題 19.1　B は可換環，A はその部分環で，G の単位元1は A に含まれるものとし，B を A 加群とみなしたとき有限生成と仮定する．P を A の素イデアルとする．A の元 a が

$$a=\sum_{i=1}^{h}p_ib_i,\ p_i\in P,\ b_i\in B$$

と表されるとすれば，$a\in P$ となることを証明せよ．（東工大）

解説　問題の前で述べたように，B は A 上整である．整な拡大についての，一つの基本的性質は「素イデアルの lying-over theorem」すなわち，A の素イデアル P に対し，B の素イデアル Q で $Q\cap A=P$ となるものがある，ということである．この問題は，この定理を使えばすぐわかる：$a\in PB\subseteq Q$ であるから，$a\in Q\cap A=P$.

使った定理の証明は本にでているので，ここでは示さないが，それを理解しておくことはもちろん，関連する定理（going-up theorem すなわち，A の素イデアルの上昇列 $P_1,\cdots,P_r$ があれば，B の素イデアルの上昇列 $Q_1,\cdots,Q_n$ で，$Q_i\cap A=P_i\ (\forall i)$ となるものがある；going-down theorem すなわち，A が整閉整域の場合に，下降列についての同様な定理，など）の理解もしておくようにしてください．

問題 19.2　単位元をもつ可換環Rに関する次の命題1，2，3のおのおのについて，次のことに答えよ．

(1)　命題が正しいかどうか，理由をつけて答えよ．

(2)　命題が正しくない場合には，R に適当な条件を加えて正しい命題にして，それを証明せよ．

命題1．$a_1, a_2, \cdots, a_n \in R$，$f(x)=x^n+a_1x^{n-1}+\cdots+a_n$ に対し，$\{c \in R \mid f(c)=0\}$ の元数は n 以内である．

命題2．$a(\in R)$ が R を含むある可換環（単位元は R と共有）の中に逆元 a^{-1} をもっていて，さらに $R[a^{-1}]$ が R 加群として有限生成であれば，$a^{-1} \in R$．

命題3．R 上の1変数の多項式環 $R[x]$ において逆元をもつ元は R の元に限る．(京大)

解説　命題1：正しくない．たとえば，$R=Z/8Z$ とし，n の類を n' で表すことにすると，$f(x)=x^3$ について，$2', 4', 6', 8'\ (=0')$ を代入すれば0になる．

修正：R が整域であるという条件を加えればよい．その証明は易しいので省きます．

命題2：正しい．証明は，$R[a^{-1}]$ が R 上整であるから，$c_i \in R$ による関係式

$$(a^{-1})^n+c_1(a^{-1})^{n-1}+\cdots+c_n=0$$

がある．a^{n-1} をかけると $a^{-1}=c_1+\cdots+c_na^{n-1} \in R$．

命題3：正しくない．たとえば，$0 \neq c \in R$，$c^2=0$ とすると，

$$(1+cx)(1-cx)=1$$

となり，$1+cx$，$1-cx$ は逆元をもつ．

修正：一番易しい修正は「R が整域である」とすることで，その場合は次数を考えて証明は易しい．一番優れた修正は「R が（0以外に）べき零元をもたない」という条件をつけるのです．その場合の証明：$a_i, b_j \in R$ として

$$(a_0+a_1x+\cdots+a_nx^n)(b_0+b_1x+\cdots+b_mx^m)=1$$

であったとする．R の素イデアル P をとると，R/P は整域だから，$i \geqq 1, j \geqq 1$ について．$a_i, b_j \in P$．これがすべての素イデアル P について言えるのだから，すべての素イデアルの共通部分はべき零元の集合ゆえ，もとの関係式は $a_0b_0=1$ になる．

問題 19.3　単位元1をもつ可換環 R 上有限生成な加群 M において，$1u=u\ (\forall u \in M)$ とする．A が R のイデアルで $AM=M$ ならば，$R=A+N$ であることを証明せよ．ただし，$N=\{x \in R \mid xM=0\}$ である．

M が有限生成でない場合はどうか．　(神戸大)

解説　M が有限生成の場合：　M の生成系 $u_1, \cdots, u_m$ をとる．　$M=AM$ ゆえ，　$u_i=\sum_j a_{ij}u_j$ $(a_{ij}\in A;\ i=1, \cdots, m)$．クロネッカーの δ $[\delta_{ii}=1,\ i\neq j$ なら $\delta_{ij}=0]$ を使えば，$\sum_i(\delta_{ij}-a_{ij})u_j=0$ $(i=1, \cdots, m)$．したがって，係数の行列式 $d=\det(\delta_{ij}-a_{ij})$ と，u_j との積は 0 になる（これは線型代数）：　$du_j=0$ $(j=1, \cdots, m)$．すなわち，$d\in N$．$a_{ij}\in A$ ゆえ，$d\equiv 1 \pmod A$．そこで $R\ni r=r(1-d)+rd\in A+N$，というわけで主要部分がすんだ．

M が有限生成という仮定がないときには，反例があることは容易にわかる．例えば，R として有理整数環をとり，M として有理数全体としてみれば，$A=2R$ によって反例になる．

上の前半の手法は，非常に基本的であって，整拡大の議論においても利用されていることは，読者のよく知っているところであろう．

蛇足　R と A とを与えたとき，$AM=M$ をみたす R-加群 M で，有限生成でないものをとれば，必ず反例になるわけではないのは当然である．したがって，そのような M でも R と $A+N$ となるような充分条件を見つけて，答案に書き加える方が，よい点がもらえる可能性がある．[例：A が R の直和因子の場合]．

上の問題と，つぎの問題とは関連が深い．

問題 19.4　可換環 R 上の有限生成の加群 M について，N が真部分加群であれば，R の極大イデアル P で，$M\neq PM+N$ となるものが存在することを示せ．ただし R は単位元 1 をもち，$\forall m\in M$ に対し $1m=m$ とする．　(阪市大)

解説　まず M と $PM+N$ との比較は，$\bar{M}=M/N$ を使う方が扱い易くなる．問題の条件は，$\bar{M}$ が有限生成で，$\bar{M}\neq\{0\}$ である．このとき，$P\bar{M}\neq\bar{M}$ となる極大イデアル P があることを示せばよい．一つの極大イデアル Q をとる．$Q\bar{M}=\bar{M}$ となれば，前問によって，$R=Q+N'$，$N'=\{x\in R \mid x\bar{M}=0\}$．$N'$ は定まったイデアルで，明らかに $N'\neq R$ ゆえ，N' を含む極大イデアル P がある．$P\bar{M}=\bar{M}$ なら，$R=P+N'=P$ となって矛盾．$Q\bar{M}\neq\bar{M}$ なら $P=Q$ とすればよいことは当然である．

問題 19.5 局所環 (R, m) の上の有限生成加群 M につき，つぎのことを証明せよ．

(i) M の任意の 2 組の極小底 (生成系として極小なもの)は，可逆な R 線型写像で結ばれる．

(ii) M が自由 R 加群であれば，M の任意の極小底は R 上一次独立である．

(名大)

解説 これは局所環の特殊性に関する問題である．念のため，「局所環 (R, m)」の意味を述べておこう．「R が可換環で，m が唯一つの極大イデアル」を意味する場合と，この条件+「R が Noether 環」という場合とがあるが，この問題に関しては条件の弱い方でよい．前問の結果を利用すると，次のことがわかる：

上記条件のもとで，N が M の R 部分加群であれば，

$$M=N \Leftrightarrow M=mM+N$$

このことは，$\bar{M}=M/mM$ の生成系 $\bar{a}_1, \cdots, \bar{a}_s$ をとり，$\bar{a}_i=(a_i \bmod mM)$ であるような $a_1, \cdots, a_s$ をとれば，それが M の生成系になっていることを示している．ところが，$\bar{M}$ は体 R/m 上の加群でもあるので，$a_1, \cdots, a_s$ が極小底ということと，$\bar{a}_1, \cdots, \bar{a}_s$ が一次独立基ということとが同値になる．したがって，2 組の極小底 $a_1, \cdots, a_s; b_1, \cdots, b_t$ をとれば，当然 $s=t$ があり，さらに，$a_i=\sum c_{ij}b_i$ となる $c_{ij}\in R$ をとって，s 次行列 $C=(c_{ij})$ を考えると，

$$\begin{pmatrix} a_1 \\ \vdots \\ a_s \end{pmatrix} = C \begin{pmatrix} b_1 \\ \vdots \\ b_s \end{pmatrix}$$

$(C \bmod m)$ は $\bar{M}$ の一次独立基の間の変換行列だから，$\det C \notin m$．ゆえに $\det C$ は R で逆元をもち，C の逆行列が R との行列になる．というわけで(i)が証明できた．(問題19.4 を利用してしまったから簡単そうに見えるが，この問題を単独で出された場合，答案は大分手間がかかるであろう．)

(ii)の方は(i)を利用すれば簡単にできる．上の記号で，$b_1, \cdots, b_s$ が一次独立と仮定して，$a_1, \cdots, a_s$ もそうだということを言えばよい．$d_i\in R$, $\sum d_i a_i=0$ とすると，

$$(d_1, \cdots, d_s)C\begin{pmatrix} b_1 \\ \vdots \\ b_s \end{pmatrix}=0.$$

$b_1, \cdots, b_s$ が一次独立ゆえ，$(d_1, \cdots, d_s)C=(0, \cdots, 0)$．$C$ が正則行列だから，$(d_1, \cdots, d_s)=(0, \cdots, 0)$，というわけである．

問題 19.6　k は標数が2でない体で，$G=\{\sigma_1, \sigma_2, \sigma_3, \sigma_4\}$ が位数4の群であるとき，G の k 上の群環 $k[G]$ の k 線型写像 f を $f(\sigma_i)=\sigma_i+\sigma_{5-i}$ $(i=1,2,3,4)$ によって定めるとき，つぎのことが成り立つことを示せ．

(i)　$k[G]$ は f の像 $\mathrm{Im}f$ と f の核 $\mathrm{Ker}f$ との，k 加群としての直和である．

(ii)　G が (2, 2) 型の abel 群であれば，$\mathrm{Im}f$, $\mathrm{Ker}f$ は $k[G]$ のイデアルである．

（熊本大）

解説　$c_1\sigma_1+\cdots+c_4\sigma_4\in\mathrm{Ker}f \Leftrightarrow c_1+c_4=c_2+c_3=0$ ということから，$\mathrm{Ker}f=(\sigma_1-\sigma_4)k+(\sigma_2-\sigma_3)k$ がわかり，そのことから(i)は容易である．(ii)は，$\sigma_1=1$ と仮定してよい．(2, 2)型アーベル群であるから，$\sigma_i{}^2=1$ $(i=2,3,4)$．そこで，$(\sigma_1+\sigma_4)\sigma_4=\sigma_4+\sigma_1$，したがって $(\sigma_2+\sigma_3)\sigma_4=\sigma_3+\sigma_2$．$\therefore$ $(\sigma_1+\sigma_4)\sigma_2=\sigma_2+\sigma_3$，$(\sigma_2+\sigma_3)\sigma_2=\sigma_1+\sigma_4$，以下同様にして，$\mathrm{Im}f$ がイデアルになることがわかる．$\mathrm{Ker}f$ についても同様である．

というわけで，σ_i, σ_j の関係が特定されていないので，一見むつかしそうに見えるが，実は易しい問題なのである．

〔練習問題〕

練習 19.1　R は単位元を含む可換環で，M は有限生成 R 加群で $M\neq 0$ とする．R の0でないイデアル I に対して $IM=M$ がつねに成り立てば，R は体であることを証明せよ．

（岡山大）

練習 19.2　R は局所環で，m が極大イデアルであり，M は有限生成 R 加群で，$M\ni x\notin mM$ とする．このとき R 加群 M/Rx は M/mx のある直和因子と同型であることを示せ．（ただし，R 加群 M において，R の単位元は恒等写像として作用するものとする．）

（東大）

練習 19.3　Rは整域(可換環で単位元1をもち，零因子はもたない)とする．R 加群 M の元 $x\neq 0$ がねじれ元であるとは，R のある元 $a\neq 0$ について，$ax=0$ となるときにいう．次の問いに答えよ．

(1)　M が有限生成の R 加群でねじれ元をもたないならば，M は R 自由加群の部分加群であることを示せ．

(2) R の商体 K から R の中への 0 でない R 準同型が存在すれば $K=R$ であり，他方 $K=R$ でないならば，K は R 自由加群ではないことを示せ．（新潟大）

練習 19.4 体 K の上の n 次元ベクトル空間 V および n 次正方行列 A について，

$$W_1=\{x\in V|Ax=x\}$$
$$W_2=\{x\in V|Ax=0\}$$

とおく．V が W_1 と W_2 との直和であるためには $A^2=A$ が必要充分であることを示せ．

（金沢大）

練習 19.5 q が素数であるとき $\mathbf{Z}_{(q)}$ は $\{a/q^n|a\in\mathbf{Z},\ n\in N\}$ を表す．p, q が素数のとき，つぎのことを証明せよ．

$\mathbf{Z}/p\mathbf{Z}\otimes_{\mathbf{Z}}\mathbf{Z}_{(q)}$ は，(i) $p=q$ ならば 0 であり，
(ii) $p\neq q$ ならば $\mathbf{Z}/p\mathbf{Z}$ と同型である．（立教大）

練習 19.6 可換ネーター整域 R に成分をもつ n 次正方行列全体を $M_n(R)$ とするとき，次の三条件が互いに同値であることを示せ．

(1) $A\in M_n(R)$ で，A の固有値がすべて R に属していれば，$M_n(R)$ の可逆元 P があって，$P^{-1}AP$ を上半三角行列にすることができる，ということがすべての自然数 n について成り立つ．

(2) $A\in M_2(R)$ で，A がべき零行列ならば，$M_2(R)$ の可逆元 P があって，$P^{-1}AP$ が上半三角行列になる．

(3) R は単項イデアル整域である．（都立大）

[ヒント，略解等]

19.1 $M=Ra_1+\cdots+Ra_n$ とする．$0\neq b\in R$ ならば，$a_i\in bM$ ゆえ，$a_i=\sum_j bc_{ij}a_j$ $(c_{ij}\in R)$

これを $a_1,\cdots,a_n$ についての斉次連立一次方程式

$$\sum_j(\delta_{ij}-bc_{ij})a_j=0$$

と見て，係数の行列式 d をとると，$da_j=0$ $\therefore$ $dM=0$ 他方 $d\equiv 1\ (\mathrm{mod}\ bR)$．このことは

$$N=\{x\in R|xM=0\}$$

とおくと，$0\neq b\in R$ ならば，N は bR を法として1と合同な元を含むことを示す．N は R のイデアルである．$N\neq\{0\}$ と仮定すると，$0\neq b\in N$ であるような b に上のことを適用すれば，$d, b\in N$ ゆえ，$1\in N$ となり，$M=0$. これは仮定に反する．ゆえに $N=\{0\}$ したがって，上の d は必ず0である．$0\equiv 1 \pmod{bR}$ ゆえ，b は逆元をもつ．

19.2 $x_1=x, x_2, \cdots, x_n\in M$ を，mod mM で $\bar{M}=M/mM$ の一次独立基であるようにとる．$M=\sum Rx_i$ である(練習17.5, (2)(b)参照)．$N=\sum_{i>1}Rx_i$ とおくと，$Rx\cap N\subseteq mx, M=Rx+N$ ゆえ，$M/mx\cong Rx/mx\oplus N/(N\cap mx)$. つぎに，$N\cap mx=N\cap Rx$ ゆえ，$N/(N\cap mx)=N/(N\cap Rx)\cong(N+Rx)/Rx=M/Rx$.

19.3 (1) R の0でない元全体の集合を S とすると $M_S=M\otimes_R K$ は M を含む．M_S の一次独立基になる M の元 $b_1, b_2, \cdots, b_n$ をとる．R の0でない元 d を適当にとると $dM\subseteq\sum_i Rb_i$. $\therefore M\subseteq d^{-1}(\sum_i Rb_i)$ で，この右辺は自由加群である．

(2) 前半：R 準同型 $f: K\to R$ があり，$f(K)\neq 0$ とすると，f の核は0ゆえ，f は中への同型．$f(1)=1$ ゆえ，$r\in R$ に対して $f(r)=f(r\cdot 1)=rf(1)=r$.

$\therefore f(R)=R$ ゆえに f は同型．

19.4 n 次の単位行列を E で表そう．$A^2=A$ と仮定する．$x\in V$ は $Ax+(E-A)x$ と表すことができ，$Ax\in W_1, (E-A)x\in W_2$ $\therefore V=W_1+W_2$ つぎに，$y\in W_1\cap W_2$ であれば，$y=Ay=0$. ゆえに V は W_1 と W_2 との直和．逆に，V が W_1 と W_2 との直和と仮定しよう．各 $x\in V$ は $x=x_1+x_2, x_i\in W_i$ と表せる．$Ax=Ax_1=x_1$ ゆえ，$x_2=x-x_1=(E-A)x$. $A^2\neq A$ と仮定すると，$\exists x\in V, A^2x\neq Ax$. この x に上のことを適用すると，$0=Ax_2=(A-A^2)x\neq 0$. 矛盾

19.5 (i) 各 $a\in\mathbf{Z}$ につき，$\bar{a}$ で $(a \bmod p)$ を表せば，$\bar{a}\otimes b=p\bar{a}\otimes(b/p)=\bar{0}\otimes(b/p)=0$.
(ii) $\exists r\in\mathbf{Z}, qr\equiv 1 \pmod p$ ゆえ，$\mathbf{Z}/p\mathbf{Z}$ は自然に $\mathbf{Z}_{(q)}$ 加群になり，この同型がわかる．

19.6 [ヒント] (1)⇒(2)⇒(3)⇒(1) の順に証明せよ．
[略解] (1)⇒(2)：A がべき零ならば固有値は0ばかりから成るから，容易
(2)⇒(3)：$t, u\in R$ のとき，行列

$$T=\begin{pmatrix} tu & t^2 \\ -u^2 & -tu \end{pmatrix}$$ はべき零 $(T^2=0)$ である．

仮定は次のような P, W の存在である．

$$P=\begin{pmatrix} a & b \\ c & d \end{pmatrix},\ W=\begin{pmatrix} 0 & w \\ 0 & 0 \end{pmatrix},\ TP=PW,\ \det P=1$$

$$TP=\begin{pmatrix} t(au+ct) & t(bu+td) \\ -u(au+ct) & -u(bu+td) \end{pmatrix},\ PW=\begin{pmatrix} 0 & aw \\ 0 & cw \end{pmatrix}$$

$$\therefore\quad au+ct=0$$

さて，R が単項イデアル整域でなかったとしよう．すると，$t, u\in R$ を，t と u には共通因子はないが，$tR+uR$ は単項イデアルでないようにえらぶことができる．$ad-bc=1$ ゆえ，これと $au+ct=0$ とを連立させて，$u=u(ad-bc)-d(au+ct)=-c(dt+bu)$, $t=t(ad-bc)+b(au+ct)=a(dt+bu)$ となり，t, u の共通因子 $dt+bu$ は trivial, すなわち $dt+bu$ は R の単元．これは $tR+uR=R$ になって，仮定に反する．ゆえに R は単項イデアル整域．

(3) ⇒ (1)：［ヒント］ つぎの補題を証明し，それを使え．

補題　R が単項イデアル整域という仮定の下に，R の上の n 次元ベクトル空間 V の元 $(c_1, c_2, \cdots, c_n)$ において，$c_1, c_2, \cdots, c_n$ に共通因子がないならば，$M_n(R)$ の可逆元 P を適当にとれば，$(c_1, c_2, \cdots, c_n)P=(0,\cdots, 0, 1)$,

［補題の略証］ n についての帰納法を使う．$n=1$ なら明らかゆえ，$n>1$ とする．$c_1, c_2, \cdots, c_{n-1}$ の最大公約元を d とする．$(c_1, c_2, \cdots, c_{n-1})=d(b_1, b_2, \cdots, b_{n-1})$ とする．$(b_1, \cdots, b_{n-1})$ に帰納法の仮定を利用し，$n-1$ 次の可逆行列 P_1 で，$(b_1, \cdots, b_{n-1})P_1=(0, \cdots, 0, 1)$ となるものがある，

$$P_2=\begin{pmatrix} P_1 & 0 \\ 0 & 1 \end{pmatrix} \text{ とおくと，} (c_1, \cdots, c_n)P_2=(0, \cdots, 0, d, c_n)$$

d と c_n とは互いに素ゆえ，$d\alpha+c_n\beta=1$ となる α, β があるから，P の存在がわかる．

［略解］ $A\in M_n(R)$ の固有値が全部 R に属していたとする．A の固有多項式 $f(x)=\det(xE-A)$（E は単位行列）を考えると，仮定は，$\exists\lambda_i\in R$ ($i\neq j$ ならば $\lambda_i\neq\lambda_j$), $\exists e_i\in \boldsymbol{N}$, $f(x)=\Pi_{i=1}^{m}(x-\lambda_i)^{e_i}$．$g_i(x)=\Pi_{j\neq i}(x-\lambda_j)^{e_j}$ ($i=1, 2, \cdots, m$) とおき，

$$N_i=\{vg_i(A)|v\in V\}$$

を考える．$g_1(x), \cdots, g_m(x)$ は R の商体上の多項式として共通因子がないから，R 係数の多項式 $h_1(x), \cdots, h_m(x)$ を適当にとれば，

$$\sum_{i=1}^{m}h_i(x)g_i(x)=d\neq 0,\ d\in R$$

となる．したがって，$v\in V$ に対し，

$$dv=\sum_i vh_i(A)g_i(A),\quad vh_i(A)g_i(A)\in N_i$$

となるから，$dV \subseteq N_1 + \cdots + N_m$.

ゆえに $\exists i, N_i \neq 0$，そこで，$N_1 \neq 0$ と仮定しよう．
$(A-\lambda_1 E)^{e_1} N_1 = 0$, $N_1 \neq 0$ ゆえ，

$$N^* = \{v \in V | vA = \lambda_1 v\}$$

は 0 ではない．$0 \neq a \in R$, $v \in V$, $av \in N^*$ なら，$v \in N^*$ であるから，V の座標変換を適当に行えば $(0, \cdots, 0, 1) \in N^*$ としてよい(上の補題による)．（座標変換は A を可逆行列 Q により $Q^{-1}AQ$ の形に変えることに対応することに注意.）すると

$$(0, \cdots, 0, 1)A = (0, \cdots, 0, \lambda_1)$$

という関係は

$$A = \begin{pmatrix} A_{11} & A_{12} \\ 0 & \lambda_1 \end{pmatrix} \quad (A_{11} \text{ は } n-1 \text{ 次正方行列})$$

の形であることを示す．n についての帰納法を A_{11} に適用して証明が完成する．

第20章

一般の環の上の加群

この章では，一般の環の上の加群の問題を考えよう．

問題 20.1　左 R 加群 A, B が射影加群で，左イデアル I がべき零であり，A/IA と B/IB とが R/I 加群として同型ならば，A と B とは R 同型であることを示せ．

（岡山大）

解説　これは，射影加群の定義を理解していて，さらに，つぎの事実に気がつけば易しい．

定理　I が環 R のべき零左イデアルで，M が R 左加群，N がその部分加群であるとき，$N+IM=M$ ならば，$N=M$ である．

（証明）　$M=N+IM=N+I(N+IM)=N+I^2M.$

以下同様にして，$M=N+I^nM$　$(n=1, 2, \cdots).$

I のべき零性より，$N=M$　　　　　　（証明）

問題の解答は，つぎのようにして得られる．$A \to A/IA \cong B/IB$ により，全射 $f\colon A \to B/IB$ が得られる．これと，全射 $g\colon B \to B/IB$ とにより，${}^{\exists}\varphi\colon A \to B, f=g\varphi$．これと対称的議論で，${}^{\exists}\psi\colon B \to A$．そこで，$\psi\varphi\colon A \to A$ を考えると，作り方から，$A=\psi\varphi A+IA.$ 上の定理により $\psi\varphi$ は全射．この全射と，恒等写像 $\mathrm{id}_A\colon A \to A$ とにより，${}^{\exists}\sigma\colon A \to A, \mathrm{id}_A=(\psi\varphi)\sigma$．ゆえに $\psi\varphi$ の核$=\{0\}$ であり，φ は A と B との同型を与えるのである．（φ が全射であることも，上の定理による．）

問題 20.2　R が単位元 1 をもつ環であるとき，右 R 加群 M_R に対し，

$$M^*=\mathrm{Hom}_R(M_R, M_R),\quad M^{**}=\mathrm{Hom}_R({}_RM^*, {}_RR)$$

とおく．さらに，R 準同型写像 φ_M: $M\to M^{**}$ を

$$(f)(\varphi_M(m))=f(m)\qquad(m\in M, f\in M^*)$$

によって定義する．

(i)　I が R の右イデアルならば，R 左加群として

$$(R/I)^*\cong l(I)$$

を示せ．ただし $l(I)=\{a\in R\,|\,aI=0\}$

(ii)　$\varphi_{R/I}$: $R/I\to(R/I)^{**}$ の核 (kernel) は $rl(I)/I$ となることを示せ．ただし $rl(I)=\{a\in R\,|\,l(I)a=0\}$．　(阪市大)

解説　φ_M の定義式は意味がとりにくいと思われるが，$\varphi_M(m)$ によって $f(\in M^*)$ が $f(m)(\in R)$ に写されるという意味である．R の左下ツキは R の左からの作用を，R の右下ツキは，R の右からの作用を考えているという意味であって，作用が明確ならば書かなくてもよい，ということは御存知と思う．(その意味で，例えば，${}_RM^*$ と M^* は同じものである．)

(i)　$f\in(R/I)^*$ のとき，1の剰余類 $\bar{1}$ の f による像 a_f を考える．$r\in R$ のとき，$\bar{1}r$ の像は a_fr であるから，「$r\in I\Rightarrow a_fr=0$」　$\therefore$ $a_f\in l(I)$．逆に，$a\in l(I)$ ならば，$f(\bar{1}r)=ar$ は R 右加群としての準同型であるから，$(R/I)^*\cong l(I)$．

(ii)　$\bar{1}r$ $(r\in R)$ の $\varphi_{R/I}$ による像 h_r は，$f(\in(R/I)^*)$ を $f(\bar{1}r)=f(\bar{1})r$ に写す．問題は $h_r=0$ となるのはどんなときか，というわけである．それは

$$S=\{f(\bar{1})\,|\,f\in(R/I)^*\}$$

に対して，$Sr=0$ ということである．(i)により $S=l(I)$ であるから，(ii)の証明が完了する．

問題 20.3　R が環，M が右 R 加群で，M の自己準同型環 $S=\mathrm{Hom}_R(M, M)$ が左ネーター環であるものとする．f: $M\to\prod_{\alpha\in A}M_\alpha$ が単準同型ならば，A の通常な有限部分集合 B に対して，自然な全準同型 p: $\prod_{\alpha\in A}M_\alpha\to\prod_{\beta\in B}M_\beta$ をとれば，pf: $M\to\prod_{\beta\in B}M_\beta$ が単準同型になることを示せ．ただし，$M_\alpha=M\,(\forall\alpha\in A)$とする．

(阪市大)

解説 単準同型，全準同型という言葉は普通あまり使われないと思うが，単射（中への同型），全射（上への準同型）を意味することは，文意から了解されると思う．

さて，射影 $p_\gamma\colon \Pi M_\alpha \to M_\gamma$ を各 $\gamma\in A$ に対して考え，合成射 $p_\gamma f$ の核 I_γ をとる．I_γ は M の（R 右加群としての）部分加群である．$\{p_\gamma f \mid \gamma\in A\}$ で生成される S の左イデアルは，（左ネーター環という仮定により）適当な有限部分集合 $B\,(\subseteq A)$ をとれば，$\{p_\beta f \mid \beta\in B\}$ で生成される．

$$x\in \bigcap_{\beta\in B} I_\beta \Rightarrow p_\beta f(x)=0\ (\forall\beta\in B) \Rightarrow \sum c_\beta p_\beta f(x)=0$$
$$(\forall c_\beta\in S) \Rightarrow p_\gamma f(x)=0\ (\forall\gamma\in A) \Rightarrow x\in\bigcap_{\gamma\in A} I_\gamma \Rightarrow$$
$$x=0\ (f\text{ が単射ゆえ}).$$

したがって，この B が求めるものである．

次の問題は群多元環に関するものである．

問題 20.4　1, 2, 3, 4 の置換全体のなす 4 次対称群 G の各元 x の符号を $\varepsilon(x)$ で示すことにする．

G の元 $a=(1,2,3,4)$, $b=(1,2)$ の G における中心化群をそれぞれ H, K とする：

$$H=\{x\in G \mid ax=xa\},\quad K=\{x\in G \mid bx=xb\}$$

有理数体 $\boldsymbol{Q}$ 上の G の群環 $A=\boldsymbol{Q}[G]$ の元 e, e', f を

$$e=\sum_{x\in H} x,\quad e'=\sum_{x\in H}\varepsilon(x)x,\quad f=\sum_{x\in K} x$$

と定義する．このとき，$\boldsymbol{Q}$ 上のベクトル空間としての次の同型を示せ：

$$\mathrm{Hom}_A\,(Ae, Af)\cong eAf$$
$$\mathrm{Hom}_A\,(Ae', Af)\cong e'Af.$$

また，$\dim_{\boldsymbol{Q}} eAf$, $\dim_{\boldsymbol{Q}} e'Af$ を求めよ．　（東大）

解説 まず $H=\langle a\rangle$ であることは，4 次の巡回置換は a の共役で，それらの数が $3!=6$ だけあることからわかる．$c=(3,4)$ とおけば，$K=\langle b, c\rangle$ であることも，互換は b の共役で，その数が 6 であることからわかる．ゆえに $e=1+a+a^2+a^3$, $e'=1-a+a^2-a^3$, $f=1+b+c+bc$ である．

一般に，L が G の部分群であれば，$y=\sum_{x\in L}x$ とおけば，$xy=y\ (\forall x\in L)$ ゆえ，$y^2=ly$（l は L の位数）となる．したがって，$l^{-1}y$ がべき等元になる．

このこのことは，e, f に適用でき，$e_1=\dfrac{1}{4}e$, $f_1=\dfrac{1}{4}f$ がべき等元であることがわかる．e'

についても，$1, -a, a^2, -a^3$ が群をなすから，同様にして，$e_2=\frac{1}{4}e'$ がべき等元になる．$Ae=Ae_1$, $Af=Af_1$ であり，$\sigma\in \mathrm{Hom}_A(Ae, Af)$ のとき，σe_1 を σ に対応させると，$\sigma e_1\in Af$ ゆえ，$\sigma e_1=sf_1$ $(s\in A)$．$e_1{}^2=e_1$ ゆえ，$\sigma e_1=e_1(\sigma e_1)=e_1sf_1\in e_1Af_1=eAf$．$\sigma$ と σe_1 との対応を考えれば，最初の同型がえられる．二番目の同型も同様である．

H を法とする右剰余類 Hx の代表系 $\{1=h_1, b=h_2, c=h_3, bc=h_4, h_5, h_6\}$ をとると，任意の元 x は

$$x=\sum l_{1i}a^i+\sum l_{2i}a^ib+\sum l_{3i}a^ic+\sum l_{4i}a^ibc$$
$$+\sum l_{5i}a^ih_5+\sum l_{6i}a^ih_6$$

と表せる．左から e をかけると

$$ex=(\sum a^i)\sum_{j=1}{}^6(\sum_{i=0}{}^3 l_{ji})h_j$$

$i\leq 4$ に対して $h_if=f$ である．$i\geq 5$ については，Hh_ib, Hh_ic, Hh_ibc は Hh_5, Hh_6 のいずれかである．$h_5=(1,4)$ としてよいから，それを使って計算すると，b, c は Hh_5と Hh_6 との互換をひきおとし，したがって bc は Hh_5, Hh_6 を変えない．ゆえに

$exf=\sum_{j=1}{}^4(\sum_{i=0}{}^3 l_{ji})ef+2\sum_{j=5}{}^6(\sum_{i=0}{}^3 l_{ji})e(h_5+h_6)f$ したがって，$\dim_Q eAf=2$ である．

$\dim e'Af$ については，もう一度同じような計算をする必要はない．上の式を見直すことでいける．すなわち，上の x の式で，$i=1, 3$ について，l_{ij} を $-l_{ij}$ に a^ih_j を $(-a^ih_j)$ に変える．すると，$e'xf$ の計算で，右辺の第一項は同様になる．h_5, h_6 については，h_5b, h_6c は符号が変わる．(a, b, c がすべて奇置換だからそうなる.) したがって，右辺の第二項は

$$2(\sum_{i=0}{}^3(l_{5i}-l_{6i}))(h_5-h_6)f$$

となるのである．したがって，この場合も2次元である．

風変りな問題を一つ加えよう．

問題 20.5　体 D の中心を C とし，Dの元を成分とする 2×2 行列の全体を R とする．

$A=\begin{pmatrix} a & b \\ c & d \end{pmatrix}\in R$ に対し，$\begin{pmatrix} a & c \\ b & d \end{pmatrix}$ を ${}^tA$ で表す．

もしも逆行列をもつような $X\in R$ に対し，つねに ${}^tX$ も逆行列をもつならば，$D=C$ であることを証明せよ．　（岡山大）

解説 この場合の体に非可換なものを含めているのは明らかであろう．$ab \neq ba$ ($^{\exists}a, b \in D$) としよう．これを利用して，仮定に合わない行列をみつければよい．

$ac-ca=d^{-1}$ とおくと

$$\begin{pmatrix} da & -dc \\ -ada & 1+adc \end{pmatrix} = \begin{pmatrix} c & a^{-1}c \\ a & 1 \end{pmatrix}^{-1}$$ であるが，

しかし，${}^{t}\begin{pmatrix} c & a^{-1}c \\ a & 1 \end{pmatrix}$ は逆行列をもたない．

〔**練習問題**〕

練習 **20.1** R が単位元をもつ環で，M が有限生成の R 左加群 (unitary) であるとき，つぎのことを証明せよ．

(1) M の部分加群 $N(\neq M)$ をとれば，N を含む極大部分加群が存在する．

(2) N を含む極大部分加群が常に M の直和因子であれば，N も M の直和因子である．

(阪市大)

練習 **20.2** 自然数 m (≥ 2) に対し，$\boldsymbol{Z}_m$ は有理整数環 $\boldsymbol{Z}$ の $m\boldsymbol{Z}$ を法とする剰余環を表すことにする．$M_n(\boldsymbol{Z}_m)$ は $\boldsymbol{Z}_m$ に成分をもつ n 次正方行列全体のなす環とする．

(1) $\boldsymbol{Z}_m$ がべき零元をもたないための必要充分条件を求めよ．

(2) $M_n(\boldsymbol{Z}_m)$ の maximal ideal をすべて求めよ． (北大)

練習 **20.3** 標数 $\neq 2$ の体 K 上の n 次元ベクトル空間 V を考え，V 上の外積代数 (exterior algebra) を E とする．E の $n-1$ 次の元は必ず

$$v_1 \wedge v_2 \wedge \cdots \wedge v_{n-1} \quad (v_i \in V)$$

の形にかけることを示せ． (東大)

練習 **20.4** 次のことを証明せよ．

「A が単位元をもつ環，B がその部分環で，A と単位元を共有し，B がある環 S の上の 2 次の完全行列環と同型であるならば，A は環 S のある拡大環の上の 2 次の完全行列環と同型である．」

(阪市大)

練習 20.5　無限体 K の上の n 次行列環 $M(n, K)$ のK部分空間 V が少くとも一つの正則行列を含むならば，V は正則行列から成る K-basis をもつことを証明せよ．

（阪市大）

練習 20.6　$l_1, l_2, \cdots, l_r, l_1', l_2', \cdots, l_s'$ は環Rの極大左イデアルであるとする．左R加群 $R/l_i\ (i=1, 2, \cdots, r)$ のおのおのが $R/l_j'\ (j=1, 2, \cdots, s)$ のどれとも同型でないならば

$$(l_1 \cap l_2 \cap \cdots \cap l_r)+(l_1' \cap \cdots \cap l_s')=R$$

であることを証明せよ．（岡山大）

練習 20.7　A, B, C が環 R の部分集合であるとき，

$$(A+B)C=AC+BC$$

は成立するか．成立しないならば，A, B, C に適当な条件をつけて成立するようにせよ．ここに，例えば，AB では $\{ab|a\in A, b\in B\}$ の元の有限和の全体を表し，$A+B$ では $\{a+b|a\in A, b\in B\}$ を表す．

次に，S は R の右商環，すなわち，

(1)　S は単位元をもつ環で R を部分環として含み，

(2)　R の非零因子は S で逆元をもち，

(3)　S の任意の元は適当な $d, b\in R$ により ab^{-1} と表される．

このとき，A, B が R の右イデアルで $A\cap B=\{0\}$ ならば，$(A\oplus B)S=AS\oplus BS$ であることを証明せよ．（神戸大）

練習 20.8　完全体 K の上の n 次全行列環 B の一つの元 a と単位行列 I とで K 上生成されたBの部分環を A とする．A の根基を R とすれば，A/R の K 上の次元は，a の互いに異なる固有値の個数に等しいことを証明せよ．（東大）

練習 20.9　R は単位元をもつ環，I は R の両側イデアル，P は R 右加群，$PI=P$ であるとき，次の条件

(i)　各 $a\in I$ に対し，R 準同型 $f_1, \cdots, f_n : P\to I$ と，$p_1, \cdots, p_n\in P$ とが存在して $a=\sum_i f_i(p_i)$．

(ii)　$I=\sum_{f\in \mathrm{Hom}_R(P, R)} \mathrm{Im}\, f$

(iii)　$I^2=I$

について，(1)　(i) と (ii) は互いに同値であることを示せ．

(2)　(i)$\Rightarrow$(iii) を証明し，(iii)$\Rightarrow$(i) は正しくないことを示せ．（筑波大）

練習 20.10　単位元をもつ環Rと両側イデアルIを考える．右 R 加群 K に対して，$l_K(I)=\{x\in K|xI=0\}$ とおく．$l_K(I)$ が (R/I) 入射加群であるためには，Kを部分加群にもつ任意の右 R 加群 L に対して，$K+l_L(I)$ が Kを直和因子にもつことが必要充分であることを示せ．　　(阪市大)

[ヒント，略解等]

20.1　[ヒント]　(1)　Nを含む部分加群Lで，$M/L\cong R/I$ (Iは左イデアル$\neq R$) となるものがある．

(2)　Mの部分加群でNとの共通部分が0であるものの中に極大なもの N' があることを証明し，$N+N'\neq M$ ならば，(1)を $N+N'$ に適用して矛盾を導け．

[略解]　(1)　上のようにすれば，Iを含む極大左イデアル I' をとり，I'/I に対応する M と L との中間の部分加群をとればよい．

(2)　上の N' の存在は Zorn の補題を使って証明する．$N+N'=M$ なら，この和は直和だからよい．$N+N'\neq M$ なら，$N+N'$ を含む極大部分加群 L' をとってみると，仮定により $M=L'\oplus L''$ すると $(N'+L'')\cap N=0$ で N' の極大性にに反する．

20.2　$m=p_1^{c_1}p_2^{c_2}\cdots p_s^{c_s}$ $(p_1<p_2<\cdots<p_s)$ と素因数分解すれば，$\boldsymbol{Z}_m\cong\boldsymbol{Z}_{q_1}\oplus\cdots\oplus\boldsymbol{Z}_{q_s}$ $(q_i=p_i^{c_i})$．したがって，(1) は $c_1=\cdots=c_s=1$．(2) はこの直和分解に応ずる 1 の分解を $1=e_1+\cdots+e_s$ とすれば，$e_iM_n(\boldsymbol{Z}_m)\cong M_n(\boldsymbol{Z}_{q_i})$ となり，

$$M_n(\boldsymbol{Z}_n)\cong M_n(\boldsymbol{Z}_{q_1})\oplus\cdots\oplus M_n(\boldsymbol{Z}_{q_s})$$

そこで，$M_n(\boldsymbol{Z}_n)$ の極大イデアルは n 個あり，それらは

$$P_i=\textstyle\sum_{j\neq i}M_n(Z_{qj})+p_iM_n(Z_{qi})\ (\text{直和；}q_i=p_i^{c_i})$$

20.3　Eの i 次斉次元のなす加群を E_i で表す．

$0\neq w\in E_{n-1}$ に対し，$f: V\to E_n$ を，$x\to w\wedge x$ で定めると，f の核 W の次元は $\dim E_{n-1}-\dim E_n=n-1$．

W の一次独立基 $e_1,\cdots,e_{n-1}$ をとれば，$\dim\{x\in E_{n-1}|\ x\wedge e_i=0\ (i=1,\cdots,n-1)\}=1$ ゆえ，$w=ce_1\wedge\cdots\wedge e_{n-1}$ $(c\in K)$

20.4　Bの行列単位 e_{ij} を考える．$1=e_{11}+e_{22}$．

$K_0=\{x\in A|x=e_{11}x=xe_{11}\}$, $t=e_{21}+e_{12}$ とおく．$t^{-1}=t$. $\varphi x=x+txt$ とおいて $K=\varphi(K_0)$

とすれば，A は K 上の行列環になる．

20.5　［ヒント］ $A, B \in M(n, K)$，A が正則，$x \in K$ のとき，$\det(xA-B)=0 \Leftrightarrow x$ が $A^{-1}B$ の固有値　$\therefore\ {}^{\exists}x \in K$，$xA-B$ が正則

20.6　［ヒント］ $\bigcap_{j=1}^{r} l_j \neq \bigcap_{j\neq i} l_j\ (\forall i)$ と仮定してよい．l_i' についても同様．他方，l, l' が左イデアルで $l+l'=R$ ならば $R/(l\cap l')\cong R/l \oplus R/l'$ を証明して使え．

［略解］ ヒントで述べた仮定の下で，$\bigcap_{j=1}^{i-1} l_j \not\subseteq l_i$ ゆえ，$R/\bigcap_{j=1}^{i} l_j \cong (R/\bigcap_{j>i} l_j)\oplus R/l_i$．$i$ についての帰納法を利用して，$R/\bigcap_{j=1}^{r} l_j \cong R/l_1 \oplus \cdots \oplus R/l_r$．

同様に $R/\bigcap_{j=1}^{s} l_j' \cong R/l_1' \oplus \cdots \oplus R/l_s'$．

そこで，$(\bigcap l_i)+(\bigcap l_j')$ を含む極大左イデアル m があれば，R/m は $\sum R/l_i$ の準同型像であり，また $\sum R/l_j'$ の準同型像である．これは R/l_i と R/l_j' は同型でないという仮定により不可能．

20.7　(i)　$(A+B)C=AC+BC$ の反例を答案に書くこと．［例］多項式環 $R=K[x]$ をとり，$0\neq a\in K$ により $A=\{a\}$, $B=\{-a\}$, $C=\{x\}$ とすれば，左辺$=\{0\}$，右辺$=\{max \mid m \in \boldsymbol{Z}\}$ になる．

(ii)　$0\in A\cap B$ ならば，$(A+B)C=AC+BC$（証明は容易）

(iii)　$(A\oplus B)S=AS\oplus BS$ の証明：$(A+B)S=AS+BS$ は (ii) による．$AS\cap BS\ni x \Rightarrow x=\sum a_i s_i=\sum b_j s_j'\ (a_i\in A,\ b_j\in B,\ s_i\in S,\ s_j'\in S) \Rightarrow 0\neq {}^{\exists}s\in S,\ xs\in A\cap B=\{0\}\Rightarrow x=0$.

20.8　$A=K[a]$ ゆえ，a の最小多項式 $f(x)$ をとれば，$A\cong K[x]/(f(x))$．a の互いに異なる固有値全体が $\lambda_1, \lambda_2, \cdots, \lambda_m$ であれば，$g(x)=\Pi_i(x-\lambda_i)$ は K 上の多項式であり，$R\cong (g(x))/(f(x))$，$A/R\cong K[x]/(g(x))$．　$\therefore\ \mathrm{length}_K\ A/R=\deg g(x)=m$.

20.9　(1)　$PI=P$ ゆえ (ii) の右辺$\subseteq I$.

(2)　(i) $\Rightarrow$ (iii)：$PI^2=P$ ゆえ，$I^2\supseteq f(PI^2)=f(P)$．ゆえに (ii) の右辺 $\subseteq I^2$．$\therefore\ I\subseteq I^2$.

(iii) $\Rightarrow$ (i) の反例：可換整域 R でべき等イデアル $I\,(\neq R)$ をもち，さらにイデアル $J\,(\neq R)$ で $I+J=R$ となるものがあれば，$P=R/J$ とおいて反例が得られる．例えば，一つの自然数 $n\,(>1)$ と体 K 上の変数 x とを考えて，K 上 $X=\{x^r \mid r=n^{-1}, n^{-2}, \cdots\}$ で生成された環 R において，X で生成されたイデアル I と $1-x$ で生成されたイデアルと J とをとればよい．

20.10　(i)　$l_K(I)$ が injective module のとき：$l_L(I)\supseteq l_K(I)$ ゆえ，id: $l_K(I)\to l_K(I)$ は

$f: l_L(I) \to l_K(I)$ に拡張される．ゆえに $l_L(I)=l_K(I)\oplus L'$ と直和分解する．すると $K+l_L(I)=K\oplus L'$. (ii) 逆：$l_K(I)$ の injective hull J をとる．$L=K+J$ に対し，$l_L(I)=J$. 仮定により，$K+J=K\oplus J'$, $J\ni k+j$ $(k\in K, j\in J')$とすると，$^\forall i\in I$ に対し，$0=ki+ji$ で直和ゆえ，$ji=0$，$\therefore J'\subseteq J$. $J'\neq 0$ ならば，$J'\cap l_K(I)\neq 0$ ゆえ，直和になり得ない．$\therefore J'=0$. $\therefore J=l_K(I)$.

第21章

環の自己同型、自己準同型

この章では環の自己同型，自己準同型に関連する問題を考えよう．

問題 21.1 可換環 $\boldsymbol{C}[x, 1/x(x-1)(x+1)]$ の，$\boldsymbol{C}$ 上の自己同型群を決定せよ．

（北大）

解説 体 $\boldsymbol{C}(x)$ の $\boldsymbol{C}$ 上の自己同型について，次のことを知っていると考えやすい．x は $(ax+b)/(cx+bd)\,(ad\neq bc)$ の形の元にうつされる．

求める自己同型群 G の元 σ をとると，σ は $\boldsymbol{C}(x)$ の自己同型に拡張されるから，$\sigma x=(ax+b)/(cx+d)$ として，σ が上記の環 $R=\boldsymbol{C}[x, 1/x(x-1)(x+1)]$ の自己同型になっている条件を求めてみればよいことになり，以下述べる解の途中の面倒な部分が大分省略できる．上の事実を使わない解を述べてみよう．

まず注目すべきことは，上の環 R において逆元をもつ多項式は $cx^{\alpha}(x-1)^{\beta}(x+1)^{\gamma}$ $(0\neq c\in\boldsymbol{C};\ \alpha, \beta, \gamma$ は負でない有理整数) の形のもの全体であるということである．R の自己同型 σ をとり，σx を既約分数に表して $f(x)/g(x)$ を得たとしよう．$\sigma x, \sigma(x+1), \sigma(x-1)$ が逆元をもつことから，$f(x), g(x), f(x)\pm g(x)$ がすべて上記の形の多項式であることがわかる．

$\{l_1, l_2, l_3\}=\{x, x-1, x+1\}$ としよう．$g(x)$ が l_1, l_2 でわりきれれば，$f(x), f(x)\pm g(x)$ のうち定数でないものの因子は l_3 であるから，$f(x), g(x)$ が互に素であることに反する．そこで，$g(x)$ は $x, x-1, x+1$ の二つでわりきれることはない．同様 $f(x)$ も $x, x-1, x+1$ の二つでわりきれることはない．そこで，$\sigma x=cl_1{}^{\alpha}/l_2{}^{\beta}$ $(c\in\boldsymbol{C};\ \alpha, \beta$ は負でない有理整数，$\alpha+\beta>0)$ としてよい．

$\sigma(x\pm1)$ の分子 $cl_1{}^{\alpha}\pm l_2{}^{\beta}$ を，場合に分けて考えよう．

（イ） $\beta=0$ のとき： $cl_1^\alpha\pm1$ が l_2, l_3 のべきになるのだから， $c=\pm1, \alpha=1, l_1=x$ のときだけ可能である． $c=1$ のときは恒等写像であり， $c=-1$ のときは $x\mapsto -x$ で， たしかに自己同型．この場合の σ を ε とかくことにしよう． $\varepsilon^2=1$.

（ロ） $\alpha=0$ のとき： 上と同様に $c=\pm1, \beta=1, l_2=x$ のときだけ可能である． $c=1$ のときは $x\mapsto x^{-1}$ で，たしかに自己同型である．この場合の σ を τ とかくことにしよう． $\tau^2=1, \varepsilon\tau=\tau\varepsilon$. $c=-1$ の場合は $\varepsilon\tau$ である．

（ハ） $\alpha>0, \beta>0$ のとき： $cl_1^\alpha\pm l_2^\beta$ がもち得る因子は l_3 であるから， 一方が定数でなくてはならない． $cl_1^\alpha-l_2^\beta$ が定数とすれば， $\alpha=\beta=c=1$. このとき， $l_1+l_2=c'l_3$ ($c'\in C$) であるから， $\{l_1, l_2\}=\{x-1, x+1\}$ $\sigma, \varepsilon\sigma$ の一方を考えればよいから， $l_1=x+1, l_2=x-1$ としてよい．すると $\sigma^2x=x$ となり，この場合も自己同型を与えることがわかる．この自己同型を η とすれば， $\eta^2=1$. $\varepsilon\eta(x)=\varepsilon((x+1)/(x-1)=(x-1)/(x+1)=\eta(x^{-1})=\eta\tau(x)$. $\therefore$ $\varepsilon\eta=\eta\tau$. $\therefore$ $\eta^{-1}\varepsilon\eta=\tau$. すなわち，群 $\langle\varepsilon, \tau, \eta\rangle$ は $(2, 2)$ 型アーベル群 $N=\langle\varepsilon, \tau\rangle$ を正規部分群にもつ位数 8 の群である．

$cl_1^\alpha+l_2^\beta$ が定数の場合は， $c=-1, \alpha=\beta=1$ となり， 前半の σ (η または $\varepsilon\eta$) の代りに $\sigma\varepsilon$ を考えたことになる．したがって，上記 $\langle\varepsilon, \tau, \eta\rangle$ が求める自己同型群になる．

自己同型群の決定は，割合面倒なことが多い．次の問題は考える環が整域でない点に注意を払う必要がある．

問題 21.2 標数 $p>0$ の素体 F $(=\mathbf{Z}/p\mathbf{Z})$ を係数体とする一変数多項式環 $F[X]$ の単項イデアル (X^3) による剰余環 $R=F[X]/(X^3)$ の自己同型群を決定せよ． （阪大）

解説 R における X の類を x としよう．求める自己同型群 G の元 σ をとれば， $(\sigma x)^3=\sigma x^3=0$ ゆえ， $\sigma x\in xR$. $R=F+Fx+Fx^2$ ゆえ， $xR=Fx+Fx^2$. ゆえに $\sigma x=ax+bx^2$ ($a, b\in F$) とかける． $a=0$ とすると， $(\sigma x)^2=0$ となり， $x^2\neq0$ に反する．ゆえに $a\neq0$, 逆に $a\neq0$ ならば， τ: $f(x)\mapsto f(ax+bx^2)$ ($f(X)\in F[X]$) を考えてみると， $f(x)=g(x)$ $\Leftrightarrow$ $f(X)-g(X)\in(X^3)$ $\Rightarrow$ $f(ax+bx^2)=g(ax+bx^2)$ ゆえ， τ は R から R への写像になる． τ が自己同型であることは，次の二つの方法のどちらでもわかる．

（イ） $f(X)-g(X)$ が 2 次以内の項をもてば，

$$f(ax+bx^2)-g(ax+bx^2)\neq0 \text{ ゆえ，} \tau^{-1}(0)=\{0\}.$$

（ロ） $\tau(a^{-1}x-a^{-3}bx^2)=x$ は計算ですぐわかるから $\tau(R)=R$. (R の元数が有限だから，このどちらか片方を使えばよいのである．) というわけで，求める自己同型群 G は $\{\tau_{a,b}$:

$x\mapsto ax+bx^2|a, b\in F, a\neq 0\}$ となる．これだけでは解答として不充分であり，Gの元の演算を調べる必要がある．

$$\tau_{a,b}\tau_{c,d}(x)=\tau_{a,b}(cx+dx^2)=acx+(bc+a^2d)x^2$$

$$\therefore\quad \tau_{a,b}\tau_{c,d}=\tau_{ac,bc+a^2d}$$

これが基本関係といえよう．$1=\tau_{1,0}$ ゆえ，$\tau_{a,b}{}^{-1}=\tau_{a^{-1},-a^{-3}b}$ 特に $\tau_{1,b}{}^{-1}=\tau_{1,-b}$ ゆえに，$N=\{\tau_{1,b}|b\in F\}$ は G の部分群が，$N\cong$(F の加法群)．さらに，

$$\tau_{a,b}{}^{-1}\tau_{1,c}\tau_{a,b}=\tau_{a^{-1},-a^{-3}b}\tau_{a,ac+b}=\tau_{1,a^{-1}c}$$

であるから，NはGの正規部分群であり，上の等式から次のことがわかる：F の加法群 F_+ と乗法群 $F^*=F-\{0\}$ とを考える．F^*の元をF_+にかけることがF_+の自己同型になる．この意でF_+ と F^*との半直積がGと同型になる．(F_+ がNに対応し，F^*が $\{\tau_{a,0}|a\in F^*\}$ に対応する．)

次の問題は多少代数幾何がかっているが問題 21.1に縁が深い．

問題 21.3　kは標数が2でない代数的閉体とする．k上の二変数多項式環 $k[x,y]$ の単項イデアル (x^2+y^2-1)による剰余環 $R=k[x,y]/(x^2+y^2-1)$ を考える．

(1)　Rはk上一変数有理函数体のある部分環に同型であることを示せ．

(2)　Rの環としての自己同型で，k上恒等写像となるもの全体の作る群 $\mathrm{Aut}_k R$ の構造を記述せよ．　(京大)

解説　$X^2=-1$ の一つの根 $\sqrt{-1}$ をとり，$T=x+\sqrt{-1}y$, $U=x-\sqrt{-1}y$ とおけば，$k[x,y]=k[T,U]$,　$(x^2+y^2-1)=(TU-1)$ である．RにおけるT,Uの類をt,uとすれば，$R=k[t,u]$ で，t,u の定義式は $tu=1$．ゆえに $R=k[t,t^{-1}]\subseteq k(t)$ となり(1)が出る．

Rで逆元をもつtの多項式はct^n $(0\neq c\in k)$ の形のものだけである点がこの場合の特性である．Aut_kR の元σについてσtを既約分数 $f(t)/g(t)$ としてみると，$f(t),g(t)$ ともに ct^nの形でなくてはならないから，$f(t),g(t)$ の少くとも一つはkの元でなくてはならない．したがって，σt は $\pm t,\pm t^{-1}$ のいずれかであることがわかり，$\mathrm{Aut}_k R$ は $(2,2)$ 型のアーベル群である．答案としては，こういう群論的構造だけをもって最終としないで，Rの元の作用についても，x,yの類$\bar{x},\bar{y}$への作用の仕方まで含めて記述した方がよいだろう．
(詳細は読者にまかせよう．)

次のものは，前頁の類題といえようが，大分ちがう.

問題 21.4 複素数体 $\boldsymbol{C}$ 上の三変数多項式環 $\boldsymbol{C}[x,y,z]$ のイデアル I が次の三元で生成されているとき，下の問 (1)〜(4) に答えよ.

$$zx-y^2,\quad zy-x^6,\quad z^2-yx^5$$

(1) I は素イデアルであることを示せ.

(2) $R=\boldsymbol{C}[x,y,z]/I$ の商体 K は $\boldsymbol{C}$ の純超越拡大体であることを示せ.

(3) R 上整であるような K の元全体のなす K の部分環を R' とする. R' と R とを $\boldsymbol{C}$ 上のベクトル空間とみなして，商ベクトル空間 R'/R の $\boldsymbol{C}$ 上の次元を求めよ.

(4) 環 R の自己同型であって，$\boldsymbol{C}$ の各元を固定するもの全体のなす群 G を決定せよ.

(東大)

解説 前問では，変数変換で素イデアルということがわかっていたが，この問題では同じ方法は使いにくい. これは単項イデアルでないこと (さらには，生成元の数とイデアルの高さがちがうこと) が主な原因である. 一つの方法は根気よく，$S=\boldsymbol{C}[x,y,z]/(zx-y^2)$ から R への準同型の様子をしらべることであるが，大分面倒である. もう一つの方法としては，R の構造を予想して，それに合わせた計算をする. この後者を実行してみよう.

$x=t^a, y=t^b, z=t^c$ の形であろうと予想して，a,b,c を探せば，$a=3, b=7, c=11$ が一つの解であることがわかる. そこで $\boldsymbol{C}[x,y,z]$ から $\boldsymbol{C}[t^3,t^7,t^{11}]$ への自然な準同型 φ を考え，φ の核が I になることを確めればよい. $I\subseteq\varphi^{-1}(0)$ は容易. 逆は一寸計算が要るが，むつかしい訳ではないから略す. この結果から(2)は明白 ($K=\boldsymbol{C}(t)$). $R'=\boldsymbol{C}[t]=\sum_{i=0}^{\infty}\boldsymbol{C}t^i$ であるから，(3) の答は 3 である($1,t,t^2$ の類が一次独立基をなす.) G の元 σ をとると，σ は R' の自己同型に拡張されるから，$\sigma t=at+b$ $(a,b\in\boldsymbol{C},\ a\neq 0)$. すると $\sigma t^3=(at+b)^3$ で，$b\neq 0$ ならば $\sigma t^3\notin R$. ゆえに $b=0$. $\therefore$ $\sigma t^i=a^it^i$. というわけで G は $\boldsymbol{C}$ の乗法群 $\boldsymbol{C}^*$ と同型で，$\sigma\mapsto a\Leftrightarrow \sigma t^i=a^it^i$ $(i=3,7,11)$. この内容をうまく答案にまとめればよい.

問題 21.5 有理整数環 $\boldsymbol{Z}$ 上の 1 変数多項式環を $R=\boldsymbol{Z}[X]$ とし，$f(X)=X^2-X-1$ で生成される R のイデアルを I とする. さらに，R の I による剰余環を $S=R/I$ とおき，$x=X+I\in S$ で表すことにする.

(1) S の任意の元は $ax+b$ $(a,b\in\boldsymbol{Z})$ の形に一意的に表されることを示せ.

(2) S の環自己同型全体のなす群 $\mathrm{Aut}(S)$ を求めよ. (筑波大)

解説　(1)　$x^2=x+1$ から，$S=\boldsymbol{Z}+\boldsymbol{Z}x$ です．

(2)　σ が S の環自己同型ならば，$\sigma(1)=1$ ゆえ，σ は $\boldsymbol{Z}$ 上では恒等写像である．$\sigma(x)=ax+b$ $(a,b\in\boldsymbol{Z})$ とすると，$(ax+b)^2=ax+b+1$ から

$$a^2x^2+2abx+b^2=ax+b+1$$

$$\therefore\quad a^2(x+1)+2abx+b^2=ax+b+1$$

$$\therefore\quad (a^2+2ab-a)x+a^2+b^2-b-1=0$$

$1,x$ は $\boldsymbol{Z}$ 上1次独立ゆえ

$$a(a+2b-1)=0,\quad a^2+b^2-b-1=0$$

$a=0$ とすると，$b^2-b-1=0$ で，そのような整数 b はないから，$a\neq 0$

ゆえに，$a+2b-1=0$，$(2b-1)^2-b-1=0$，$4b^2-5b=0$ となり，$b\in\boldsymbol{Z}$ ゆえ，$b=0$．

ゆえに，$a=1$．すなわち，σ は恒等写像で，$\mathrm{Aut}(S)=\{1\}$．

風変わりな，実は易しい問題をつけ加えよう．

問題 21.6　$\boldsymbol{Z}$ 上の n 変数多項式環から $\boldsymbol{Q}$ への環準同型は，全射ではないことを示せ．

（京大）

解説　多項式環 $\boldsymbol{Z}[x_1,\cdots,x_n]$ から有理数体 $\boldsymbol{Q}$ への全射準同型 f があったとする．

$f(x_i)=a_i\in\boldsymbol{Q}$ とすると，$f(\boldsymbol{Z}[x_1,\cdots,x_n])=\boldsymbol{Z}[a_1,\cdots,a_n]$ で，適当な整数 $m\neq 0$ をとれば，$ma_i\in\boldsymbol{Z}$ になる．すると，$\boldsymbol{Z}[a_1,\cdots,a_n]$ に含まれる数 b に対しては，m のあるべきをかければ，整数になる．すなわち，

$$\boldsymbol{Z}[a_1,\cdots,a_n]\subseteq\boldsymbol{Z}[m^{-1}]\neq\boldsymbol{Q}$$

〔練習問題〕

練習 21.1　単位元をもつ可換環 R 上の有限生成加群 M の準同型 $f:M\to M$ が全射であれば，f は自己同型であることを示せ．　（阪市大，九大）

練習 21.2　有理整数環 $\boldsymbol{Z}$ に，相異なる n 個の素数 $p_1,\cdots,p_n$ の平方根をつけて得られる環 $\boldsymbol{Z}[\sqrt{p_1},\cdots,\sqrt{p_n}]$ の自己同型群 G を求めよ．　（東大）

練習 21.3　有理数体 $\boldsymbol{Q}$ 上の一変数多項式環 $\boldsymbol{Q}[X]$ のイデアル (X^n) による剰余環 $K=\boldsymbol{Q}[X]/(X^n)=\boldsymbol{Q}[\xi]$ を考える．(n は自然数，ξ は K における X の像．) K の環としての自

己同型全体を G とする．G は写像の結合を乗法として群をなすが，このとき次の命題(1)～(3)はそれぞれ正しいか．証明，あるいは反例を与えよ．(答は n によって異なるかも知れない．各 n について答えよ．)

(1) G は可換群である．

(2) G の位数は n である．

(3) $\{x\in K\,|\,\sigma(x)=x\ (\forall\sigma\in G)\}$ は $\boldsymbol{Q}$ である．　(京大)

練習 21.4　y は複素数体 $\boldsymbol{C}$ 上の変数で，$x=y^2$ とする．

(1) 多項式環 $\boldsymbol{C}[x]$ の素イデアル p に対し，$P\cap\boldsymbol{C}(x)=p$ となる $\boldsymbol{C}[y]$ の素イデアル P をすべて求めよ．

(2) 体 $\boldsymbol{C}(x)$ 上の，体 $\boldsymbol{C}(y)$ の自己同型をすべて求めよ．　(早大)

練習 21.5　整域 A の上の両側加群 M と A との直和 $A\oplus M$ に，乗法を $(a_1, x_1)(a_2, x_2)=(a_1a_2, a_1x_2+x_1a_2)$ で定義して得られる環 R を考える．

(1) 写像 $\tilde{f}: a\to(a, f(a))$ が環準同型になるための，写像 $f: A\to M$ のみたすべき条件を求めよ．

(2) $\tilde{f}$ と $\tilde{g}$ が $(1, x)$ の型の元のひきおこす内部自己同型の違いだけであるための，$f, g: A\to M$ のみたすべき条件を求めよ．　(新潟大)

練習 21.6　代数的閉体 K と，その自己同型群 G とを考える．$P=\{x\in K\,|\,\sigma(x)=x\ (\forall\sigma\in G)\}$ は素体と一致するか．一致するならば証明し，そうでない場合は反例をあげよ．　(東海大)

練習 21.7　R は単位元をもつ可換環，A は R のイデアル，M は有限生成左 R 加群，$E(M)$ は M の R 準同型環とする．$\varphi\in E(M), \varphi(M)\subseteq AM$ ならば，$E(M)$ において，

$$\varphi^n+a_1\varphi^{n-1}+\cdots+a_{n-1}\varphi+a_n=0$$

をみたす自然数 n と A の元 $a_1, \cdots, a_n$ が存在することを証明せよ．　(上智大)

練習 21.8　可換体 K の上の ベクトル空間 V が一次独立基 $\{u_\alpha\,|\,\alpha\in I\}$ (I は有限集合とは限らない) をもつものとする．V の K 自己準同型環 $S=\mathrm{Hom}_K(V, V)$ について，次のことを証明せよ．

(1) $A=\{f\in S\,|\,[f(V):K]<\infty\}$ は S の最小両側イデアルである．

(2) A が右 S 加群または左 S 加群として有限生成であれば，I は有限集合である．　(熊本大)

練習 21.9　可換体 K 上のベクトル空間 M の K 自己準同型環を R とする．次のことを証せよ．

(1)　$[M:K]<\infty$ のとき，R の二元 α,β につき $\alpha\beta=1$ ならば $\beta\alpha=1$ である．

(2)　$[M:K]=\infty$ のとき，$\alpha\beta=1, \beta\alpha\neq1$ となる二元 $\alpha,\beta\in R$ が存在する．

(3)　$[M:K]=\infty$ のとき，$S=\{\alpha\in R|[\mathrm{Im}\,\alpha:K]<\infty\}$ は R の両側イデアルであるが，単側イデアルとしては有限生成ではない．

ここに $[M:K]$ は M の K 上の次元(長さ)を表す．　(神戸大)

[ヒント，略解等]

21.1　[ヒント]　R が有限生成の環である場合に帰着できることを証明せよ．したがって R が Noether 環の場合の証明を考える．

[略解]　M の一組の生成元 $u_1,\cdots,u_n$ をとる．$f(u_i)=\sum_j a_{ij}u_j$, $u_i=\sum_j b_{ij}(f(u_j))$ となる $a_{ij},b_{ij}\in R$ をとる．f の核に 0 でない元 $\sum c_ju_j$ があったとして，$1,a_{ij},b_{ij},c_i$ 全体で生成された部分環 R_0 をとれば，R_0 の上の加群 $M_0=\sum R_0u_i$ と f を M_0 に制限したものについて命題が正しくなくなる．したがって，R が有限生成のときに証明できればよい．その場合，R は Noether 環であるから，R が Noether 環であるとしてよい．$N_0=0, f^{-1}(0)=N_1, f^{-1}(N_1)=N_2,\cdots,f^{-1}(N_i)=N_{i+1},\cdots$ とおくと，$\exists s$, $N_s=N_{s+1}=\cdots$. $N_{s-1}\neq N_s$ としよう．mod N_{s-1} で考えたものを $^-$ をつけて表そう．

$\bar{M}=M/N_{s-1}$ の上に f が定める写像 $\bar{f}:\bar{M}\to\bar{M}$ を考えると，$\bar{f}^{-1}(0)=\bar{N}_s\neq0, \bar{f}^{-1}(\bar{N}_s)=\bar{N}_s, \bar{f}(\bar{M})=\bar{M}$. $\bar{M}\ni a\notin\bar{N}_s\Rightarrow\bar{f}(a)\notin\bar{N}_s$ ($\bar{N}_{s+1}=\bar{N}_s$ だから) ゆえに，$f(\bar{M})\cap\bar{N}_s=0$. これは $\bar{f}(\bar{M})=\bar{M}$ に反する．

21.2　G は次の $\sigma_i\,(i=1,\cdots,n)$ で生成される：

$$i\neq j\Rightarrow\sigma_i(\sqrt{p_j})=\sqrt{p_j}\ ;\ \sigma_i(\sqrt{p_i})=-\sqrt{p_i}.$$

$\sigma_i\sigma_j=\sigma_j\sigma_i, \sigma_s{}^2=1$ ゆえ，G は位数 2^n の $(2,\cdots,2)$ 型アーベル群 (elementary abelian group).

21.3　$n=1$ なら (1), (2), (3) は正しい．

$n>1$ とする．$\forall\sigma\in G, \sigma(\xi K)=\xi K$ (ξK が唯一つの素イデアルであるから)．また，$\sigma|_{\boldsymbol{Q}}=\mathrm{id}$. そして $\sigma\xi=a_1\xi+a_2\xi^2+\cdots+a_{n-1}\xi^{n-1}$ となる $a_1,\cdots,a_{n-1}\in\boldsymbol{Q}$ によって σ は定まる．$a_1\neq0$ が必要充分条件．以下 $(a_1,a_2,\cdots,a_{n-1})$ で G の元を表そう．

(1)　$n=2$ なら正しい．($(a_1)(a_2)=(a_1a_2)$ ゆえ)．$n\geqq3$ なら正しくない．[$(a_1,a_2,\cdots,a_{n-1})$

と $(b_1, b_2, \cdots, b_{n-1})$ とを考えたとき，$(a_1, \cdots, a_{n-1})(b_1, \cdots, b_{n-1})$, $(b_1, \cdots, b_{n-1})(a_1, \cdots, a_{n-1})$ の第二成分はそれぞれ $a_1b_2+a_2b_1^2$, $a_2b_1+a_1^2b_2$ ゆえ，たとえば，$(1, 1, 0 \cdots, 0)$ と $(2, 1, 0, \cdots, 0)$ とを考えればよい.］

(2)　G の位数は無限であり，正しくない.

(3)　正しい.（証明は容易）.

21.4　(1): p は $x-c\,(c \in \boldsymbol{C})$ の形の元で生成される．$c=0$ なら P は (y) だけ．$c \neq 0$ なら $(y-\sqrt{c})$, $(y+\sqrt{c})$ の二つ．$p=\{0\}$ のときは $P=\{0\}$

(2): $\{1, \sigma\}$, $\sigma y=-y$.

21.5　(1)　$f(a+b)=f(a)+f(b)$, $f(ab)=af(b)+f(a)b$

(2)　$(1, x)^{-1}=(1, -x)$ ゆえ，$(1, -x)(a, f(a))(1, x)$ を計算すると，$(a, f(a)+ax-xa)$. したがって条件は $\exists x \in R, f(a)-g(a)=xa-ax$.

21.6　体の自己同型は代数的閉包の自己同型に拡張できるから，「一致する」が答.

21.7　［ヒント］ $r \in R, m \in M \Rightarrow \varphi(rm)=r\varphi(m)$ ゆえ，　M への作用素として R の元と φ とは可換.

［略解］ M の生成元 $u_1, \cdots, u_n$ をとれば，$\varphi u_i=\sum a_{ij}u_j\ (a_{ij} \in A)$ そこで，単位行列を I で表し，$B=(a_{ij})$ とすれば，$(\varphi I-B) \cdot {}^t(u_1, \cdots, u_n)=0$ ゆえに作用素として $\det(\varphi I-B)=0$.

21.8　各 $\alpha, \beta \in I$ に対し，$e_{\alpha\beta} \in S$ を，$e_{\alpha\beta}(u_\beta)=u_\alpha$, $\gamma \neq \beta \Rightarrow e_{\alpha\beta}(u_\gamma)=0$ によって定める.

(1)　$0 \neq f \in S \Rightarrow \exists \alpha \in I, f(u_\alpha) \neq 0$. $f(u_\alpha)$ で u_β の係数 $\neq 0$ とすれば，$e_{\gamma\beta}fe_{\alpha\alpha}(u_\alpha)=cu_\beta$ $(c \neq 0)$ ゆえ，$e_{\gamma\beta}fe_{\alpha\alpha}=ce_{\gamma\alpha}$. また，$e_{\gamma\alpha}e_{\alpha\delta}=e_{\alpha\delta}$ ゆえ，0 でない両側イデアルは $\{e_{\gamma\alpha} | \gamma, \alpha \in I\}$ で生成された両側イデアル A' を含む．$A'=A$ は容易．ゆえに A は（$\{0\}$ を除いて）最小の両側イデアル.

(2)　S 右加群として有限生成であったとし，生成元を $f_1, \cdots, f_n$ とする．$f_i(V)$ が有限次元ゆえ，$\exists \alpha_1, \cdots, \alpha_s \in I, f_i(V) \subseteq \sum_{j=1}^{s} Ku_{\alpha j}$. すると $\forall f \in A, f=\sum f_ig_i\ (\exists g_i \in S)$ ゆえ，$\sum f_i(V) \subseteq \sum Ku_{\alpha j}$ となり，$V=\sum Ku_{\alpha j}$.　$\therefore$ V は有限次元

S 左加群として有限生成であったとし，生成元が $f_1, \cdots, f_n$ であったとする．$V/f_i^{-1}(0)$ は有限次元ゆえ，$V/(\cap_i f_i^{-1}(0))$ も有限次元. $f_1, \cdots, f_n$ が S 左加群としての生成元ゆえ，$\forall f \in A, f(\cap_i f_i^{-1}(0))=0$.

$e_{\alpha\beta}\in A$ ゆえ，$\bigcap_i f_i^{-1}(0)=0$．ゆえに V は有限次元.

［蛇足］ 右と左とをとりかえるだけだから，"同様に"ですみそうだと思ったかも知れないが，条件は右と左とですこしちがっている.

21.9 (1) は行列についての知識を利用して答えてもよかろうが，次のようにした方がよかろう．

$\alpha\beta=1 \Rightarrow \beta^{-1}(0)=0 \Rightarrow \dim\beta(M)=\dim M \Rightarrow \beta(M)=M \Rightarrow \alpha^{-1}(0)=0,\ \alpha(M)=M \Rightarrow \exists\alpha^{-1}\in R \Rightarrow \alpha^{-1}(\alpha\beta)=\alpha^{-1} \Rightarrow \beta=\alpha^{-1}$.

(2) M の一次独立基 $\{b_i|i\in I\}$ をとる．$\boldsymbol{N}\subseteq I$ と仮定してよい．$\alpha,\beta\in R$ をつぎのようにとればよい．

$$\alpha:\begin{cases}\alpha(b_1)=0,\ \alpha(b_{n+1})=b_n\ (\forall n\in\boldsymbol{N})\\ i\in I,\ i\notin\boldsymbol{N}\ \Rightarrow\ \alpha(b_i)=b_i\end{cases}$$

$$\beta:\begin{cases}\beta(b_n)=b_{n+1}\ (\forall n\in\boldsymbol{N})\\ i\in I,\ i\notin\boldsymbol{N}\ \Rightarrow\ \beta(b_i)=b_i\end{cases}$$

(3) 前問に含まれている．

第22章

基礎的な可換環

この章では，具体的な環という感じのする可換環についての問題を考えよう．

問題 22.1　有理数体 $\boldsymbol{Q}$ 上の一変数の函数体 $K=\boldsymbol{Q}(x)$ および $z=x+x^{-1}$ を考え，K の部分環 $\boldsymbol{Q}[z]$, $\boldsymbol{Q}[z^{-1}]$, $\boldsymbol{Q}[z, z^{-1}]$ の K 内での整閉包を，それぞれ，A_1, A_2, B とする．

(1)　A_1, A_2, B を具体的に与え，それらのうち単項イデアル環となるものを決定せよ．

(2)　一般に可換環 R に対し，$\mathrm{Spec}\, R$ は R の素イデアル全体の集合を表す．いま写像 φ_i: $\mathrm{Spec}\, B \to \mathrm{Spec}\, A_i\,(i=1,2)$ を $\varphi_i p = p \cap A_i$ $(p \in \mathrm{Spec}\, B)$ によって定める．各 $i=1,2$ に対し，φ_i の像の $\mathrm{Spec}\, A_i$ における補集合の元数を求めよ．　　(東大)

解説　$x^2-zx+1=0$ であるから，x は $\boldsymbol{Q}[z]$ 上整であり，$x\in A_1$.　∴ $x^{-1}=z-x\in A_1$. $\boldsymbol{Q}[x, x^{-1}]$ は整閉ゆえ，$A_1=\boldsymbol{Q}[x, x^{-1}]$.

$\boldsymbol{Q}[z^{-1}]$ 上では $z^{-1}x^2-x+z^{-1}=0$.　$(z^{-1}x)^2-(z^{-1}x)+z^{-2}=0$.　∴ $z^{-1}x\in A_2$.　$z^{-1}=x/(x^2+1)$, $z^{-1}x=x^2/(x^2+1)$,　$1-z^{-1}x=1/(x^2+1)$.　∴ $A_2\supseteq \boldsymbol{Q}[(x^2+1)^{-1}, x(x^2+1)^{-1}]$.

この右辺の環を R としょう．$f(x)\in\boldsymbol{Q}[x]$, $\deg f(x)\le 2m$ ならば，$f(x)/(x^2+1)^m\in R$ であるから，

$$R=\{f(x)/(x^2+1)^m \mid \deg f(x)\le 2m\ \ (m\in \boldsymbol{N})\}$$

$R\subseteq \boldsymbol{Q}[x, (x^2+1)^{-1}]$ で，この右辺は整閉環ゆえ，A_2 の元で R に含まれないもの y があったとすると

$$y=h(x)/(x^2+1)^m \qquad (\deg h(x)>2m)$$

これが R 上整とすると $c_i\in R$ によって

$$y^n+c_1y^{n-1}+\cdots+c_m=0$$

$\boldsymbol{Q}[x^{-1}]_{(x^{-1})}$ による加法付値 v を考えると $v(y)<0, v(c_i)\geq 0$ ゆえ，v(右辺)$=nv(y)<0$ となり矛盾，∴ $A_2=R$．$B\supseteq A_1, A_2$ ゆえ，$B\supseteq \boldsymbol{Q}[x, x^{-1}, (x^2+1)^{-1}]$．この環は整閉ゆえ，$B$ と一致する．A_1, B は明らかに単項イデアル環である．

$$A_2=\boldsymbol{Q}[z^{-1}, z^{-1}x]\simeq \boldsymbol{Q}[X, Y]/(Y^2-X+X^2)$$

ゆえ，A_2 において $z^{-1}, z^{-1}x$ は単項でないイデアルを生成する．したがって，単項イデアル環ではない．

(2) を考えよう．$B=A_1[(x^2+1)^{-1}]$ であるから，φ_1 の像の補集合 T_1 は $\{p\in \mathrm{Spec}\, A_1 \mid x^2+1\in p\}$ である．

$(x^2+1)A_1$ は極大イデアルであるから，T_1 の元数は1である．$z^{-1}=x/(1+x^2)$ は B では逆元をもつ．したがって $S=\{p\in \mathrm{Spec}\, A_2 \mid z^{-1}\in p\}$ は φ_2 の像の補集合 T_2 に含まれる．$p\in \mathrm{Spec}\, A_2$, $p\notin S$ とすると $(A_2)_p\ni z$．$x=z(z^{-1}x)$, $x^{-1}=z(1-z^{-1}x)$ ゆえ，$(A_2)_p\supseteq B$．ゆえに $p=\varphi_2(p(A_2)_p\cap B)$．∴ $S=T_2$．$z^{-1}\in p$ ならば，$z^{-2}+(z^{-1}x)^2-z^{-1}x=0$ が基本関係であるから，$(z^{-1}, z^{-1}x)$, $(z^{-1}, z^{-1}x-1)$ の二つが S の元であり，このときの元数は2である．

つぎの問題は易しいが，整域でない場合の問題である．

問題 22.2　$\boldsymbol{C}[X, Y]/(XY)$ の全商環内での整閉包を求めよ．ここで $\boldsymbol{C}[X, Y]$ は複素数体を係数とする二変数 X, Y の多項式環を表す．　　(神戸大)

解説　X, Y の剰余類を x, y で表すことにする．考える環は $\boldsymbol{C}[x, y]$ で，基本関係は $xy=0$ である．$x+y$ は非零因子ゆえ，$e=x/(x+y)$, $f=y/(x+y)$ は全商環の元である．$ef=0, e+f=1$ ゆえ，$e^2=e, f^2=f$．この関係は，べき等性と同時に，$\boldsymbol{C}[x, y]$ 上整であることも示しているから，e, f は求める整閉包 R の元である．$e\boldsymbol{C}[x, y]$ を考えると，$ey=0$ ゆえ，$e\boldsymbol{C}[x]=\boldsymbol{C}[ex]\cong \boldsymbol{C}[X]$．同様に $f\boldsymbol{C}[x, y]=\boldsymbol{C}[fy]\cong \boldsymbol{C}[Y]$．ゆえに $\boldsymbol{C}[x, y]\subseteq \boldsymbol{C}[ex]\oplus \boldsymbol{C}[fy]\subseteq R$ で，中央の環は整閉ゆえ，$R=\boldsymbol{C}[ex]\oplus \boldsymbol{C}[fy]\cong \boldsymbol{C}[X]\oplus \boldsymbol{C}[Y]$，ということになる．

つぎのは多項式環の問題である．

問題 22.3　可換体 k 上の4変数の多項式環 $R=k[x, y, z, w]$ において，$f=z^2-xy$, $g=w^2-x^2y$ を考える．

(1) 積閉集合 $S=k[x,y]-\{0\}$ による R の商環 R_S の剰余環 $R_S/(f,g)$ は有理函数体 $k(x,y)$ の4次の拡大体であることを示せ．

(2) $fR+gR$ は R の素イデアルであることを示せ．（京大）

解説 $R_S=k(x,y)[z,w]$ ゆえ，$\bar{R}_S=R_S/(f,g)$ を考えるのに，$\alpha=\sqrt{x}$，$\beta=\sqrt{y}$ とおけば，$k(x,y)$ 上の準同型 ψ: $R_S\to k(x,y)[\alpha,\beta]$ $(\psi z=\alpha\beta, \psi w=x\beta)$ を考えれば，その核が f,g で生成されることがわかるから，(1) が言える．(2) を言うためには，ψ を R に制限したものの核が $fR+gR$ であることを言えばよい．

$h\in R$, $\psi h=0$ とする．$\mathrm{mod}(fR+gR)$ で変形して，h は $1, z, w, zw$ で生成された $k[x,y]$-加群の元であるとしてよい．$\psi z=\alpha\beta$, $\psi w=x\beta$, $\psi(zw)=xy\alpha$ ゆえに，$1, \psi z, \psi w, \psi(zw)$ は $k[x,y]$ 上一次独立である．したがって，$h=h_0+h_1z+h_2w+h_3zw$ $(h_i\in k[x,y])$ と表したとき，$h_i=0$ $(\forall i)$ でなくてはならない．$\therefore$ $h=0$．したがって (2) が言える．

問題 **22.4** $f(X)=\prod_{i=1}^{m}(X-\alpha_i)$ $(\alpha_i\in\boldsymbol{C})$ が有理数体 $\boldsymbol{Q}$ 上の既約多項式であるものとする．

r 次正方行列 A_i $(i=1,2\cdots,m)$ および rm 次正方行列 A，さらに4つの環 R_j $(j=1,2,3,4)$ を次のように定める．

$$A_i=\begin{pmatrix} \alpha_i & 0 & \cdots\cdots & 0 \\ 1 & \alpha_i & 0 \cdots & 0 \\ 0 & \ddots & \ddots & \vdots \\ \vdots & \ddots & \ddots & 0 \\ 0 \cdots & 0 & 1 & \alpha_i \end{pmatrix} \qquad A=\begin{pmatrix} A_1 & & O \\ & \ddots & \\ O & & A_m \end{pmatrix}$$

$R_1=$ $\boldsymbol{Q}[X]/(f(X)^r)$

$R_2=$ $\boldsymbol{Q}(\alpha_1)[X]/(X^r)$

$R_3=$ $\boldsymbol{Q}[A_1]$ （$\boldsymbol{Q}(\alpha_1)$ 上の r 次行列環の中で，単位行列の有理数倍と A_1 とで生成された部分環）

$R_4=$ $\boldsymbol{Q}[A]$ （$\boldsymbol{Q}(\alpha_1,\cdots,\alpha_m)$ 上の rm 次行列環の中で，単位行列の有理数倍と A とで生成された部分環）

1) R_1, R_2, R_3, R_4 はすべて互いに同型であることを示せ．

2) 各 R_j は $\boldsymbol{Q}(\alpha_1)$ と同型な極大部分体をもつことを示せ．（京大）

解説 A の最小多項式が $f(X)^r$ であることは，行列の理論からわかる．（答案にはていねいに内容をかくべきであろう．）したがって $R_1\cong R_4$．次に，A_1 の最小多項式は $(X$

$-\alpha_1)^r$ であるから，$\boldsymbol{Q}$ 上の多項式で A_1 を根にもつ次数最小のものは $f(X)^r$ である．

$\therefore\quad R_3 \cong R_1.$

R_1 における X の剰余類を x と書くことにしよう．

$c_0, \cdots, c_{r-2}$ は未定の元 ($\in R_1$) として

$$z = c_0 + c_1 f(x) + \cdots + c_{r-2} f(x)^{r-2}$$
$$b = x + f(x) z$$

とおいてみる．そして $f(b)$ を展開してみると，

$$f(x) + f(x) z f'(x) + (1/2) f(x)^2 z^2 f''(x) + \cdots \qquad (*)$$

これが0になるように c_i を定めようというわけである．

$f(X)$ は $(x \bmod f(x))$ の最小多項式であるから，$f(X)$ の高階導函数 $f'(X), f''(X), \cdots, f^{(m)}(X)$ に x を代入したものは $\bmod f(x)$ で0にならない．したがって，上の式を，$f(x)$ について低次の項から順次見て行くと，まず，$c_0 f'(x) \equiv -1 \pmod{f(x)}$ となるように c_0 が定められる．次は，そのように c_0 を固定した上で，(*) の最初の三項の和が $\equiv 0 \pmod{f(x)^3}$ となるように c_1 を定める．以下順次 c_i を定めることができて，$f(b)=0$ になる．したがって，$\boldsymbol{Q}(b) \cong \boldsymbol{Q}(\alpha_1)$．$\boldsymbol{Q}[b, f(x)] \supseteq f(x)^{m-i} R_1$ が，i についての帰納法でいえるから，$\boldsymbol{Q}[b, f(x)] = R_1$．$f(x)^r = 0$ ゆえ，R_1 は $\boldsymbol{Q}[b][Y]/(Y^r)$ の準同型像になるが，$\boldsymbol{Q}$ 加群としての長さが mr であるから，その準同型は同型になり，$R_1 \cong R_2$．したがって，2)も，「極大」ということ以外は済んでいる．K が R_1 の部分体であれば，準同型 $R_1 \to R_1/(f(x))$ によって，K は $R_1/(f(x))$ の部分体に同型に写されるから，$[K:\boldsymbol{Q}] \leq [\boldsymbol{Q}(\alpha_1):\boldsymbol{Q}]$．したがって $\boldsymbol{Q}(b)$ は極大部分体である．

この b の存在証明は，もっと一般に，次の命題の証明に利用し得る．

定理　A が完備局所環，k が A の部分体，M が A の極大イデアルであるとき，$\bar{A} = A/M$ の元 $\bar{a}$ が k 上分離代数的であれば，$\bar{a}$ の代表元 a を適当にえらべば，$k(a)$ が体になる．

証明には，a の k 上の最小多項式 $f(X)$ と，$\bar{a}$ の代表元の列 $a_1, a_2, \cdots, a_n, \cdots$ をとって $f(a_1), f(a_2), \cdots, f(a_n)$ が順次 M の高いべきに入るようにできることを示すのであるが，それには，n についての帰納法を用い，$a_{n+1} = a_n + c f(a_n)$ の形の元を考えて，上での c_0 を定めた議論を使えばよいのである．各自練習問題として解いてみよ．

問題 22.5 有理数体の1を含む部分環はユークリッド整域になることを示せ．ただし，整域 R の0でない各元 a に有理整数 $v(a)\geqq 0$ が対応させられ，次の条件をみたすとき，R はユークリッド整域であるという．

(1) 任意の $a, b\in R, a\neq 0$ については

$$b=aq+r \text{ で } r=0 \text{ または } v(r)<v(a)$$

をみたす $q, r\in R$ が存在する．

(2) $a\neq 0, b\neq 0$ に対しては $v(ab)\geqq v(a)$ （お茶の水女子大）

解説 R が有理数体 $\boldsymbol{Q}$ の部分環で1を含むとする．当然，$\boldsymbol{Z}$ を含む．$a/b\in\boldsymbol{Q}$ が既約分数表示であれば，a, b が互いに素であるから，$p, q\in\boldsymbol{Z}$，$pa+qb=1$ となるような p, q がある．$p(a/b)+q=(pa+qb)/b=1/b$ ゆえ，$1/b\in R$，すなわち，R は $\boldsymbol{Z}$ と等しいか，$\boldsymbol{Z}$ の上にいくつかの整数（$\neq 0$）の逆数で生成された環である．$R=\boldsymbol{Z}$ ならば，$v(a)=|a|$ がユークリッド整域の条件に適合する．

$R=\boldsymbol{Q}$ ならば，$a\neq 0$ について，$v(a)=1$ でよい．

$R\neq\boldsymbol{Z}, \neq\boldsymbol{Q}$ の場合を考える．$P=\{p\,|\,p$ は素数で，$pR\neq R\}$ をとり，各 $0\neq a\in R$ に対し，P に属する素数いくつかの積 c で a/c が R での単元になるものをとり，$c=v(a)$ と定めれば，それが条件をみたすことは，次のようにしてわかる：

$S=\{s\in\boldsymbol{Z}\,|\,s$ は R の単元$\}$ とする．R の元の分母は S に属することに注意．

$a, b\in R, a\neq 0$ に対し，まず，$b=0$ ならば $q=1$ でよいから，$b\neq 0$ とし，$c=v(a)$，$d=v(b)$ とする．d を c で割って

$$d=cq+r \quad (q, r\in\boldsymbol{Z}, |r|<c)$$

とすると，$a=cs_1, b=ds_2$ となる $s_1, s_2\in S$ があるので，s_1, s_2 をかけて

$$s_1b=s_2aq+rs_1s_2\ ;\ b=a(s_2/s_1)q+rs_2$$

となり，$v(rs_2)\leqq v(r)\leqq|r|<c=v(a)$．

なお，v の定義から，a, b が0でない R の元ならば $v(ab)=v(a)v(b)$ であることは容易にわかる．

〔練習問題〕

練習 22.1 F が体で，$a_1, \cdots, a_n$ が F 上代数的な体の元であるとき，n 変数多項式環 $F[X_1, \cdots, X_n]$ の元 $g(X_1, \cdots, X_n)$ で $g(a_1, \cdots, a_n)=0$ となるもの全体 M は $F[X_1, \cdots,$

X_n] の極大イデアルであることを証明せよ．（名大）

練習 22.2　体 K の上の多項式 $F(X)$ ($\notin K$) が K のどんな拡大体においても重根をもたないとき，単項イデアル $(F(X))$ による剰余環 $K[X]/(F(X))$ は有限個の体の直和に同型であることを示せ．（お茶の水女子大）

練習 22.3　$\boldsymbol{Z}$ は整数全体の環，p は素数，n は自然数とする．次の環のイデアルをすべて求めよ．また，素イデアルをすべて求めよ．

(1)　$\boldsymbol{Z}/p^n\boldsymbol{Z}$　　(2)　$\boldsymbol{Z}/p\boldsymbol{Z}\times\boldsymbol{Z}/p\boldsymbol{Z}$　（金沢大）

練習 22.4　有理整数環 $\boldsymbol{Z}$ の上の n 変数の多項式環 $\boldsymbol{Z}[X_1,\cdots,X_n]$ のイデアル A について，A のある自然数べき A^r が単項ならば A 自身単項であることを示せ．

（東大）

練習 22.5　体 K 上の一変数多項式環 $R=K[x]$ および $u=x(x-1)$, $S=K[u,ux]$ を考える．

(1)　$R=K[u]+K[u]x$, $S=K[u]+K[u]ux$ を示せ．

(2)　$C=\{y\in R\mid yR\subseteq S\}$ を求めよ．また C は S の極大イデアルであって単項イデアルではないことを示せ．

(3)　S の各素イデアル P に対し，P の上にある R の素イデアルの個数を求めよ．（ただし，P' が P の上にあるとは $P'\cap S=P$ を意味する．）（京大）

練習 22.6　K は可換体とする．

(1)　K 上の三変数多項環 $K[x,y,z]$ のイデアル

$$I=(z-xy)K[x,y,z]+(y^2-xz)K[x,y,z]$$

は素イデアルであるか否か，理由をつけて答えよ．

(2)　K 上の 2 変数の多項式環 $K[x,y]$ と自然数 n に対し，$R_n=K[x,y]/(x^2-y^n)K[x,y]$ とおく．

n が奇数で $n\neq1$ ならば，R_n は整閉でない整域であることを示せ．

（京大）

練習 22.7 複素数体 $\boldsymbol{C}$ 上の2変数の形式的べき級数環 $\boldsymbol{C}[[x, y]]$ を考える. 自然数 m, n の組で $n>m\geq 2, (m, n)=1$ をみたすものに対して, $\boldsymbol{C}$ 多元環 $A_{nm}=\boldsymbol{C}[[x, y]]/(x^n-y^m)$ を定義する.

(1) A_{nm} の商体における整閉包は $\boldsymbol{C}$ 多元環として1変数の形式的べき級数環 $\boldsymbol{C}[[t]]$ と同型であることを示せ.

(2) 上のような自然数の組 $(m, n), (m', n')$ に対して A_{nm} と $A_{n'm'}$ とが $\boldsymbol{C}$ 多元環として同型ならば, $n=n'$, $m=m'$ であることを示せ. (名大)

練習 22.8 K は体, n は K の標数では割りきれない自然数で, K は1の原始 n 乗根を含むものとする. このとき位数 n の巡回群 G の群環 $K[G]$ は K の上の多元環として, K の n 個の直和と同型であることを示せ. (阪大)

[ヒント, 略解等]

22.1 [蛇足] どれだけの知識を証明なしで使ってよいのか, 一寸迷う問題である. 答案はていねいに書いた方がよいだろう.

[略解] 写像 $\varphi : F[X_1, \cdots, X_n] \to F(a_1, \cdots, a_n)$ を, $\varphi g(X_1, \cdots, X_n)=g(a_1, \cdots, a_n)$ によって定める. M は φ の核. ゆえに $F[X_1, \cdots, X_n]/M \cong F[a_1, \cdots, a_n]$. $a_1, \cdots, a_n$ が F 上整だから $F[a_1, \cdots, a_n]=F(a_1, \cdots, a_n)$ (このことの証明は答案に書いた方が安全). ゆえに M は極大イデアル.

22.2 $F(X)$ を K 上既約な多項式に分解する: $F(X)=G_1(X)\cdots G_m(X)$. $P_i=G_i(X)K[X]$ とおくと, $i\neq j$ ならば, $G_i(X)$ と $G_j(X)$ とは互いに素であるから, $P_i+P_j=K[X]$. ゆえに, いわゆる Chinese remainder theoremにより, $\cap_i P_i=\Pi P_i$, $K[X]/\cap_i P_i\cong(K[X]/P_1)\oplus\cdots\oplus(K[X]/P_m)$. $G_i(X)$ が既約だから, P_i は極大イデアル. ゆえに各 $K[X]/P_i$ は体.

22.3 (1): イデアルは $R=\boldsymbol{Z}/p^n\boldsymbol{Z}, P=p\boldsymbol{Z}/p^n\boldsymbol{Z}, P^2=p^2\boldsymbol{Z}/p^n\boldsymbol{Z}, \cdots, P^r=p^r\boldsymbol{Z}/p^n\boldsymbol{Z}, \cdots, P^n=p^n\boldsymbol{Z}/p^n\boldsymbol{Z}=\{0\}$ の $n+1$ 個. そのうち素イデアルは P だけ.

(2): 環は $T=(\boldsymbol{Z}/p\boldsymbol{Z})\oplus(\boldsymbol{Z}/p\boldsymbol{Z})$ であるから, 1を分解して, $1=e_1+e_2$ とすると, $e_i^2=e_i$, $e_1e_2=0$ であるから, イデアルは$T, e_1T, e_2T, \{0\}$ の四つだけである. 素イデアルは $e_1T=(\boldsymbol{Z}/p\boldsymbol{Z})\oplus\{0\}$, $e_2T=\{0\}\oplus(\boldsymbol{Z}/p\boldsymbol{Z})$ の二つ.

22.4 $\boldsymbol{Z}[X_1, \cdots, X_n]$ が UFD (素元分解の一意性の成り立つ環) であることは証明なしで使ってもよいだろう．$A\subseteq f\mathbf{Z}[X_1,\cdots,X_n]$ となる非単元 f のうち，次数がなるべく高く，係数の最大公約数のなるべく大きいものをとり，$f^{-1}A$ を A の代りに考えることにより，上のような f は単元しかない場合に $A\ni 1$ を示せばよい．A^r の生成元が g であり，g_1 が g の既約因子(非単元)であれば，g_1 は素イデアルを生成するから，$A^r\subseteq(g_1)$ は $A\subseteq(g_1)$ を導く．これは仮定に反するから，g は単元であり，$A^r\ni 1$．$\therefore$ $1\in A$．

22.5 (1)：$K[u]$ 上 x は $x^2-x-u=0$ という関係をもつ．$\therefore$ $K[x]=K[u]+K[u]x$．ux は $(ux)^2-u(ux)-u^3=0$ という関係をもつから，$K[u,ux]=K[u]+K[u]ux$．

(2)：C は S のイデアルである．$u\in C$ は明らか．$ux^2=ux+u^2\in S$ ゆえ，$ux\in C$．S において，u,ux で生成したイデアル I をとると，$S\cong K[X,Y]/(f)\,(f=Y^2-XY-X^3)$ ゆえ，$S/I\cong K[X,Y]/((X,Y)\cong K$．ゆえに I は極大イデアルで，$I\subseteq C$．$1\notin C$ ゆえ，$I=C$．I が単項であれば，$K[X,Y]$ において (X,Y) が f と他の一つの元 g とで生成される．f には一次の項がなく，(X,Y) の一次の部分は2次元のベクトル空間になるから，$(f,g)=(X,Y)$ は不可能．

(3) (i) $P=\{0\}$ のときは $P'=\{0\}$ に限られる．このとき1個．

(ii) $P\ni u$のとき：$(ux)^2-u(ux)-u^3=0$ ゆえ，$P\ni ux$．$\therefore$ $P=C$．このとき，$x^2-x=u$ ゆえ，P' としては，(u,x) と，$(u,x-1)$ の二つがある．

(iii) $P\neq\{0\}$, $P\not\ni u$ のとき：S/P において，u の類 $\bar{u}$ は単元．$uR\subseteq S$ ゆえ，$R/PR\cong S/P$．ゆえに P' としては PR ただ一つに限定される．

22.6 (1) ［ヒント］ 準同型 $\varphi: K[x,y,z]\to K[t]$ を，$\varphi x=t$, $\varphi y=t^2$, $\varphi z=t^3$ として，このイデアルが φ の核であるかどうかをしらべよ．

［蛇足1］ t,t^2,t^3 をどうやって見当をつけるかは：I の高さは2だから，$K[x,y,z]/I$ の Krull 次元は1．そこで，$z-xy$, y^2-xz の形から，$t^\alpha,t^\beta,t^\gamma$ の形の「解」を予想し，$t^\gamma=t^{\alpha+\beta}$, $t^{2\beta}=t^{\alpha+\gamma}$ から，$\alpha:\beta:\gamma=1:2:3$ を得る．

［略解］ φ の核を J とすれば，$I\subseteq J$ は容易であり，J は素イデアル．$\mathrm{ht}\,J=2$．$x^2-y\in J$．しかし，I の生成元 $z-xy$, y^2-xz に現れる一次の項は z だけであるから，$x^2-y\notin I$．$\mathrm{ht}\,I=2$ は容易ゆえ，I は素イデアルではない．

［蛇足2］ J の生成元を一組求めてみるのもよい練習問題になろう．(答は，(2)の略解のあとに書いておく．)

(2) 整域であることは，x^2-y^n が既約であることを，直接，または，(1)で使った手法をまねて，$\psi: K[x,y]\to K[t]$ を，$\psi x=t^n$, $\psi y=t^2$ によって定義し，ψ の核が (x^2-y^n)

$K[x,y]$ と一致することを確めることによる．あとのため，後者を利用する．すると，$R_m \cong K[t^2,t^n]$．$n=2m+1$ とすると，$t^n/(t^2)^m=t$ ゆえ，t は $K[t^2,t^n]$ の商体の元である．$t^2 \in K[t^2,t^n]$ ゆえ，t は $K[t^2,t^n]$ 上整．$t \notin K[t^2,t^n]$ ゆえ，$K[t^2,t^n]$ は整閉ではない．

[J の生成元] $z-xy, y-x^2$ の二元が J を生成する．

22.7 (1)：準同型 $\varphi : \mathbf{C}[[x,y]] \to \mathbf{C}[[t]]$ を，$\varphi x=t^m, \varphi y=t^n$ によって定める．すると，φ の核は x^n-y^m で生成され，$\mathbf{C}[[x,y]]/(x^n-y^m)$ は φ の像と同型．φ の像 $\supseteq \mathbf{C}[[t^n]]$ で，$\mathbf{C}[[t]]$ は $\mathbf{C}[[t^n]]$ 上 $1,t,\cdots,t^{n-1}$ で生成されるから，φ の像 $\mathbf{C}[[t^n,t^m]]$ は $\mathbf{C}[[t^n]]$ 上整である $\mathbf{C}[[t]]$ に含まれる．n, m が互いに素ゆえ，自然数 l で，$ml\equiv 1 \pmod n$ となるものがある．ゆえに，t は $\mathbf{C}[[t^m,t^m]]$ の商体に含まれる．$\mathbf{C}[[t]]$ は整閉ゆえ，$\mathbf{C}[[t]]$ が $\mathbf{C}[[t^n,t^m]]$ の整閉包である．

(2)：$A_{n,m}\cong A_{n'm'}$ であれば，双方の整閉包も同型である．そこで，(1) の $\mathbf{C}[[t]]$ への埋め込みを利用して，$A_{nm}=\mathbf{C}[[t^n,t^m]]\subseteq \mathbf{C}[[t]]$ と考える．$\mathbf{C}[[t]]=\mathbf{C}[[u]]$ となる元 u は $\sum c_it^i$ $(c_0=0, c_1\neq 0)$ の形の元である．$S=\{r\in \mathbf{N} \mid u^r\in A_{mn}\}$ を考えると，$\mathbf{C}$ が代数的に閉じていることから，u の代りに t で考えても同じであることがわかる．ゆえに m が S の最小元である．S の中で，m の倍数でないものの最小が n である．ゆえに，m, n は A_{nm} の $\mathbf{C}[[t]]$ に対する情報できまるから，(2)がいえる．

22.8 $K[G]\cong K[X]/(X^n-1)$．K の1の原始 n 乗根 ζ をもつのだから，$X^n-1=\Pi_{i=1}^{n-1}(X-\zeta^i)$ このことから容易．（練習 22·2 参照）

第23章

可換環の一般論

この章では，可換環の一般論といえる問題を考えよう．風変わりな2題から始める．

問題 23.1　単位元をもつ可換環で，4つの元からなるものを，同型を除いてすべて求めよ．（筑波大）

問題 23.2　$\boldsymbol{R}$ を実数全体の集合とする．加法群としての直和 $\boldsymbol{R}\oplus\boldsymbol{R}$ に2通りの積を定義して，2つの非同型な環を作れ．（阪市大）

解説　第1問　有理整数環 $\boldsymbol{Z}$ による $\boldsymbol{Z}/4\boldsymbol{Z}$ は，その一つである．R としよう．標数2の素体 F の上の多項式環 $F[x]$ を考え，$S=F[x]/(x^2)$，$U=F[x]/(x^2+x+1)$，$V=F[x]/(x^2+x)$ を作ると，これらも問題にいうような環になる．

S はべき零元を含むが，U, V はべき零元を含まないから，S は他とは同型でない．

x^2+x+1 は F 上で既約であるから，これら4個は互いに同型ではない．

あと，問題にいう環Tは，この R, S, U, V のいずれかと同型であることを示そう．

単位元1を何倍かすれば0になる．n 倍して初めて0になったとしよう．T は加法群として，位数4であるから，n は4の約数である．ゆえに，n は4または2．

$n=4$ ならば，T は R と同型である．

$n=2$ の場合，$\{0,1\}$ は F と同型であるから，F が T の部分体であるとしてよい．R に属さない $a\in T$ をとる．$a^2\in T$ ゆえ，a^2は，$a, a+1, 0$ のいずれかである．$a^2=0$ ならば，T は S と同型である．$a^2=a+1$ ならば，T は U と同型で，$a^2=a$ ならば，T は V と同型である．

第2問　一方の $\boldsymbol{R}$ が単位元1を含むとし，他方の $\boldsymbol{R}$ は $\boldsymbol{R}a$ の形であるとしよう．a についての乗法を考えればよいのであるが，前問のまねをしよう．

$a^2=0$ のとき，$R[x]/(x^2)$ と同型な環が得られる．

$a^2=a$ のとき，$R[x]/(x^2-x)$ と同型な環が得られる．この二つは，互いに同型にならない．$R[x]/(x^2+x+1)$ は，他の例を与える．

環の整拡大については，第19章で「加法群として有限生成」に関連して少し扱ったが，次の問題の(2)は，「整」の定義を述べている．

問題 23.3　(1)　$\boldsymbol{Q}[x]$ を有理数体 $\boldsymbol{Q}$ 上の1変数多項式環とする．$\boldsymbol{Q}[x]$ の1次以上の多項式 $f(x)$ が $\boldsymbol{Q}$ 上既約ならば，剰余環 $\boldsymbol{Q}[x]/f(x)\boldsymbol{Q}[x]$ は $\boldsymbol{Q}$ の有限次拡大体になることを示せ．

(2)　環 R と単位元を共有する部分環 S に対し，R の元 a が S 上整とは，自然数 n と S の元 $b_1, \cdots, b_n$ があって，$a^n+b_1a^{n-1}+\cdots+b_n=0$ をみたすことである．このとき，次を示せ．

(i)　$\boldsymbol{Q}[x]$ の商体の元 $g(x)$ が $\boldsymbol{Q}[x]$ 上整であれば，$g(x)$ は $\boldsymbol{Q}[x]$ の元である．

(ii)　R の元 a が S 上整であるための必要十分条件は，自然数 m と $S[a]$ の元 $c_1, \cdots, c_m$ があって，$S[a]=\sum_{i=1}^{m} Sc_i$ が成立することである．　(九大)

解説　(1)は易しいので省きます．

(2), (i)　$g(x)$　が $\boldsymbol{Q}[x]$ に属さないと仮定して，$g(x)=h(x)/k(x)$ と，既約分数形に表そう．$\boldsymbol{Q}[x]$ 上整であるから，$b_i \in \boldsymbol{Q}[x]$ により

$$(h(x)/k(x))^n+b_1(h(x)/k(x))^{n-1}+\cdots+b_n=0$$

という関係がある．分母を払うと

$$h(x)^n+b_1h(x)^{n-1}k(x)+\cdots+b_nh(x)k(x)^n=0$$

すると，$h(x)^n$ が $k(x)$ で割り切れることになり，$h(x)/k(x)$ が既約分数形であったことに反する．ゆえに，$g(x)\in \boldsymbol{Q}[x]$．

(ii)　$a\in R$ が S 上整であったとする．$b_i\in S$ により，

$$a^n+b_1a^{n-1}+\cdots+b_n=0$$

という関係がある．$a^n\in S+Sa+\cdots+Sa^{n-1}$ ゆえ，$r=n+1, n+2, \cdots$ について，$a^r\in S+Sa+\cdots\cdot+Sa^{n-1}$ で，この場合，$c_1=1$，$c_i=a^{i-1}$，$m=n-1$ でよい．

逆に，c_i, m が問題文に示されたように存在したとする．$i=1,2,\cdots,m$ について

$$ac_i=b_{i1}c_1+b_{i2}c_2+\cdots+b_{im}c_m \ (b_{ij}\in S)$$

の形の関係がある．移項して，c_i についての斉次連立１次方程式の形にしよう：

$$\begin{pmatrix} b_{11}-a & b_{12} & \cdots & b_{1m} \\ b_{21} & b_{22}-a & \cdots & b_{2m} \\ \cdots\cdots & \cdots\cdots & \cdots & \cdots\cdots \\ b_{m1} & b_{m2} & \cdots & b_{mm}-a \end{pmatrix} \begin{pmatrix} c_1 \\ \vdots \\ \vdots \\ c_m \end{pmatrix} = \begin{pmatrix} 0 \\ \vdots \\ \vdots \\ 0 \end{pmatrix}$$

$c_1, \cdots, c_m$ の１次結合で１が表されるのだから，左辺の m 次正方行列の行列式$=0$．展開すると，a についての m 次式で，a^m の係数は ± 1 で，他の項の係数はＳの元であるから，a が S 上整であることを示している．

次の問題は整数に関連がある．

問題 23.4　有理数体 $\boldsymbol{Q}$ 上で，$\alpha=\sqrt[3]{3}$ および $\boldsymbol{Q}(\alpha)$, $\boldsymbol{Z}[\alpha]$ を考える($\boldsymbol{Z}$ は有理整数環)．

(i)　$\boldsymbol{Q}(\alpha)$ の部分環 R が $\boldsymbol{Z}[\alpha]$ を含み，$\alpha^{-1}\notin R$ であれば，

(イ)　$\alpha R\cap\boldsymbol{Z}=3\boldsymbol{Z}$

(ロ)　$\boldsymbol{Z}[\alpha]\cap 3R=3\boldsymbol{Z}[\alpha]$ (すなわち，$R/\boldsymbol{Z}[\alpha]$ は加法群として位数３の元をもたない)

を示せ．

(ii)　$S=\{x\in\boldsymbol{Q}(\alpha)\,|\,\mathrm{Tr}(x\boldsymbol{Z}[\alpha])\subseteq\boldsymbol{Z}\}$

(ただし，Tr は $\boldsymbol{Q}(\alpha)$ から $\boldsymbol{Q}$ への trace) とおく．

(イ)　$S=\dfrac{1}{3}\boldsymbol{Z}+\dfrac{1}{9}\boldsymbol{Z}\alpha+\dfrac{1}{9}\boldsymbol{Z}\alpha^2$ を示し，

(ロ)　$\boldsymbol{Q}(\alpha)$ の整数環 $\mathcal{O}$ について，$\boldsymbol{Z}[\alpha]\subseteq\mathcal{O}\subseteq S$ であることから，$\mathcal{O}=\boldsymbol{Z}[\alpha]$ となることを導け．　(京大)

解説　(i)の(イ)は易しい．すなわち，$\alpha R\cap\boldsymbol{Z}\neq\boldsymbol{Z}$ は明らか．また，$3\boldsymbol{Z}\subseteq\alpha R\cap\boldsymbol{Z}$ も明らか．$3\boldsymbol{Z}$ は極大イデアルであるから，(イ)を得る．(ロ)については，$\boldsymbol{Z}[\alpha]\cap 3R\supseteq 3\boldsymbol{Z}[\alpha]$ は明らか．$\boldsymbol{Z}[\alpha]\cong\boldsymbol{Z}[X]/(X^3-3)$ ゆえ，$\boldsymbol{Z}[\alpha]$ のイデアルで $3\boldsymbol{Z}[\alpha]$ を含むものは，$3\boldsymbol{Z}[\alpha]\subset\alpha^2\boldsymbol{Z}[\alpha]\subset\alpha\boldsymbol{Z}[\alpha]\subset\boldsymbol{Z}[\alpha]$．もし $3R\ni\alpha^2$ ならば，$R\ni 3/\alpha^2=\alpha^{-1}$．ゆえに(ロ)の等式を得る．これが括弧内のことを導くことも，一応示しておいた方がよいだろう．

(ii) については，まず S が $\boldsymbol{Z}$ 加群であることに注目すべきであろう．(それは $\mathrm{Tr}(a+b)=\mathrm{Tr}\,a+\mathrm{Tr}\,b$ からすぐわかる．) $\boldsymbol{Z}[\alpha]=\boldsymbol{Z}+\boldsymbol{Z}\alpha+\boldsymbol{Z}\alpha^2$ ゆえ，$x\in\boldsymbol{Q}(\alpha)$ のとき，$\mathrm{Tr}(x)$, $\mathrm{Tr}(x\alpha)$, $\mathrm{Tr}(x\alpha^2)$ がすべて $\boldsymbol{Z}$ に含まれることと，$x\in S$ とが同値になることがわかる．

$$\mathrm{Tr}(1/3)=1,\quad \mathrm{Tr}(\alpha/3)=0,\quad \mathrm{Tr}(\alpha^2/3)=0$$
$$\mathrm{Tr}(\alpha/9)=0,\quad \mathrm{Tr}(\alpha^2/9)=0,\quad \mathrm{Tr}(\alpha^3/9)=1$$
$$\mathrm{Tr}(\alpha^2\cdot\alpha^2/9)=0$$

ゆえ，$1/3, \alpha/9, \alpha^2/9 \in S$ がわかる．

逆に $\beta = a + b\alpha + c\alpha^2 \in S$ $(a, b, c \in \boldsymbol{Q})$ としよう．$\mathrm{Tr}(\beta) = 3a \in \boldsymbol{Z}$ ゆえ，$a \in S$．$\mathrm{Tr}(\alpha(\beta - a)) = \mathrm{Tr}(3c + b\alpha^2) = 9c \in \boldsymbol{Z}$ ゆえ，$c\alpha \in S$．また，$\mathrm{Tr}(\alpha^2(\beta - a - c\alpha^2)) = ab \in \boldsymbol{Z}$ ゆえ，$b\alpha \in S$．ゆえに $\beta \in S$ がわかり，(イ)が証明できる．(ロ)のためには(i)がヒントらしいと感じられるであろう．すなわち，$\boldsymbol{Z}[\alpha] \subseteq \mathcal{O} \subseteq S \subset (1/9)\boldsymbol{Z}[\alpha]$ と，(i)の(ロ)の等式は関係がありそうだというわけである．実は(i)の(ロ)の括弧内のことを使えば(ii)の(ロ)はすぐでる．というのは，$\gamma \in \mathcal{O}, \gamma \notin \boldsymbol{Z}[\alpha]$ とすると，$9\gamma \in \boldsymbol{Z}[\alpha]$．すなわち，加法群 $\mathcal{O}/\boldsymbol{Z}[\alpha]$ における γ の類 $\bar{\gamma}$ は，$9\bar{\gamma} = 0$，したがって，$\bar{\gamma}$ の位数は3または9．3は括弧内のことに反する．9とすれば，$3\bar{\gamma}$ の位数が3でやはり矛盾というわけである．

整数論がかった問題を扱ったついでに，ガウスの整数環に関するものをつけ加えよう．

問題 23.5　ガウスの整数環 $R = \boldsymbol{Z}[i]$ $(i = \sqrt{-1})$ の上の階数2の自由加群 R^2 を考える．各素数 p に対し，R^2 の R-部分加群 L で，R^2 における群指数 $[R^2 : L]$ が p になるものの数を求めよ．　（東大）

解説　一見して，行列の問題かも知れないと感じそうな問題であるが，R のイデアルの構造，とくに，pR が素イデアルであるかどうか，そうでなければどう分解するかに関わる問題である．

そこで，まず pR の分解についてしらべよう．

$R \cong \boldsymbol{Z}[X]/(X^2+1)$ ゆえ，$R/pR \cong (\boldsymbol{Z}/p\boldsymbol{Z})[X]/(X^2+1)$ すなわち，X^2+1 が $\boldsymbol{Z}/p\boldsymbol{Z}$ 上，既約か，どう分解するかに関わる．(既約でない) $\Rightarrow$ (-1 が $\boldsymbol{Z}/p\boldsymbol{Z}$ の平方元)．

(i)　$p=2$ のとき：$X^2+1 = (X+1)^2$ ゆえ，$(1+i)R + 2R$ が2を含む唯一つの素イデアル．$(1+i)(1-i) = 2$ ゆえ，その素イデアルは $(1+i)R$ であり，$2R = (1+i)^2 R$．

(ii)　p が奇素数のとき：$\boldsymbol{Z}/p\boldsymbol{Z}$ の乗法群は位数 $p-1$ の巡回群であり，-1 の位数は2であるから，-1 が $\boldsymbol{Z}/p\boldsymbol{Z}$ の平方元 $\Leftrightarrow$ $p-1 \equiv 0 \pmod 4$．

したがって，(イ) $p \equiv 3 \pmod 4$ なら pR は素イデアル，(ロ) $p \equiv 1 \pmod 4$ なら，$pR = I_p \bar{I}_p$（$\bar{\ }$ は複素共役）となる素イデアル I_p がある $(\bar{I}_p \neq I_p)$．

さて，問題を考えよう．$[R^2 : L] = p$ ゆえ，$pR^2 \subseteq L$．ゆえに，$\bar{R} = R/pR$ とおけば，$\bar{R}$ 加群 $\bar{R} \oplus \bar{R}$ における $\bar{L} = L/pR^2$ を考えればよい．$\bar{R}$ の元数は p^2 ゆえ，pR が素イデアルのときは L は存在しない．

$p=2$ のときは，L は $(1+i)R\oplus R$, $R\oplus(1+i)R$, ($R\oplus R$ の対角線)$+(1+i)R^2$ の三つ．

$p\equiv 1 \pmod 4$ (p 奇素数) のときは，$RI/_p\oplus RI/_p$ および $R/\bar{I}_p\oplus R/\bar{I}_p$ の元数 p の R 部分加群の数を求めればよい．それぞれ $p+1$ 個，計 $2p+2$ 個である．

〔練習問題〕

練習 23.1　可換整域 R がその部分環 S 上整であるとき，R が体であることと，S が体であることとは同値であることを証明せよ．　(都立大)

練習 23.2　単位元をもつ可換環 R において，素イデアルがすべて単項であるとき，R のすべてのイデアルが単項であることを，次の二段階に分けて証明せよ．

(1)　R が単項でないイデアルをもつとすれば，単項でないイデアル全体 I は極大元をもつ．

(2)　I の極大元は素イデアルである．　(阪大)

練習 23.3　可換体 K の元の列 $(a_n)=(a_1, a_2, \cdots)$ の集合

$$R=\{(a_n)|a_n\in K, \exists n_0, \forall n>n_0, a_n=a_{n_0}\}$$

を考える．ただし，n_0 は (a_n) によって変りうる．

これらの列の和，積を，各成分毎の和，積で定義すれば，R は単位元をもつ可換環になる．そこで

$$P_i=\{(a_n)\in R|a_i=0\}\ (i=1, 2, \cdots, n, \cdots)$$
$$P_0=\{(a_n)\in R|\exists m_0, \forall m>m_0, a_m=0\}$$

とおく．このとき，

(1)　$P_i\ (i=0, 1, 2, \cdots)$ は R の極大イデアルであり，しかも，これら以外には極大イデアルは存在しないことを示せ．

(2)　R のすべてのイデアルを決めよ．　(京大)

練習 23.4　S は可換環，R は S の部分環，A は S の n 個の元 $a_1, \cdots, a_n$ で生成された R 加群，B, C は R のイデアルで，$BA\subseteq CA$ をみたすものとする．このとき B^n の各元 b に対して，C の元 c が存在して，A のどんな元 x に対しても $bx=cx$ となることを証明せよ．　(神戸大)

練習 23.5　$A=\boldsymbol{C}[X,Y]$ は複素数体 $\boldsymbol{C}$ 上の多項式環で，　$B=\boldsymbol{C}[X,Y,XY^{-1}]$ と $C=\boldsymbol{C}[X,Y,YX^{-1}]$ とは，A の自然な埋め込みにより A 代数 (A-algebra) とみる．そして A 代数としてのテンソル積 $R=B\otimes_A C$ を考える．

(1)　環 R の自明でない零因子を例示せよ．

(2)　R の零イデアル (0) は二個の素イデアル　P_1, P_2 の共通部分として表されることを示せ．

(3)　剰余環 $R/P_1, R/P_2$ の単数を，それぞれすべて求めよ．

(4)　R と $B\otimes_A B$ とは A 代数として同型か．　(東大)

練習 23.6　有理整数環 $\boldsymbol{Z}$ の直積 $\boldsymbol{Z}\times\boldsymbol{Z}=\{(x,y)|x,y\in\boldsymbol{Z}\}$ に和および積を成分毎に定義して得られる環を R とする．

(1)　加法群と考えての R の部分加群で，乗法の単位元(1, 1)を含むものを決めよ．

(2)　(1)の中で，さらに部分環であるものを決めよ．

(3)　(2)の中で，さらに単項イデアル環であるものを決めよ．　(京大)

練習 23.7　Gauss 平面上の正多角形で，頂点がすべて $\boldsymbol{Z}[i]$ に属するものは正方形に限ることを示せ．　(名大)

練習 23.8　体 K の部分環Rについて，$K\ni x\notin R$ ならば，　$x^{-1}\in R$ という性質をもてば，W と写像 $\varphi: K\to W\cup\{\infty\}$ で，次の三条件をみたすものがある．

ただし，W は順序加群(可換加法群で，全順序集合であり，　$a\geq b\Rightarrow -a\leq -b;\ a\geq b,\ c\geq d\Rightarrow a+c\geq b+d$ という性質をもつもの) で，∞ は W のどの元よりも大きいと定める．

(1)　$\varphi x=\infty \Leftrightarrow x=0$

(2)　$xy\neq 0 \Rightarrow \varphi(xy)=\varphi x+\varphi y$

(3)　$xy\neq 0 \Rightarrow \varphi(x+y)\geq \min\{\varphi x, \varphi y\}$

またこのとき，$R=\{x\in K|\varphi x\geq 0\}$ であり，$P=\{x\in K|\varphi x>0\}$ が唯一の極大イデアルになる．　(学習院大)

[ヒント，略解等]

23.1　R が体，$0\neq s\in S\Rightarrow s^{-1}\in R\Rightarrow (s^{-1})^n+c_1(s^{-1})^{n-1}+\cdots+c_n=0\ (c_i\in S)\Rightarrow s^{-1}=-(c_1+c_2s+\cdots+c_ns^{n-1})\in S$.

逆に，S が体，　$0\neq r\in R\Rightarrow r^n+c_1r^{n-1}+\cdots+c_n=0\,(c_i\in S)$. $c_n=0$ なら，次数が下げ

られるから，$c_n \neq 0$ としてよい．$c_n^{-1} \in S$, $r^{-1} = -c_n^{-1}(r^{n-1} + c_1 r^{n-2} + \cdots + c_{n-1}) \in R$.

23.2　(1)　$\{A_\lambda | \lambda \in \Lambda\}$ が I の整列部分集合であるとき，もし $A = \bigcup A_\lambda$ が単項イデアル aR となれば，$\exists\lambda$, $a \in A_\lambda$ ゆえ，$A_\lambda = aR$ となり，$A_\lambda \in I$ に反する．ゆえに Zorn の補題が使える．

(2)　I の極大元 A が素イデアルでないとすると，$\exists a, b \in R$, $ab \in A$, $a \notin A$, $b \notin A$. $A : a = \{x \in R | xa \in A\} \supsetneqq A$ ゆえ，$A : a = cR$ $(\exists c \in R)$. $A \subseteq cR$ ゆえ，$A = c(A : c)$. $a \in A : c$ ゆえ，$A : c$ も単項．したがって A も単項になり，$A \in I$ に反する．

23.3　(1)　$i \geqslant 1$ のときは $R/P_i \cong K$ は容易．$R \ni (a_n)$ に対して，$\exists m_0$, $\forall m > m_0$, $a_n = a$ となる a を対応させれば準同型になり，その核が P_0，像は K であるから，P_0も極大イデアル．あと，P_0 に含まれない極大イデアル M は，ある P_i $(i \geqslant 1)$ に含まれることをいえばよい．$\exists(a_n) \in M$, $(a_n) \notin P_0$ すると，$\exists m_0$, $\forall m > m_0$, $a_n = a \neq 0$. $N = \{n | a_n = 0\}$ は有限集合であり，$\forall(b_n) \in R$, $\exists(c_n) \in R$, $n \notin N \Rightarrow a_n c_n = b_n$ ゆえに，$M \supseteq (a_n)R \supseteq \bigcap_{n \in N} P_n$.
$\therefore$ $M \supseteq P_n$ $(\exists n \in N)$. $\therefore$ $M = P_n$

(2)　第 n 成分が 1，他の成分が 0 である R の元を e_nとする．$\{e_n | n \in \mathbf{N}\}$ の各部分集合に対して，それで生成されたイデアルを対応させると，P_0 に含まれるイデアルとの一対一対応ができる．P_0 に含まれないイデアルは(1)での計算により，R 自身か，P_n $(n \in \mathbf{N})$ 有限個の共通部分である．

23.4　$p, q \in B^n$ に対して，$c_1, c_2 \in C$ により，$px = c_1 x$, $qx = c_2 x$ ならば，$(p+q)x = (c_1 + c_2)x$ であるから，$b = b_1 b_2 \cdots b_n$ $(b_i \in B)$ の形のときに証明すればよい．$b_i a_i = \sum_j c_{ij} a_j$ $(c_{ij} \in C;\ i = 1, \cdots, n)$ ゆえ，係数行列の行列式 $d = \det(b_i \delta_{ij} - c_{ij})$ $(\delta_{ii} = 1;\ i \neq j$ ならば $\delta_{ij} = 0)$をとれば，$da_i = 0$ $(i = 1, \cdots, n)$. d を展開すると $d = b - c$ $(c \in C)$ の形になり，$dA = 0$ ゆえ，この c が求めるものである．

23.5　(1)　$R \cong A[T, U]/(X - YT, Y - XU)$. $Y(TU - 1)$ の類は 0 で，$Y, TU - 1$ の類は 0 ではない．したがって Y の類は零因子.

(2)　$A[T, U]$ において，$P = (X, Y)$ は素イデアルで，$Q = (X - YT, Y - XU, TU - 1)$ も素イデアル (Q は$A[T, U]$ から $\mathbf{C}[X, Y, XY^{-1}, YX^{-1}]$ への自然な準同型の核)．$P \cap Q = (X - YT, Y - XU)$ は計算でたしかめられる．P, Q に対応するRの素イデアルを P_1, P_2 とすればよい．

(3)　$R/P_1 \cong \mathbf{C}[T, U]$ ゆえ，この環の単元の集合は，$\mathbf{C} - \{0\}$. $R/P_2 \cong \mathbf{C}[X, Y, XY^{-1}, YX^{-1}]$ したがって，この環の単元の集合は $\{c(XY^{-1})^n | 0 \neq c \in \mathbf{C},\ n \in \mathbf{Z}\}$.

(4) $B\otimes B\cong A[T,U]/(X-YT,X-YU)$. $P=(X,Y)$, $Q'=(X-YT,T-U)$ は $A[T,U]$ の素イデアルで，$P\cap Q'=(X-YT,X-YU)$. $A[T,U]/Q'\cong B$と$C[X,Y,XY^{-1},YX^{-1}]$ とは同型でないから，$B\otimes B$ と R とは同型でない．

23.6 (1) $D=\{(n,n)|n\in\boldsymbol{Z}\}$ が最小メンバー．$D\subseteq M\subseteq\boldsymbol{Z}\times\boldsymbol{Z}$, $D\not\ni(m,n)\in M\Rightarrow(m-n,0)\in M,(0,n-m)\in M$. したがって，このような M は，$\boldsymbol{Z}$ の部分加群 $a\boldsymbol{Z}$ はより，$D+(a\boldsymbol{Z}\times\{0\})$ の形．

(2) 全部部分環である．

(3) $D\cong\boldsymbol{Z}$ ゆえ，D は単項イデアル環．単項イデアル環二つの直和は単項イデアル環であるから $\boldsymbol{Z}\times\boldsymbol{Z}\,(=\boldsymbol{Z}\oplus\boldsymbol{Z})$ も単項イデアル環． この二つ以外は単項イデアル環にはならない．[証明] m が自然数，$m>1$ で，$R=D+(m\boldsymbol{Z}\times\{0\})$ としよう．$I=\{(mr,ms)|r,s\in\boldsymbol{Z}\}$ は R のイデアル．I が単項であったとして，生成元 (ma,mb) を考えると，$(m,0)\in I$ ゆえ，$a=1$ としてよい．$(x,0)\in R\Rightarrow x\in m\boldsymbol{Z}$ ゆえ，$b=0$ でなくてはならない．すると $I\subseteq m\boldsymbol{Z}\times\{0\}$ となり，矛盾．

23.7 正 n 角形の頂点 $\alpha_1,\alpha_2,\cdots,\alpha_n$ が，すべて $\boldsymbol{Z}[i]\,(i=\sqrt{-1})$ に属したとしよう．$\gamma=\sum\alpha_i/n$ とおくと $(\alpha_2-\gamma)/(\alpha_1-\gamma)=\rho$ は1の原始 n 乗根である．$\gamma,\alpha_i\in\boldsymbol{Q}(\sqrt{-1})$ ゆえ，$\rho\in\boldsymbol{Q}(\sqrt{-1})$． ゆえに，$n=2$ または 4. $n>2$ ゆえ，$n=4$.

23.8 $V=\{aR|0\neq a\in K\}$ は自然に乗法群になる．aR と bR とを比べると，$a/b\in R$ または $b/a\in R$. 前者なら $aR\subseteq bR$, 後者なら $bR\subseteq aR$. したがって，$a,b\in K$, $ab\neq0$ のとき，$a+b\in aR+bR=(aR$ または $bR)$ ゆえ，V に次のような大小関係を入れたものをWとし，$x\neq0\Rightarrow\varphi x=xR$, $x=0\Rightarrow\varphi x=\infty$ と定めればよい．

$$aR\subseteq bR\iff aR\geq bR.$$

RがWの 0 になり，$x\in R\iff\varphi x\geq0$. x がRの単元 $\iff\varphi x=0$.

第24章

整　数　環

前章の後半に続いて，整数に縁の深い問題を考えよう．

問題 24.1　m は平方因子を含まない，負の整数で，$K=\boldsymbol{Q}(\sqrt{m})$, $R=\boldsymbol{Z}[\sqrt{m}]$ とする．

(i)　$K\otimes_{\boldsymbol{Q}}K$ において，単位元を2個のべき等元 $(\neq 0)$ の和として表せ．

(ii)　環 $R\otimes_{\boldsymbol{Z}}R$ の可逆元のつくる乗法群を求めよ．($\boldsymbol{Q}$ は有理数体，$\boldsymbol{Z}$ は有理整数環を表す)　(東大)

解説　$K\otimes_{\boldsymbol{Q}}K\cong\boldsymbol{Q}[X,Y]/(X^2-m,Y^2-m)$, $R\otimes_{\boldsymbol{Z}}R\cong\boldsymbol{Z}[X,Y]/(X^2-m,Y^2-m)$ ということを念頭においた方が，考え易いであろう $(X\to\sqrt{m}\otimes 1,\ Y\to 1\otimes\sqrt{m})$．$(\sqrt{m}\otimes 1)^2=m=(1\otimes\sqrt{m})^2$ ゆえ，$(\sqrt{m}\otimes 1-1\otimes\sqrt{m})(\sqrt{m}\otimes 1+1\otimes\sqrt{m})=0$．一般に $ab=0$ で $a+b$ が非零因子のとき，$e=a/(a+b)$ とおけば，$e^2=e,\ (1-e)^2=1-e$ であるが，この場合 二因子の和$=2(\sqrt{m}\otimes 1)$ であるから，$e=(\sqrt{m}\otimes 1-1\otimes\sqrt{m})(\sqrt{m}\otimes 1)/2m$ とおけば，$e,1-e$ すなわち，$1\otimes 1/2\pm\sqrt{m}\otimes\sqrt{m}/2m$ が求めるべき等元である．(ii) を考えよう．そのためには，まず R の可逆元をしらべるべきであろう．R の元 $a+b\sqrt{m}\ (a,b\in\boldsymbol{Z})$ が可逆元 $\Leftrightarrow$ $(a+b\sqrt{m})(a-b\sqrt{m})=\pm 1\Leftrightarrow a^2-b^2m=\pm 1$．$m<0$ ゆえ，$a^2\geq 0,\ -b^2m\geq 0$．ゆえに，

(イ)　$m\neq -1$ ならば，$a=\pm 1, b=0$ のとき

(ロ)　$m=-1$ ならば，$a=\pm 1, b=0$ のときと，$a=0, b=\pm 1$ のとき

に限られる．さて，$T=R\otimes R$ において，$x=\sqrt{m}\otimes 1,\ y=1\otimes\sqrt{m}$ とおき，自然な準同型 $\varphi\colon R\to R/(x-y)$, $\psi\colon R\to R/(x+y)$ を考えると，$\alpha\ (\in T)$ が可逆元ならば，$\varphi\alpha,\psi\alpha$ ともに R の可逆元である．α は $a+bx+cy+dxy\ (a,b,c,d\in\boldsymbol{Z})$ とかけるから，$\varphi\alpha=a+dm+(b+c)\sqrt{m}$，$\psi\alpha=a-dm+(b-c)\sqrt{m}$．

そこで，$m\neq -1$ のときは (イ) により，$b=c=0, a=\pm 1, a=0$ がでる．すなわち，

$\alpha=\pm 1\,(=\pm 1\otimes 1)$. $m=-1$ のときは，(ロ)により同様に計算して，

$$\alpha=\pm 1\,(=\pm 1\otimes 1),\quad \pm xy\,(=\pm\sqrt{m}\otimes\sqrt{m}\,),$$
$$\pm x\,(=\pm\sqrt{m}\otimes 1),\quad \pm y\,(=\pm 1\otimes\sqrt{m}\,)$$

が得られ，これらはたしかに可逆元である．

問題 24.2 ガウスの整数環 $R=\{a+bi\,|\,a,b\in\mathbf{Z}\}$ ($i=\sqrt{-1}$, $\mathbf{Z}$ は有理整数環)の各元 α に対し，

$$(\Pi_{j=0}{}^{6}(\alpha-3+j))(\Pi_{j=0}{}^{2}(\alpha-i-1+j)(\alpha+i-1+j))$$

を $p(\alpha)$ で表す．α が R の元全体を動くとき，$p(\alpha)$ 全体の R における最大公約数を求めよ．

（東大）

解説 「R における最大公約数」と問うているところをみると，R が素元分解環であることを既知としてよいということかと思うが，実はその知識は使わなくても，整数環におけるイデアルの素因子分解の知識で足りるようである．（気になるなら，R がユークリッド環であり，したがって素元分解環である，ということの証明をつけて答案を書いても差し支えないことは当然であろう．）

問題23.5の解説で述べた，pR の分解は，当然この問題では重要な知識である．すなわち，

(i) $I_2=(1+i)R$ とおくと，$2R=I_2{}^2$.

(ii) 奇素数 p について，$p\not\equiv 1 \pmod 4$ ならば，pR は R の素イデアル，$p\equiv 1 \pmod 4$ ならば，pR は二つの素イデアルの積 $I_p\bar{I}_p$ に分解する ($I_p\neq\bar{I}_p$).

さて，最大公約数 d を求めるのには，(イ) d の素因子全部を求める，(ロ) それら素因子について，d にどれだけ含まれるかを判定する，の二段階に分けるべきであろう．(イ)のためには，$p(\alpha)p(\bar{\alpha})$ ($\bar{\ }$ は複素共役) の素因数を考えるのも一手段である．

7以上の素数 p に対して，$\alpha=(p+2)i$, $p^*(\alpha)=p(\alpha)p(\bar{\alpha})$ を考えると，その因子は $m^2+(p+l)^2$ ($l=1,2,3$; $l=2$ のとき $m=0,\pm 1,\pm 2,\pm 3$; $l\neq 2$ のとき $m=0,\pm 1$) で，$m^2+(p+l)^2\equiv m^2+l^2 \pmod p$. m^2+l^2 の値で p の倍数の可能性は $3^2+2^2=13$ だけ．ゆえに，

(＊) d の素因子は 2, 3, 5, 13 の素因子に限る．

I_2 について: $\alpha=2+i$ のとき $p(\alpha)$ の因子で I_2 でわりきれるものは，$(\alpha+i)(\alpha-i)=\alpha^2+1=4(1+i)$ で，これは $I_2{}^5$ の生成元，逆に，一般の $p(\beta)$ ($\beta=a+bi$) は: a,b 共に奇数のときは $\beta-1\pm i$, $\beta+1\pm i$ いずれも 2 でわりきれるから，$p(\beta)$ は $I_2{}^8$ でわりきれる;

a が奇数 b が偶数のときは $\beta\pm3$, $\beta\pm1$ が 2 でわりきれるので同様; a, b 共に偶数なら, $\beta-2, \beta, \beta+2$ が 2 でわりきれるので, $p(\beta)$ は $I_2{}^6$ でわりきれる; a が偶数, b が奇数のときは, 各因子は mod 2 で $p(\alpha)$ のときと合同であるから, $I_2{}^5$ でわりきれる. ∴ $I_2{}^5\supseteq(d)$, $I_2{}^6\not\supseteq(d)$.

3について: $\alpha=3+i$ について $p(\alpha)$ を考えると 3 でわりきれる因子は $\alpha-i=3$ だけ, どんな $\beta\in R$ についても $p(\beta)$ が 3 でわりきれるのは明らかだから, d は 3 できっかりわりきれる.

5と13: $\alpha=5$ のとき, $p(\alpha)$ の因子のうち α 以外を考えると, $I_5, \bar{I}_5$ いずれとも素である. ゆえに $p(5)$ は $I_5\bar{I}_5=5R$ できっかりわりきれる.

一般の $\beta=a+bi$ $(a, b\in \boldsymbol{Z})$ についての $p(\beta)$ を考える. mod 5 で考えて, $b\equiv0$ または $(a, b)\equiv(0, \pm1), (\pm1, \pm1), (\pm1, \mp1)$ のときは, $p(\beta)$ は 5 でわりきれる. $(a, b)\equiv(0, \pm2)$ なら, $\beta\pm1$ が I_5 で, $\beta\mp1$ が $\bar{I}_5$ でわりきれるので, $p(\beta)$ は 5 でわりきれる. $(a, b)\equiv\pm(1, 2)$ のときは $((1+3i)(1+i)=-2(1-2i))$ に注意) $\beta(\beta+i)(\beta-i)$ を考えて同様の結論を得る.

$(a, b)\equiv\pm(1, -2)$ のときも同様.

$(a, b)\equiv\pm(2, \pm1)$ のときは $\beta(\beta+1)(\beta-1)$ を考え, また, $(a, b)\equiv\pm(2, \pm2)$ のときは $(\beta-i)(\beta+i)(\beta-1)(\beta+1)$ のうちの二つの因子を考えることによって, $p(\beta)$ が 5 でわりきれることを知る. 同様にして, 最大公約数は13できっかり割れ, 最大公約数としては $2^2\times3\times5\times13\times(1+i)$ がとれる.

大分たくさんの紙面を使ったが, 原因は $p(\alpha)$ の因子が多すぎるために, 計算が面倒になったことにある.

問題 24.3 p が素数で, ω が 1 の原始 p^l 乗根 (l は自然数), $\mathcal{O}$ が $\boldsymbol{Q}(\omega)$ の全整数環であるとき, つぎの 1), 2) を証明せよ.

1) $(1-\omega)$ は $\mathcal{O}$ の素イデアルである.

2) $\mathcal{O}$ の $\boldsymbol{Z}$ 上の基として, $\{1, \omega, \omega^3, \cdots, \omega^r\}$
 $(r=p^{l-1}(p-1)-1)$ がとれる. (神戸大)

解説 断りがないが, $\boldsymbol{Q}, \boldsymbol{Z}$ はそれぞれ, 有理数体, 有理整数環である. $R=\boldsymbol{Z}[\omega]$ とおこう. 2) は $R=\mathcal{O}$ とほぼ同じことであり, $R=\mathcal{O}$ がわかれば 1) は易しい. したがって, R の整閉性がこの問題の主要点である. そのためには, 次の定理を使うと便利である:

定理 A が整閉整域, $f(X)$ が A 上 monic な既約多項式, b が $f(X)$ の根, $f'(X)$ が

$f(X)$ の導関数であるとき，$d=f'(b)$ とおけば，$B=A[b]$ の(その商体内における)整閉包 $\bar{B}$ に対して，$d\bar{B}\subseteq B$ が成り立つ．(ちょっとむつかしい定理であるが，はっきり述べて使ってもよいだろう．)

$R=\boldsymbol{Z}[\omega]$ について，ω の最小多項式をみつけよう．印刷の便宜上，$m=p^{l-1}$ とおくと．すると，

$$X^{pm}-1=(X^m-1)(X^{m(p-1)}+X^{m(p-2)}+\cdots+X^m+1)$$

であるから，ω は

$$f(X)=X^{m(p-1)}+X^{m(p-2)}+\cdots+X^m+1$$

の根である．$\boldsymbol{Q}(\omega)$ のガロア群 G は $\boldsymbol{Z}/pm\boldsymbol{Z}$ の乗法群と同型で，その位数は $m(p-1)$ であるから，$f(X)$ は既約であり，$f(X)$ が ω の最小多項式である．導函数 $f'(X)$ に対する $d=f'(\omega)$ を計算しよう．

$$pmX^{pm-1}=(X^{pm}-1)'=(X^m-1)'f(X)+(X^m-1)f'(X) \qquad \therefore \quad pm\omega^{pm-1}=(\omega^m-1)d$$

というわけで，上の定理により(ω が逆元をもつから)，

$$(*) \qquad p^l\mathcal{O}\subseteq R.$$

さて，$\mu=\omega-1$ とおこう(1)はこれを考えよというヒントの筈)．μ の最小多項式 $g(X)$ は $f(X+1)$ である．したがって $g(X)$ の定数項は p である．ゆえに R において p は $\mu=\omega-1$ でわりきれ，$R/\mu R\cong\boldsymbol{Z}/p\boldsymbol{Z}$．ゆえに μR は R の素イデアルである．

また，m が p のべきであるから，

$$(X+1)^{pm}-1\equiv X^{pm} \qquad (\mathrm{mod}\ p)$$

$$(X+1)^m-1\equiv X^m \qquad (\mathrm{mod}\ p)$$

$$\therefore \quad g(X)=f(X+1)\equiv X^{m(p-1)} \qquad (\mathrm{mod}\ p)$$

$$\therefore \quad \mu^{m(p-1)}=pq, \quad p\in R.$$

($\mu^{m(p-1)}R=pR$ であることもわかるが，いまは必要ないので省く．各自証明を試みよ．)

したがって，上の $(*)$ は：$s=m(p-1)l$ とおけば，$\mu^s\mathcal{O}\subseteq R$.

すると，$\mathcal{O}=R$ が，つぎの補題によって得られる．

補題　B が整閉整域，A が商体を共有する部分環，B が A 上整，μA が A の素イデアル $(0\neq\mu\in A)$，$\mu^sB\subseteq A$ ならば $B=A$.

証明　B の元は a/μ^c $(a\in A, c\geq 0)$ の形にかける．$c=0$ にとれればよい．そうでないとしよう．A 上整であるから，$\exists c_i\in A$,

$$a^n+\mu^c c_1a^{n-1}+\cdots+\mu^{c(n-1)}c_{n-1}a+\mu^{cn}c_n=0$$

$$\therefore \quad a^n\in\mu A.$$

μA が素イデアルだから，$a \in \mu A$ となり，c はもっと小さくとれた筈というわけである．

〔練習問題〕

練習 24.1 実数係数の多項式 $f(X)=a_0+a_1X+\cdots+a_nX^n$ が次の性質をもてば，$(n!)a_i$ $(i=0,1,\cdots,n)$ はすべて有理整数であることを証明せよ．

適当な自然数 N をとれば，N 以上の自然数 m すべてについて $f(m)$ は有理整数である．

（東北大）

練習 24.2 n が 4 以上の自然数であるとき，$\mathrm{mod}\ 2^n$ の剰余類の乗法群 $(\boldsymbol{Z}\ \mathrm{mod}\ 2^n)^*$ において位数が 4 の元をすべて求めよ．（都立大）

練習 24.3 p は奇素数で，ω は 1 の原始 p 乗根とする．整数 a に対して $\gamma(a)=\sum_{i=0}^{p-1}\omega^{ai^2}$, $\gamma=\gamma(1)$ とおく．

(1) p でわりきれない整数 a, b に対して，$a\equiv bc^2 \bmod p$ となる整数 c があるとき $a\sim b$ とかくことにする．$\sim$による同値類の個数は 2 であることを示せ．

(2) $a\sim b$ ならば $\gamma(a)=\gamma(b)$ であることを示せ．

(3) γ の共役複素数を $\bar{\gamma}$ で表せば，$\gamma\bar{\gamma}=p$ であることを示せ．

(4) $\bar{\gamma}$ は γ または $-\gamma$ であることを示せ．

(5) $\sqrt{p}$ または $\sqrt{-p}\in\boldsymbol{Q}(\omega)$ を示せ．

(6) 0 でない整数 d に対して，1 の原始 $4|d|$ 乗根を ω とすると，$\sqrt{d}\in\boldsymbol{Q}(\omega)$ であることを示せ．（神戸大）

練習 24.4 有理整数 a, b, c について，$a>0$, $b\not\equiv 0\ (\mathrm{mod}\ a)$ ならば，$f(n)=a^2n^2+bn+c$ が平方数となるような自然数 n は高々有限個であることを証明せよ．（名大）

練習 24.5 a, b, c が 0 でない整数であるとき，合同方程式 $aX^2+bY\equiv c\ (\mathrm{mod}\ p)$ は有限個の例外を除いたすべての素数 p について解をもつことを示せ．（名大）

練習 24.6 1 より大きい自然数 m について，1 の原始 m 乗根の $\boldsymbol{Q}$ 上の最小多項式を $F_m(x)$ とする．x に整数値を代入したときの $F_m(x)$ の値の素因数は，m の素因数であるか，m でわって 1 余る素数であることを証明せよ．

また，このことを利用して，mでわって1余る素数は無限に存在することを示せ．

(神戸大)

練習 24.7　n 次の総実代数数体の整数 $\alpha\,(\neq 0)$の共役を $\alpha^{(i)}\,(i=1, 2, \cdots, n)$とするとき，

$$|\alpha^{(i)}|<1+2^{-4n}\;(i=1, 2, \cdots, n)$$

をみたす α は ± 1 に限ることを証明せよ．

(学習院大)

練習 24.8　自然数 $n>1$ に対して，

$$V_n=\{(a, b)|a, b\in \mathbf{Z},\ a \text{ と } n \text{ は互いに素}\}$$

とおく．このとき，V_n に同値関係 $(a_1, b_1)\sim(a_1, b_2)$ を $a_1\equiv a_2 \pmod n$ かつ $b_1\equiv b_2 \pmod n$ によって定義し，(a, b) によって代表される同値類を $[a, b]$ で表すことにする．同値類の間の結合を $[a, b][c, d]=[ac, bc+d]$ によって定義すれば，同値類全体 G は可解群になることを証明せよ．

(名大)

練習 24.9　素数 p と有理整係数多項式 $f(x)$ に対し，$f(m)\equiv 0 \pmod p$, $f'(m)\not\equiv 0 \pmod p$ となる有理整数 m が存在すれば，方程式$f(x)=0$はp進数体で根をもつことを証明せよ．ただし，$f'(x)$ は $f(x)$ の導函数である．

(九大)

練習 24.10　p が素数，$\mathbf{Z}_p$ が p 進整数環であり，$\mathbf{Z}_p$ から $\mathbf{Z}_p$ への写像 f を

$$f(x)=x^p+p\sum_{n=0}^{\infty}a_nx^n$$

によって定める．ただし，$\{a_n\}$ は $\mathbf{Z}_p$ における数列で $\lim_{n\to\infty}a_n=0$ である．このとき各 $b\in\mathbf{Z}_p$ に対して

$$\begin{cases} x\equiv b \pmod p \\ f(x)=x \end{cases}$$

をみたす $\mathbf{Z}_p$ の元 x がただ一つ存在することを示せ．

(東大)

[ヒント，略解等]

24.1　[ヒント]　nについての帰納法を用いよ．また，

$$\binom{x}{n}=\frac{x(x-1)\cdots(x-n+1)}{n!} \text{ に注目せよ．}$$

[略解]　$n=0$ なら明らかゆえ，$n>0$ とする．　$g(x)=f(x+1)-f(x)$ は $b_0+b_1x+\cdots+b_{n-1}x^{n-1}$ の形で，$b_{n-1}=na_n$ である．「$m>N\Rightarrow g(m)$ 整数」ゆえ，$((n-1)!)b_{n-1}=(n!)a_n$

は有理整数. $f(x)-(n!)a_n\binom{x}{n}$ を $f_1(x)$ とおくと, 次数$<n$ で, 同様の性質をもつから, $f_1(x)$ の係数に $(n-1)!$ をかければすべて有理整数. ゆえに同様のことが $f(x)$ の係数についてもいえる.

[蛇足] この問題の条件をみたす $f(x)$ は,

$$c_0+c_1x+c_2\binom{x}{2}+\cdots+c_n\binom{x}{n}\ (c_i\in \boldsymbol{Z})$$

の形に表わせることを, 各自証明してみよ.

24.2 $(2^e s\pm1)^2$ は $2^{e+1}s'+1$ の形. ゆえに $(\boldsymbol{Z}/2^n\boldsymbol{Z})^*$ において, 元の位数は 2^{n-2} の約数であり, $4+1$ の位数は 2^{n-2}, $-1\not\equiv x^2\ (\forall x\in\boldsymbol{Z})$. ゆえに, $(\boldsymbol{Z}/2^n\boldsymbol{Z})^*$ は5と-1 の類$\overline{5}$, $\overline{-1}$ を生成元にもつ $(2^{n-2},2)$ 型アーベル群. したがって, 位数4の元は, $\pm\overline{5}^{\varepsilon}\ (\varepsilon=\pm2^{n-4})$ によって得られる4個である.

24.3 (1) $\boldsymbol{Z}/p\boldsymbol{Z}$ の乗法群は位数 $p-1$ の巡回群. 生成元の代表 a をとれば, $\{a^{2n+1}|n=0,1,2,\cdots\}$ の類, $\{a^{2n}|n=0,1,2,\cdots\}$ の類がそれぞれ同値類をなす.

(2)は易しい.

(3)~(5) $\bar{\omega}=\omega^{-1}$. $\boldsymbol{Q}$ 上の $\boldsymbol{Q}(\omega)$ のガロア群の元は ω を $\omega^s\ (s\not\equiv0\ (\mathrm{mod}\ p))$ にうつす. したがって, γ のうつりうるのは, γ と $\gamma(a)\ (a\nsim1)$ だけで, $\gamma+\gamma(a)=2(1+\sum_{i=1}^{p-1}\omega^i)=0$. $\gamma\cdot\gamma(a)\in\boldsymbol{Q}$. $\gamma\cdot\gamma(a)$ を d で表せば, γ と $\gamma(a)$ は X^2-d の根である. $-1\sim1$ のとき $\bar{\gamma}=\gamma$, $-1\nsim1$ のとき $\bar{\gamma}=\gamma(a)=-\gamma$. あと $\gamma^2=\pm p$ がわかればよい. $\gamma^2=c_0+c_1\omega+\cdots+c_{p-1}\omega^{p-1}$, ただし, c_i は $\{0,1,\cdots,p-1\}$ における $X^2+Y^2\equiv i\ (\mathrm{mod}\ p)$ の解の数である. $\therefore\ \sum c_i=p^2$. $\gamma^2\in\boldsymbol{Q}$ ゆえ, $c_1=c_2=\cdots=c_{p-1}$, $\gamma^2=c_0-c_1$.

(i) $-1\sim1$ のとき (すなわち, $p-1\equiv0\ (\mathrm{mod}\ 4)$: 各 $x\neq0$ に対し, $x^2+y^2\equiv0$ となる y は二つずつあり, $x=0$ に対しては $y=0$ だけ. $\therefore\ c_0=2p-1$.

$c_0+(p-1)c_1=\sum c_i=p^2\qquad \therefore\ (p-1)c_1=p^2-2p+1\qquad \therefore\ c_1=p-1\qquad \therefore\ \gamma^2=p$

(ii) $-1\nsim1$ のとき: $c_0=1$. $\therefore\ (p-1)c_1=p^2-1\qquad \therefore\ c_1=p+1.\qquad \therefore\ \gamma^2=-p$

(6) $|d|$ の奇素数の因数 p については, 上のことから $\sqrt{p}$ または $\sqrt{-p}\in\boldsymbol{Q}(\omega)$. また $\sqrt{-1}\in\boldsymbol{Q}(\omega)$. ゆえに $\sqrt{d}\ \boldsymbol{Q}(\tilde{\omega})$.

24.4 $m\in\boldsymbol{Z}$ により, $f(n+m)$ を $f(n)$ の代りに考えてよいから, $2a>b>0$ としてよい. その上で, $n>|c|$ の範囲に $f(n)$ が平方数になる n がないことをいえばよい. $n>|c|$ ゆえ, $bn+c>0$. ゆえに, $a^2n^2+bn+c>(an)^2$. 他方, $(an+1)^2=a^2n^2+2an+1>a^2n^2+bn+c$. ゆえに証明できた.

24.5 abc と素な奇素数 p について解があることをいう．24.3の意味での～を使う．$a\sim c$ なら $Y=0$ となる解がある．$b\sim c$ なら $X=0$ となる解がある．$a\not\sim c, b\not\sim c$ であって，$aX^2+bY^2\equiv c \pmod p$ が解をもたなかったとしよう．$X^2+Y^2\equiv d \pmod p$ $(d\not\sim 1)$ が解をもたない．このことは，$\boldsymbol{Z}/p\boldsymbol{Z}$ において，$P=\{x^2|x\in \boldsymbol{Z}/p\boldsymbol{Z}\}$ を考えると，P の元の和は P に属することになる．P は $\boldsymbol{Z}/p\boldsymbol{Z}$ の部分体，$\boldsymbol{Z}/p\boldsymbol{Z}$ は素体ゆえ $P=\boldsymbol{Z}/p\boldsymbol{Z}$．$p$ は奇素数ゆえ不合理．

24.6 $F_n(X)$ は X^m-1 を $G=\prod F_d(X)$ (d は m の約数で m 以外のものを動く)で割ったものである．p が $F_n(s)$ $(s\in \boldsymbol{Z})$ の素因数で，m の素因数ではないとする．$X^m-1 \pmod p$ は重根をもたないから，$s^m-1\equiv 0 \pmod p$, $G(s)\not\equiv 0 \pmod p$．すなわち，m は $s \pmod p$ の乗法群における位数である．ゆえに m は $p-1$ の約数．残りは容易．

24.7 $\prod_i|\alpha^i|<(1+2^{-4n})^n\leq 1+(2^{-3n-1})+\cdots+(2^{-3n-1})^n<(1-2^{-3n-1})^{-1}<2$．$\alpha$ は整数ゆえ，$\prod\alpha^{(i)}$ は有理整数．$\therefore$ $\prod\alpha^{(i)}=\pm 1$．したがって α は単数．ゆえに α^{-1} も整数．$|\alpha^{(i)}|^{-1}>(1+2^{-4n})^{-1}>1-2^{-4n}$．　もしも $|\alpha|^{-1}>1+2^{-3n}$ とすれば，

$$1=\prod|\alpha^{(i)}|^{-1}>(1+2^{-3n})(1-2^{-4n})^{n-1}$$
$$>(1+2^{-3n})(1-n2^{-4n})>1$$

となり矛盾．　$\therefore$ $1+2^{-4n}>|\alpha^{(i)}|>1-2^{-3n}$ $(\forall i)$．
1の近くにあるのが $\alpha^{(1)},\cdots,\alpha^{(s)}$；$-1$ の近くにあるのが残りで，$s\geq n/2$ としよう．

$$\prod|\alpha^{(i)}-1|<(2^{-3n})^s(2+2^{-3n})^{n-s}<1$$
$$\therefore\quad \prod|\alpha^{(i)}-1|=0 \qquad \therefore\quad \alpha=1$$

24.8 $N=\{[1,b]|b\in \boldsymbol{Z}\}$ は交換子群を含み，しかも可換な正規部分群である．

24.9 Henselの補題とほぼ同じ．したがって，「Henselの補題により」と書くのはよくない．Hensel の補題の証明の真似をすべきである．　(次問の証明を参照)

24.10 $K=\{0,1,2,\cdots,p-1\}$ とする．$b\in K$ としてよい．$b=0$ なら $x=0$ が唯一の解であることは容易．$b\neq 0$ としよう．$f(b)-b\equiv 0 \pmod p$ そこで，$c_0=b$ から始めて，c_n を $f(c_n)-c_n\equiv 0 \pmod{p^{n+1}}$ であるようにとることができることと，そのような c_n が $\bmod p^n$ で一意的であることを，n についての帰納法で示す．$c_{n+1}=c_n+yp^{n+1}$ とおけば $f(c_{n+1})-c_{n+1}\equiv f(c_n)-c_n-yp^{n+1} \pmod{p^{n+2}}$ ゆえに，これを $\equiv 0 \pmod{p^{n+2}}$ とする $y\in K$ は一意的．ゆえに，解は $\lim c_n$ 以外になく，一意的．

著者紹介：

永田 雅宜（ながた・まさよし）

昭和２年生まれ

京都大学名誉教授，理学博士

■著書

集合論入門，森北出版，2003

抽象代数への入門，朝倉書店，2005

群論への招待，現代数学社，2007

可換環論，紀伊國屋書店，2008

復刊 近代代数学，秋月康夫・永田雅宜共著，共立出版，2012

新訂 新修代数学，現代数学社，2017 年

初学者のための代数幾何，現代数学社，2020 年

復刻版　大学院への代数学演習

2021 年 9 月 21 日　　初版第 1 刷発行

著　者　　永田雅宜

発行者　　富田 淳

発行所　　株式会社 現代数学社

〒606-8425

京都市左京区鹿ヶ谷西寺ノ前町 1

TEL 075 (751) 0727　FAX 075 (744) 0906

https://www.gensu.co.jp/

装　幀　　中西真一（株式会社 CANVAS）

印刷・製本　　有限会社ニシダ印刷製本

ISBN978-4-7687-0567-4　　2021 Printed in Japan